国家出版基金项目
NATIONAL PUBLICATION FOUNDATION

生态文明建设文库

陈宗兴　总主编

U0137959

生态文明：
人类社会的全面转型

余谋昌　著

中国林业出版社

图书在版编目（CIP）数据

生态文明：人类社会的全面转型／余谋昌著.－北京：中国林业出版社，2020.7
（生态文明建设文库／陈宗兴总主编）
ISBN 978-7-5219-0195-5

Ⅰ.①生… Ⅱ.①余… Ⅲ.①生态文明－建设－研究－中国 Ⅳ.① X321.2

中国版本图书馆 CIP 数据核字（2019）第 161983 号

出 版 人	刘东黎
总 策 划	徐小英
策划编辑	沈登峰　于界芬　何　鹏　李　伟
责任编辑	沈登峰
美术编辑	赵　芳
责任校对	梁翔云

出版发行	中国林业出版社（100009　北京西城区刘海胡同 7 号）
	http://www.forestry.gov.cn/lycb.html
	E-mail:pubbooks@126.com　电话：(010)83143523
设计制作	北京涅斯托尔信息技术有限公司
印刷装订	北京中科印刷有限公司
版　　次	2020 年 7 月第 1 版
印　　次	2020 年 7 月第 1 次
开　　本	787mm×1092mm　1/16
字　　数	300 千字
印　　张	15.5
定　　价	60.00 元

"生态文明建设文库"
编撰工作领导小组

组　长

刘东黎　成　吉

副组长

王佳会　杨　波　胡勘平　徐小英

成　员
（按姓氏笔画为序）

于界芬　于彦奇　王佳会　成　吉　刘东黎　刘先银　李美芬　杨　波

杨长峰　杨玉芳　沈登峰　张　锴　胡勘平　袁林富　徐小英　航　宇

编辑项目组

组　长：徐小英

副组长：沈登峰　于界芬　刘先银

成　员（按姓氏笔画为序）：

于界芬　于晓文　王　越　刘先银　刘香瑞　许艳艳　李　伟

李　娜　何　鹏　肖基浒　沈登峰　张　璠　范立鹏　赵　芳

徐小英　梁翔云

特约编审：杜建玲　周军见　刘　慧　严　丽

总　序

生态文明建设是关系中华民族永续发展的根本大计。党的十八大以来，以习近平同志为核心的党中央大力推进生态文明建设，谋划开展了一系列根本性、开创性、长远性工作，推动我国生态文明建设和生态环境保护发生了历史性、转折性、全局性变化。在"五位一体"总体布局中生态文明建设是其中一位，在新时代坚持和发展中国特色社会主义基本方略中坚持人与自然和谐共生是其中一条基本方略，在新发展理念中绿色是其中一大理念，在三大攻坚战中污染防治是其中一大攻坚战。这"四个一"充分体现了生态文明建设在新时代党和国家事业发展中的重要地位。2018年召开的全国生态环境保护大会正式确立了习近平生态文明思想。习近平生态文明思想传承中华民族优秀传统文化、顺应时代潮流和人民意愿，站在坚持和发展中国特色社会主义、实现中华民族伟大复兴中国梦的战略高度，深刻回答了为什么建设生态文明、建设什么样的生态文明、怎样建设生态文明等重大理论和实践问题，是推进新时代生态文明建设的根本遵循。

近年来，生态文明建设实践不断取得新的成效，各有关部门、科研院所、高等院校、社会组织和社会各界深入学习、广泛传播习近平生态文明思想，积极开展生态文明理论与实践研究，在生态文明理论与政策创新、生态文明建设实践经验总结、生态文明国际交流等方面取得了一大批有重要影响力的研究成果，为新时代生态文明建设提供了重要智力支持。"生态文明建设文库"融思想性、科学性、知识性、实践性、可读性于一体，汇集了近年来学术理论界生态文明研究的系列成果以及科学阐释推进绿色发展、实现全面小康的研究著作，既有宣传普及党和国家大力推进生态文明建设的战略举措的知识读本以及关于绿色生活、美丽中国的科普读物，也有关于生态经济、生态哲学、生态文化和生态保护修复等方面的专业图书，从一个侧面反映了生态文明建设的时代背景、思想脉络和发展路径，形成了一个较为系统的生态文明理论和实践专题图书体系。

中国林业出版社秉承"传播绿色文化、弘扬生态文明"的出版理念，把出版生态文明专业图书作为自己的战略发展方向。在国家林业和草原局的支持和中国生态文明研究与促进会的指导下，"生态文明建设文库"聚集不同学科背景、具有良好理论素养的专家学者，共同围绕推进生态文明建设与绿色发展贡献力量。文库的编写出版，是我们认真学习贯彻习近平生态文明思想，把生态文明建设不断推向前进，以优异成绩庆祝新中国成立 70 周年的实际行动。文库付梓之际，谨此为序。

十一届全国政协副主席
中国生态文明研究与促进会会长　　陈宗兴

2019 年 9 月

前　言

　　1976 年，我把环境问题作为学术研究课题。从对环境问题的思考提出"生态文化"概念。20 世纪中叶，"八大公害"事件震动全世界，爆发了轰轰烈烈的环境保护运动。这是一场伟大的社会革命运动，环境问题成为社会的中心问题。人们开始意识到，环境污染、生态破坏和资源短缺表现的生态危机，已经是全球性问题，成为威胁人类生存的大问题。从生态学的观点思考环境问题，我逐步认识到，环境污染、生态破坏和资源短缺只是问题的现象，生态危机的实质是人的问题，是文化问题，是由人类一定的生存方式引起的。它对人类生存方式提出严峻挑战。生态危机实质上是一种文化危机。因为它是工业文化发展的结果，需要文化变革加以解决。它表示现代工业文化在取得最高成就后，已经开始走下坡路。一种新文化——生态文化成为正在上升中的文化。

　　当然这种认识是不断深入的。那时我注意到，1985 年，意大利创办了 4 所绿色大学，1986 年又增加 10 所这样的大学。它主要讲授生态学，包括生态平衡、经济与生态之间的关系、分析生态系统、替代能源、生态农业、天然食物和废物后处理等课程，深入研究环境保护的对策。新创办的《新生态学》杂志说："绿色大学一个接一个地开办，这是一个很明显的迹象，表明社会各阶层的人都逐渐对生态文化产生了兴趣。"从此关注生态文化概念，并使生态文化进入了我环境哲学研究的视野。

　　1986 年 8 月，中国科学院科学与社会讲习班在承德举行。我应邀作题为《生态学与社会》的讲演，在第二节讲"生态问题引起社会一系列变化，可能影响社会发展过程"，导致政治领域、经济领域、文化领域、生态意识、新的价值观、生态学思维等变化，谈到生态文化问题。这是我第一次提出"生态文化"概念（余谋昌，1988）。

1986年10月，受中国科学计量学家赵红州教授邀请，我在中国管理科学研究院作"关于生态文化问题"的专题讲演，讲到"和平与发展""环境与发展"，是当今世界的两大主题。我从文化的视角进行思考，在更深的层次观察和理解这两大主题，意识到人类正在经历一次最重大的世界历史性的转折。在这个转折点上，人类将告别现代文化，走向一个新的文化时代——生态文化时代。从文化是人类的生存方式的角度，我认为，现代文化是"人统治自然的文化"，新文化是"人与自然和谐发展的文化"。现在是文化转变时代。新的人类文化有三个层次：生态文化的制度层次；生态文化的物质层次；生态文化的精神层次。这样就形成了我关于生态文化研究的理论框架（余谋昌，1986）。

如果说，我在承德的讲演，主要还是从狭义的视角，即主要从绿色教育和生态伦理等视角谈论生态文化；那么，中国管理科学研究院的讲演，则从广义文化的视角探讨了生态文化问题，并形成我生态文化研究的理论框架。这次讲演的全文在1989年第4期《自然辩证法研究》上发表（余谋昌，1989）。

10年后，1996年东北林业大学出版社出版"人与自然丛书"。这是环境哲学研究的一项基础性工程。我《文化新世纪：生态文化的理论阐释》一书列入丛书发表。在这里，我对生态文化作了系统论述，总结了10年来关于生态文化研究的成果（余谋昌，1996）。

在这本著作中，我提出：文化和文明是既有区别又有联系的概念。在我国古代典籍中，"文明"一词早于"文化"。"文明"最早出于《尚书·舜典》："睿哲文明，温恭永塞。"《易经·乾卦》："见龙在田，天下文明。"《易经·大有卦》："其德刚健而文明，应乎天而时行，是以元亨。"人们把它解释为"经天纬地曰文，照临四方曰明"，指社会昌明，是指社会光明美好的事物。"文化"最早出于西汉刘向《说苑种·指武篇》："圣人之治天下，先文德而后武力。凡武之兴，为不服也；文化不改，然后加诛。"文明是"龙行天下，其德刚健"。文化是"文德教化"。这是既相似又有区别的两个概念。

有了人就有了人类文化，人类文化有300万～700万年的历史。人类文化早于人类文明，文明要晚得多，只有5000多年的历史。美国学者摩尔根在他的名著《古代社会》(1877)一书中，把人类从低级阶段到高级阶段的发展分为蒙昧、野蛮、文明三个阶段。在人类最近的10万年的历史中，蒙昧时期占6万年，野蛮时期占3.5万年，文明时期只有5000年。文明是人类社会发展到高级阶段时才出现的。

摩尔根的观点被学术界普遍接受。他认为，文明与蒙昧和野蛮相对应，是指人类社会发展中的进步状态，是人类社会发展到高级阶段的产物。它的主要标志是：①文字的发明。摩尔根说："认真地说来，没有文字记载就没有历史，也就没有文明（摩尔根，1977）。"②铁的冶炼和铁器的使用。恩格斯在谈到人类社会从野蛮时代到文明时代的过渡时说："一切文化民族都在这个时期经历了自己的英雄时代：铁剑时代，但同时也是铁犁和铁斧的时代，铁已经在为人类服务，它是在历史上起过革命作用的各种原料中最后的和最重要的一种原料。"[1] 他又说："从铁矿的冶炼开始，并由于文字的发明及其应用于文献记录而过渡到文明时代。"[2]

我认为，文明和文化都是人类的创造。这两个概念是有密切联系的，但又不是同一个概念。它们的主要区别：第一，人类文化的历史比文明早得多，文明是人类社会高级阶段的产物。第二，文明和文化都是人类创造的成果，但是，文明成果都是积极和进步的；文化的成果除了积极和进步的，还有落后和消极的。第三，文化作为人类的生存方式，它是更基本的，是人类取得文明成果，达到文明社会的手段（司马云杰，1990）。

文化和文明都是人类的伟大创造。人类的创造从文化到文明，由此构筑了人类世界的历史。我认为，从广义理解文化概念，文化是人类区别于动物的生存方式。动物以本能的方式生存。它现成地利用自然物，当环境发生变化时，它以自身的变化适应环境。但是，人以文化的方式生存，包括适应和使之适应，即既适应环境而生存，又以自己的智慧和劳动改变环境，使环境适应自己的需要而生存。

人类文化是历史地发展的。回顾历史，人类已经经历两次重大文化革命：1 万年前，农业产生，以农业文明代替渔猎文明，这是人类第一次文化革命。300 年前，工业革命，以工业文明代替农业文明，这是人类第二次文化革命。21 世纪，以生态文明代替工业文明，这将是人类新的第三次文化革命。

人类文化的历史，它的主要路径是：自然文化—人文文化—科学文化—生态文化的模式发展。

远古时代，人类最早的文化是自然文化。那时人类的生活，既是自然而然的，又是与自然融为一体的。人的生活同动物一样服从生态规律，完全受自然条件的制约，具有更多的自然性。

古代社会，人类文化是人文文化。它的重要特点是重视自然的同时，重视人伦和人事，人文科学已经达到非常高的成就，自然科学仍以经验的形式存在和发展。古代光辉灿烂的农业文明主要是人文文化的成果。中国人文文化达到当时世界最高成就。

现代社会，人类文化是科学文化。工业文明以科学技术进步为核心。科学技术发展对社会的影响，不仅表现在经济方面，使人类生活现代化；而且表现在政治和其他文化方面。它推动社会的全面进步。也就是说，人类文化经历了自然文化—人文文化—科学文化这三个阶段，现在将向生态文化的方向发展。文化发展这四个阶段的主要特点，可以用表 1 和表 2 两个表简略地表示。

---

[1]　[2] 马克思恩格斯选集（第 4 卷）[M] .北京：人民出版社，1972.

表1　　　人类四种文化形态

1	文化形态	自然文化	人文文化	科学文化	生态文化
2	社会形态	原始社会	奴隶社会和封建社会	资本主义社会	生态社会主义社会
3	社会中心产业	渔猎	农业	工业	生态产业
4	社会中轴	道德	权势	经济	智力

表2　　　人类四种文明形态

	文明时代	渔猎文明	农业文明	工业文明	生态文明
1	生产方式	运用人的体力	畜力使用	机械化、自动化	信息化、智能化
2	技术工具	石器	青铜和铁器	机器系统、电子计算机	智能机械
3	资源开发方向	物质	物质	能量	信息和智慧
4	能源	人的体力	薪材和畜力	化石燃料	太阳能
5	材料	石块	铜、铁	各种金属、非金属	合成材料
6	社会主要财产	动植物	土地	资本	知识
7	社会主体	公社社员	奴隶和奴隶主地主和农民	工人和资本家	知识分子
8	知识生产	与物质生产混为一体	从物质生产中产生	从物质生产分离成为独立部门	独立发展
9	科学形态	萌芽	经验	理论	信息
10	人与自然关系	崇拜自然自力	掠夺自然	掠夺自然	合理利用自然
11	哲学表达式	图腾崇拜和自然崇拜	天命论	人统治自然	尊重自然
12	主要环境问题	物种资源丧失	土地、森林破坏	环境污染	（未知）

　　这里需要说明的是：所谓社会中轴，是社会发展中占主导的要素。表1是人类文化发展的最高层次的状况；表2是它的次一级层次的状况。人类文化有无限的丰富性，列表只是简述它的主要方面，因而需要指出的是：

　　（1）人类文化发展是连续的，既有稳定性又有继承性等特点。但是，文化发展的不同阶段又有不同质的规定性，并据此分出不同发展阶段，但这种划分具有相对性。

　　（2）文化发展的不同阶段，后一阶段包含前面阶段发展的内容。例如，人文文化发展中包含自然文化；科学文化发展中包含自然文化、人文文化；生态文化发展中包含前面三种文化，但是它们的形式和内容都发生了变化。例如，社会中轴（指社会发展的决定性因素），按道德社会、权势社会、经济社会、智力社会发展，它在转换时，后者包容前者，如在智力社会，道德、权势、经济这些因素仍然存在，只是智力成为社会的决定性因素（中轴），其他因素以新的形式继续发挥作用。

同样，现在社会形态已发展到资本主义和社会主义，但某些个别地区仍然存在奴隶制和封建制的社会形式。以社会中心产业而划分社会形态，农业社会中农业成为社会的中心产业，但采集和狩猎依然存在；工业社会中工业成为社会的中心产业，但渔猎、农业依然是重要产业，只是用工业革命的成果对传统产业进行技术改造；生态文明社会，生态产业成为社会的中心产业，它不是否定农业、工业和第三产业，而只是抛弃它们的不完善方面，采用新技术（生态技术）改造传统产业，生态产业成为社会中心产业。

人类社会对资源的开发利用，在所有社会发展阶段，均包括物质、能量、信息和智慧。例如不能说原始社会生产力发展不包含人的智慧，它也包含物质、能量、信息和智慧全部四个方面，表中说的只是开发的主要方面不同。

其他方面也可以作类似的说明，例如环境问题，渔猎文明时代，过度狩猎导致物种资源损失；农业文明时代，土地和森林破坏成为主要环境问题，但同时有物种资源损失的问题；工业文明时代，环境污染成为主要环境问题，但同时也有生态破坏和生物多样性减少的问题。在新的文化时代，这些环境问题可能以一定的方式得到解决，但还会有新的环境问题。

人类文化不断发展，人类社会不断进步，世界会越来越美好。这是可以肯定的。

现在人类社会正在经历一次伟大的根本性变革，从工业文化到生态文化的发展。生态文化作为一种新文化，是人类新的生存方式。从狭义理解，它是以生态价值观为指导的社会意识形态、人类精神和社会制度。如生态政治学、生态哲学、生态伦理学、生态经济学、生态法学、生态文艺学、生态美学，等等。广义理解，它是人类新的生存方式，包括生态化的生产方式和生活方式，即人与自然和谐发展的生存方式。

生态文化的发展，包括文化的精神层次、制度层次和物质层次的选择。

生态文化的精神层次的选择是，摈弃反自然的文化，超越人统治自然的思想，走出人类中心主义；建设尊重自然的文化，实现科学、哲学、道德、艺术和宗教等发展的生态化，确立人与自然和谐发展的价值观，实现人与自然的共同繁荣。

生态文化的制度层次的选择是，通过社会关系和社会体制的变革，改革和完善社会制度和规范，改变传统社会不具有自觉保护环境的机制然（而具有自发地破坏环境的机制）的性质，按照公正和平等的原则，建立新的人类社会共同体以及人与生物和自然界伙伴共同体，从而使环境保护制度化，使社会获得自觉地保护环境的机制。

生态文化的物质层次的选择是，摈弃掠夺和统治自然的生产方式和生活方式，学习自然界的智慧，创造新的技术形式和新的能源形式，采用生态技术和生态工艺，综合和合理地利用自然资源，既实现文化价值增值为社会提供足够的产品，又保护自然价值，保证人与自然"双赢"。

2001年，我的《生态文化论》一书，列入由赵红州主编的"交叉科学新视野丛书"在河北教育出版社出版。该书从环境问题开始研究生态文化，全书分六章：第一章，生态环境问题；第二章，生态哲学；第三章，社会生态学；第四章，生态经济学；第五章，生态文化问题；第六章，生态道德问题。它收入我1979～1996年关于生态文化研究的38篇论文。

我把环境问题作为科学问题开展研究，把生态学作为工作哲学，用生态学的观点进行思考，提出生态文化问题，有梦想、有现实，也曾经有淡淡的忧伤。有的论者认为，所有这些是莫尔式的"乌托邦"思想。我说，也许是的，许多是没有实践的，或者是脱离现实的"空想"，只能是一种"乌托邦"。但现在我感到十分可喜、非常欣慰的是，事情有了转折，生态文化和生态文明已经成为国家建设的战略任务，已经成为我国人民的伟大实践。

2007年10月15日，党的十七大报告，把建设生态文明作为全面建设小康社会的奋斗目标。第一次在党的重要文件中提出"生态文明"。情况发生了根本的变化。报告指出："建设生态文明，基本形成节约能源资源和保护生态环境的产业结构、增长方式、消费模式。循环经济形成较大规模，可再生能源比重显著上升。主要污染物排放得到有效控制，生态环境质量明显改善。生态文明观念在全社会牢固树立。"

2012年，党的十八大胜利召开，制定"大力推进生态文明建设战略"。明确提出：将生态文明建设深刻融入和全面贯穿经济建设、政治建设、文化建设和社会建设的"五位一体"的总体战略。实施这一伟大战略，建设生态文明成为中国人民的伟大社会实践。中国共产党领导中国人民建设生态文明，走上中国新道路。

2015年3月24日，中共中央政治局召开会议，审议通过《中共中央、国务院关于加快推进生态文明建设的意见》。《意见》指出："生态文明建设是中国特色社会主义事业的重要内容，关系人民福祉，关乎民族未来，事关'两个一百年'奋斗目标和中华民族伟大复兴中国梦的实现。党中央、国务院高度重视生态文明建设，先后出台了一系列重大决策部署，推动生态文明建设取得了重大进展和积极成效。但总体上看我国生态文明建设水平仍滞后于经济社会发展，资源约束趋紧，环境污染严重，生态系统退化，发展与人口资源环境之间的矛盾日益突出，已成为经济社会可持续发展的重大瓶颈制约。"

《意见》提出生态文明建设总体布局：强化国家主体功能定位，优化国土空间开发格局；推动技术创新和结构调整，提高发展质量和效益；全面促进资源节约循环高效使用，推动利用方式根本转变；加大自然生态系统和环境保护力度，切实改善生态环境质量；健全生态文明制度体系；加强生态文明建设统计监测和执法监督；加快形成推进生态文明建设的良好社会风尚；切实加强组织领导。国家生态文明建设，到 2020 年，资源节约型和环境友好型社会建设取得重大进展，主体功能区布局基本形成，经济发展质量和效益显著提高，生态文明主流价值观在全社会得到推行，生态文明建设水平与全面建成小康社会目标相适应。

《意见》要求："加快推进生态文明建设是加快转变经济发展方式、提高发展质量和效益的内在要求，是坚持以人为本、促进社会和谐的必然选择，是全面建成小康社会、实现中华民族伟大复兴中国梦的时代抉择，是积极应对气候变化、维护全球生态安全的重大举措。要充分认识加快推进生态文明建设的极端重要性和紧迫性，切实增强责任感和使命感，牢固树立尊重自然、顺应自然、保护自然的理念，坚持绿水青山就是金山银山，动员全党、全社会积极行动、深入持久地推进生态文明建设，加快形成人与自然和谐发展的现代化建设新格局，开创社会主义生态文明新时代。"

2015 年 9 月 11 日，中共中央政治局召开会议，审议通过了《生态文明体制改革总体方案》。这是生态文明领域改革的顶层设计。《方案》强调，推进生态文明体制改革，首先要树立和落实正确的理念，统一思想，引领行动，要树立尊重自然、顺应自然、保护自然的理念，发展和保护相统一的理念，绿水青山就是金山银山的理念，自然价值和自然资本的理念，空间均衡的理念，山水林田湖草是一个生命共同体的理念。推进生态文明体制改革要坚持正确方向，坚持自然资源资产的公有性质，坚持城乡环境治理体系统一，坚持激励和约束并举，坚持主动作为和国际合作相结合，坚持鼓励试点先行和整体协调推进相结合。

一个大国的执政党，国家最高领导人和最高领导机构，把建设生态文明作为国家发展战略写进党纲，并由执政党和政府最高领导人在神圣的场合发布，作为最高执政理念和历史使命，成为党和政府实际行为，领导许多地方的生态省、生态市和生态县建设。这是前所未有的。世界上没有任何另一个国家、另一个地方这样做。只有正在崛起的大国——中国，建设生态文明成为建设中国特色社会主义的伟大战略和实践。建设生态文明成为中国新道路，建设中国特色社会主义的道路，建设"美丽中国"的道路，中华民族伟大复兴之路。习近平总书记在党的十八大报告中指出："我们的民族是伟大的民族。在五千多年的文明发展历程中，中华民族为人类文明作出了不可磨灭的贡献。近代以来，我们的民族历经磨难，中华民族到了最危险的时候，自那时以来，为了实现中华民族伟大复兴，无数仁人志士奋起抗争，但一次又一次失败了。"

21 世纪，建设生态文明成为全党和整个国家的事业，生态省、生态市、生态县建设普遍开展，生态文明建设成为全国人民的伟大实践。中华民族在建设生态文明中，重新获得复兴和崛起的强大动力和生机。中国人民在世界上率先走上生态文明的道路。这是建设中国特色社会主义之路，中华民族伟大复兴之路。

2017 年，党的十九大胜利举行，习近平总书记的十九大报告，总结了生态文明建设经验。他说：五年来，我们统筹推进"五位一体"总体布局，全面开创新局面，生态文明建设成效显著。大力推进生态文明建设，全党全国贯彻绿色发展理念的自觉性和主动性显著增强，忽视生态环境保护的状况明显改变。大力推进绿色发展，着力解决突出环境问题，加大生态系统保护力度，改革生态环境监管体制。建设生态文明是中华民族永续发展的千年大计，中华民族正以崭新的姿态屹立于世界的东方，日益走近世界舞台的中央，为人类作出更大的贡献。

现在，中国率先在世界上走向建设生态文明的道路。我在生态文化的学术研究中曾经以为，人类新的文明会在发达国家首先兴起，因为，①工业文明率先在发达国家兴起、发展和达到最高成就和最完善的程度；②发达国家首先爆发生态危机，它是新文明出现的强大动因；③发达国家首先爆发轰轰烈烈的环境保护运动，它是生态文明时代到来的标志；④生态文明的重要观念，如生态哲学、生态经济学、生态伦理学、生态法学、生态文艺学等生态文明观念，是由发达国家的学者反思生态危机问题首先提出的；⑤"只有一个地球"的呼吁，《人类环境宣言》《生物多样性公约》等环境保护的文件、国际性公约和协定，是由西方国家主导制定的。

现在的现实表明，发达国家的领导人没有提出建设生态文明的发展战略，生态文明没有在发达国家率先兴起。也许，这是由工业文明模式的历史和文化惯性决定的。大概有这样一些原因。

第一，工业化国家运用强大的科学技术和雄厚的经济力量，按照工业文明的模式，建设先进和庞大的环保产业，在传统生产工艺加上"废弃物的净化处理"一个环节，生产模式从"原料—产品—废物（排放）"改为"原料—产品—废物—废物净化"。生产净化废物设备的环保产业成为新兴产业。净化废物使工业化国家环境质量有所改善；同时在产业升级过程中，把污染环境的肮脏工业和有毒有害的垃圾，转移到第三世界发展中国家。这样，他们的环境问题（生态危机）有所缓解，环境质量有所改善，从而失去生态文明建设的迫切性和强大动力。

第二，发达国家发育和完善的工业文化有巨大的惯性，包括价值观和思维方式惯性、生产方式和生活方式惯性。这种由历史和文化形成的惯性，可以概括为"道路惯性"。它形成强大的历史定势。惯性作为一种巨大的力量，它是很难突破和改变的。现在环境问题和资源问题，虽然作为生态文明的事业启动，即使作出了极大的努力，但仍然不见好转的趋势，也是这种惯性作用的结果。

这里的问题实质在于：工业文明已经过时了。西方发达国家沿用线性思维，运用传统工业模式发展经济和对待环境问题。这样，他们就失去向新经济新社会转变的机会。

中国人民在中国共产党的领导下，从全球大视角，认识世界新形势，紧跟时代大潮流，把握世界历史性变革的伟大战略机遇，以生态文明建设作为新的历史起点，加快生态社会主义建设进程，创造新的社会发展模式，率先在世界上走上建设生态文明的道路。这是由中国的历史和当今的世界潮流共同作用的结果。历史进程与中国率先走上建设生态文明的道路有着紧密的联系。

中国工业化为走向生态文明作了准备。中国是世界上人口最多的国家，工业化后发的国家，在世界工业化走下坡路的时候，仅仅用70年的时间完成工业化。中国成为世界最大的工业化国家，取得世界工业化300年成绩的总和。它为建设生态文明提供了经济和科学技术准备。

同时，快速完成工业化，在取得工业化的伟大成就的同时，伴随的环境污染、生态破坏和资源短缺的问题，比20世纪中叶发达国家的"八大公害事件"，无论是性质的严重程度，对人体健康和经济发展的影响，以及它的解决的难度，不知要严重多少倍。或许可以这样说，中国的生态危机是工业化国家生态危机的总和。中国环境问题的复杂程度，是世界上任何一个国家都无法比拟的。从东部沿海到西部内陆，从繁华的都市到贫困的乡村，从政治到经济，从社会到文化，从民生到环境，凡是19世纪以来西方发达社会所出现的几乎所有现象，在今日中国都能同时看到。由于中国发展现状和复杂性极其特殊，世界上没有任何一个国家的成功经验可以帮助中国解决当前的所有问题。因为中国目前所要应对的挑战，是西方发达国家在过去300年里所遇困难的总和。中国在一代人时间里所要肩负的历史重担，相当于美国几十届政府共同铸就的伟业。这种复杂性和历史使命的特殊性是一个巨大压力，一种严峻的挑战。如何应对这种压力和挑战，怎样化解我们面临的问题？中国试图用工业文明的方法解决问题，付出巨大代价但问题却在继续恶化，压力和挑战成为一个伟大的动力。理性地回应挑战，负责任地履行我们的使命，我们逐步认识到，走老路按西方工业文明模式发展，已经没有出路，需要依靠自己的经验走自己的路，不要跟着西方工业文明模式走。

我国是最大的发展中国家，虽然快速实现工业化，但是是工业化后发的国家，比先进的工业化国家，工业文明的道路惯性要弱得多。这就同人类从农业文明向工业文明发展的情况一样。中国农业文明取得世界最高成就，站到了世界的巅峰，影响了整个世界。但是，完善的农业文明的道路惯性，使中国没有走上工业化的道路。先进的工业化国家用枪炮推销他们的工业产品，又阻止中国的工业化。现在快速实现工业化，工业文明的道路惯性要弱得多，这有利于中国实现道路转换。

人类走进了生态文明新时代，中国实施"大力推进生态文明建设"战略，率先在世界上走上建设生态文明的道路。中国将重新站到世界的巅峰。中华民族的伟大智慧和强大生机，有能力利用时代变革的战略机遇，率先点燃生态文明之光，照亮人类未来之路。现在，中国人民建设生态文明的"中国道路"已经起步。

美国曾主导制定"跨太平洋伙伴关系协议"（TPP，又称为"经济北约"），试图把中国排除在外。美国前总统奥巴马公开说："要由美国人制定规则，不能由中国人制定规则。"但是，这不是由美国总统说了算。形势比人强，试图用工业文明的框框（规则）套住中国，这是不可能的。2017年，特朗普总统上台后就退出了这个协议。该协议已名存实亡。

中国已经是世界第二大经济体，世界经济已经不能"排除"中国。更重要的是，中国在世界上率先走向建设生态文明的道路，实施"大力推进生态文明建设"战略，生态文明建设正在深刻融入和全面贯穿经济建设、政治建设、文化建设和社会建设的发展。这已经是不可阻挡的。虽然，美国是世界工业化最先进的国家，美国制定了工业文明时代的"世界规则"，现在美国担心中国会挑战现有的世界规则，或以工业文明的规则为基础的全球秩序。但是，一种规则不能管永远，人类新时代会有新的规则。人类新时代，中国人民高举生态文明的伟大旗帜，在世界上率先走上建设生态文明的道路。这是中华民族的伟大创举。它不仅关系全国人民福祉，关乎中华民族未来，事关"两个一百年"奋斗目标，实现中华民族伟大复兴，而且，它关乎人类的未来，关乎未来生态文明的"世界规则"的制定。中国人民以建设生态文明引领世界的未来，将制定生态文明时代的世界规则，或生态文明的世界话语体系。这是中华民族对人类的又一个新的伟大贡献。这是中华民族的光荣！

余谋昌
2018 年 10 月 30 日

目录

第一章

价值观转型，
走出人类中心主义

　　价值观是人们对世界的总看法，作为人的思想、观念、信仰、理想的总和，是人的世界观的核心。它决定和支配人的社会生活、物质生活和精神生活的各个领域，对人类行为和活动起先导、支配和调节的决定性作用。人的价值观是由人生活的社会和自然条件决定的。价值观是历史地发展的，不同时代有不同的核心价值观。价值观转型是社会转型的前提和决定性因素。工业文明社会的核心价值观是人类中心主义。从工业文明的社会向生态文明的社会转变，首先是核心价值观的转变，要走出人类中心主义，确立"人与自然界和谐"的价值观。这是人类价值观的继承、创新和超越。

第一节　工业文明的价值观：人类中心主义

　　300年来，工业文明在它的核心价值观指导下，发展科学技术取得一系列突破性的重大成就，发挥作为第一生产力的科学技术的作用，竭尽全力发明、制造和使用更先进和更强有力的工具，向自然进攻和向自然索取，在利用和改造自然的斗争中，把自然条件和自然资源转化为物质财富，实现世界工业化和现代化。建设了当今人类社会丰富的和现代化的物质生活和精神生活，在发达国家有无比的富足和繁荣。但是，这只是人类的局部成功，而不是最后成功。

　　因为，当前全球性的环境污染和生态破坏的严峻现实表明，遵循人类中心主义的思想，实行人统治自然的实践，环境污染和生态破坏对人类在地球上持续生存提出严重挑战，表现了人类中心主义思想的局限性。

人类中心主义及其指导下的实践，在人与人社会关系领域，大多数财富只为极少数人所拥有，大多数人并没有得到多大的实惠。它创造了世界的贫困，贫富差距扩大和社会经济矛盾尖锐化。在人与自然生态领域，没有带来良好健全的生态环境和生态安全，环境污染、生态破坏、资源短缺成为威胁人类生存的全球性问题。它没有带来世界和平与安宁，没有带来人民的安康和幸福，出现人类生存的重重危机。这促使人们对人类中心主义价值观进行反思。

一、什么是人类中心主义？

人类中心主义是一种伟大的思想。它的产生是人类认识的伟大成就。它的实践建构了整个现代文明。所谓人类中心主义，或人类中心论，是一种以人为中心的观点。它的实质是，一切以人为中心，或一切以人为尺度，为人的利益服务，一切从人的利益出发。它作为一种指导人类的行为的价值观的确立和实践，是人类认识的伟大成就。因为它表示人类对自己利益的自觉认识和关心，对人类价值、信仰和能力的理解，并且正是在这种思想的指导下，发挥人的主动性和积极性，开发人的伟大智慧，运用人的巨大的创造力，不断地战天斗地，创造了巨大的物质和精神财富，整个现代化生活，取得工业文明建设的一个又一个伟大胜利。但是，它同时制造了人与人社会关系和人与自然生态关系的一个又一个危机，使人类陷入生存的重重困境之中。

我们认为，人类中心主义作为工业文明的核心价值观，它既是人类取得巨大成就的思想根源，同时又是人类面临各种困境的思想根源，用它可以解释人类的伟大成就，又可以解释当今所面临的全面危机形势的原因。

这里的问题在于，在整个工业文明时代，人类中心主义作为起主导作用价值观指导人的行动时，从来都没有，而且也不是以全人类为尺度，或从全人类的整体利益出发；更没有考虑自己的活动对自然环境的影响；实际上，只是以个人（或少数人）为尺度，是从个人（或少数人）的利益出发的。也就是说，个人和家庭的活动从个人和家庭的利益出发；企业的活动从企业的利益出发；阶级的活动从阶级的利益出发；民族和国家的活动从民族和国家的利益出发，而没有顾及其他，不顾及他人，不顾及子孙后代，更不顾及生命和自然界。它的实质不真正是人类中心主义，而是个人中心主义。在这里，人类中心主义是虚的，个人中心主义是实的。

个人主义是整个现代主义的世界观，是工业文明的全部人类行为的哲学基础。

什么是个人主义？按照《大英百科全书》的解释，它作为一种"政治和社会哲学，高度重视个人自由，广泛强调自我支配，自我控制，不受外事约束的个人和自我"。

个人主义"作为一种哲学，它包含一种价值体系，一种人性理论，一种对于某些政治、经济、社会和宗教行为的总的态度、倾向和信念"。

个人主义作为一种价值体系，可以表述为如下三个主要命题：

（1）一切价值均以个人为中心，即一切价值都是由人体验的。

（2）个人本身就是目的，是具有最高价值的。社会（和其他事物）只是达到个人目的的手段。

（3）一切个人从某种意义上说，在道义上是平等的，即任何个人都不可被作为他人谋利益的手段。

依据这种价值体系，西方哲学强调个人，包括个人的身份、个人的作用、个人尊严、自主权、隐私权、自我设计、创造及自我实现价值等。自我是生存的核心，所有人都有自我实现的需要和倾向，只有通过自身的努力，发挥自己的潜在能力、维护自己的权益，才可实现自己的目标。

"个人主义人性理论认为，对于任何成年人来说，最符合他的利益的，就是让他有最大限度的自由和责任，去选择他的目标和达到这个目标的手段，并付诸行动。每个人都享有最大限度的机会去取得财产。"

关于个人、个人主义的哲学世界观，强调单独的个体，独立的个人，他的能力，他的责任，他的自由和幸福。强调个人的尊严，个人的地位，个人的自主性，个人的作用，个人的成就，个人的隐私权。强调个人的自我发展，个人利益和个人权利。当说"人是万物的尺度"时，是指"个人是价值的基础和评价一切的唯一标准"。而且，它强调个人独立于他人的重要性，强调个人具有最高的价值。所有人都追求自己的个人利益。所有个人按照自己的意愿，为追求自己的利益去生活和创造。个人利益是全部活动的唯一的标准。这是人类的主要行动，即使是在一个完整的流水线上工作，或者为一个整体的事业服务，仍然是突出个人，只求干好自己的事，不需要了解整个过程，不需要了解一起工作的其他人的意义和作用。这里只注重个人自己。

应当说，它对于发挥人的主动性和积极性，发挥人的智慧潜力和创造性等方面，是具有重大的积极意义的。但是，它也包含严重的局限性。例如，在人与人的社会关系方面，依据人类中心主义（实际上是个人主义）的价值观，人类主要活动，为了个人利益，在追求自己的发展时，实际上常常是以多数人不可持续发展为代价，实现少数人的持续发展，导致社会严重的利益差别、两极分化和不公正。它造成社会不稳定，并损害后代发展的可能性。在人与自然的生态关系方面，依据人类中心主义的价值观，认为只是人有价值，自然界没有价值，人是自然的主宰者，自然界只是人利用的对象和工具，发展了人统治自然的文化。在实现个人利益的过程中，人对自然资源的大肆掠夺、浪费和滥用，造成严重的环境污染和生态破坏，损害生命和自然的多样性。这样便导致人类社会乃至地球生态系统的不稳定，出现整个"人—自然"系统的生存危机，使"人—社会—自然"系统陷入困境之中。

也就是说，人类中心主义（实际上个人主义）价值观，它认为，一切由人决定，以人为尺度。在工业文明社会，以占有资本的人决定，实行资本专制主义。因而，它作为工业文明社会主导地位的核心价值观，是人类行为的哲学基础，用它可以说明工业文明所取得的伟大成就，也可以说明人类面临困境的思想根源。

二、人类中心主义的合理性及其限度

从生物学的角度，人以及地球上的所有生物物种都是以自我为中心的。或者说，人和所有生物为了自己的生存，都有利己性。这是生物生存下去的条件，也是其生命力及其内在价值的表现。一般说来，这种利己性是以种为单位的，利己性是所有物种的自然性。生物学研究表明，动物个体并不完全是自我中心主义的，在昆虫、鸟类、哺乳类等动物中，广泛存在利他行为。但是，这种利他行为只表现在种内，有些个体为了保存种的遗传基因，甚至可以作出自我牺牲。马克思对此曾作过阐述，他说："动物实际生活中唯一的平等形式，是同种之间的平等。但是，这是种本身的平等，不是属的平等。动物的属只在不同种动物的敌对关系中表现出来。这些不同种的动物在相互竞争中来确立自己的特别属性。自然界在猛兽的胃里为不同种的动物设立了一个结合的场所，合并的熔炉和相互联系的联络站。"①

这里以种为单位，以保持种的遗传基因为目的的利己性是合理的。这是物种生存和进化的条件。马克思说："动物界中一切反对一切的战争多少是一切物种的生存条件。"②

如果从主体与客体相互作用的角度，那么主体对客体的作用是与满足自己的需要有关的。马克思说："凡是当某种关系存在的地方，这种关系就是为我而存在。"③一切主客关系都具有对主体来说"为我"的性质。而且正是由于有这种"为我"的利己性，才使得自己的种获得生存和延续。因而所有自然系统的共同价值是维持自己的生存。这具有普遍性。自我中心是地球上生命的本质，是生命的内在价值。

这是我们对人类中心主义合理性的第一点论证，生物学的论证。也就是说，它是具有生物学的自然基础的。

---

① 马克思恩格斯全集(第 1 卷)[M].北京:人民出版社,1956,p142-143.
② 马克思恩格斯全集(第 23 卷)[M].北京:人民出版社,1972,p395.
③ 马克思恩格斯选集(第 1 卷)[M].北京:人民出版社,1972,p35.

第二，人类中心主义是对人类价值的信仰以及对人的伟大创造力的理解。这是人类主体论的论证。

从认识论的角度，人与动物不同，他对自身利益的关心。这种利己性是自觉的。这种自觉性从人类自我意识的产生开始。人类自我意识的产生，这是人从动物中提升出来的一个重要标志。著名历史学家汤因比认为，人类历史有两个主要过渡时期，第一个过渡时期始于 10 万年前，从无意识到自我意识过渡。第二个同样重要的过渡时期发生在现在，我们的继续生存要求向新意识过渡。这个过渡时期不可能延长几千年甚至几百年，它应当在现今的一代人完成（汤因比，1990）。

大家知道，人类文化曾长期停留在蒙昧时代。这时在人类意识中，人与自然没有决然的界限，人基本上以动物的生存方式适应自然，过着如动物一样茹毛饮血的生活。经过与自然界进行长期艰苦卓绝的斗争，随着人对自然的胜利，人类才把自己同动物和自然界分离出来，"明于天人之分"，并逐步产生以自我为中心的自觉意识，并且最后在理论上上升为价值目标的形态。这是在反对自然的斗争中，人类在生物学提升方面获得的成功，是人类伟大的进步。

因此，人类中心主义的产生，是以人类认识的伟大成就而记入史册的。它表示人类对自己利益的自觉意识。就对自然界的态度而言，它表现为为了人的利益改变自然和利用自然，以满足自己的生存和发展的需要。正是基于对人类价值和人类能力的这种理解，在人类中心主义思想的指导下，发挥人的巨大创造力，不断地战天斗地，改变了人在自然界的状态，改变了人从属于自然和完全依附自然的地位。

是否可以这样说，人类要做自然界的主人的愿望，从发明最简单的石器工具开始萌发，又从人的自我意识的产生而逐步形成，此后对人类自身的价值的认识，以及人类创造力的发挥，或者随着科学技术进步和社会生产力发展，人类对自然界取得一个又一个胜利，人类中心主义成为自己价值观的核心，并在理论和实践上成为颠扑不破的真理，依靠这种思想指导自己的行动，并从而认为自己已经成为自然界的主人，已经取得统治自然和主宰自然的最后胜利。

但是，恩格斯在一百多年前就告诫我们，"我们不要过分陶醉于我们对自然界的胜利。对于每一次这样的胜利，自然界都报复了我们。每一次胜利，在第一步都确实取得了我们预期的结果，但是在第二步和第三步却有了完全不同的、出乎预期的结果。"恩格斯用美索不达米亚、希腊、小亚细亚以及意大利等地土地和森林破坏的事例告诫我们，不要像征服者统治异民族一样统治自然，要"学会更加正确地理解自然规律，学会认识我们对自然界的惯常行程的干涉所引起的比较近的或比较远的影响。"要反对"荒谬的、反自然的观点"（恩格斯，1971）。

当前全球性的环境污染和生态破坏的严峻现实表明，遵循人类中心主义的思想，实行人统治自然的实践，竭尽全力发明制造和使用更先进和更强有力的工具，向自然进攻和向自然索取，虽然建设了当今人类社会丰富的和现代化的物质生活和精神生活，在发达国家有无比的富足和繁荣。但是，这只是人类的局部成功，而不是最后成功。因为环境污染和生态破坏对人类生存提出严重挑战，表现了人类中心主义思想的局限性。

三、人类中心主义思想在古代产生，但不是占主导地位的思想

人类中心主义思想，首先与神学世界观相联系。它的最早的完整表述是由《圣经》提出的。《圣经》说，世界是上帝创造的，而在这些创造中，人是它的最伟大成就，其他创造都是为了人的。《创世纪》说，神创造天地，创造万物，创造人。然后他对人说："要养生众多，遍满地面，治理大地，也要管理海里的鱼、空中的鸟和地上各样行动的动物。"又说："我将遍地上一切结果子的菜蔬和一切树上结有核的果子，全赐给你们作食物，至于地上的走兽和空中的飞鸟，并各样趴在地上有生命的物，我将青草赐给它们作食物。"这就是说，世界是上帝为了人而创造的，世界万物要根据人加以解释，人不仅利用万物，而且主宰万物。后来，中世纪神学又把这种神学人类中心主义，建立在托勒密地球中心说的基础上，从而获得了它的科学形态。

按照这种理论，地球是静止不动的。它位于宇宙的中心，太阳和所有星球围绕地球转动。但地球是上帝为了人而创造的，因而人是宇宙万物的中心。这是神学目的论的人类中心主义。当然，这种思想也可以追溯到更久远的古代。

在中国传统文化中，对中国哲学思想有重大影响的阴阳五行学说，是以人为中心的一体化宇宙理论。这是阴阳五行说的精髓。阴阳观念起源于《周易》，庄子说："易以道阴阳"，已经有 2000 多年的历史。它用两个符号阳爻（—）和阴爻（——）表示万事万物的属性，用阴阳变化解释宇宙万物的一切现象和演变过程。所谓"是故，易有太极，是生两仪，两仪生四象，四象生八卦"。（《系辞·上传》）"太极"是天地未分之前的混沌，宇宙万物由此创生；它生两仪，即形成天地，用阴阳表示；阴阳生"四象"，如春夏秋冬四时，或金木水火四材；四象生"八卦"，即天、地、水、火、风、雷、山、泽，并产生万物。这是最早的阴阳学说。

五行学说源于商代的五方说。在殷商甲骨文中，有东、西、南、北、中五个方位的观念。在这"五方"中，人所在的地域是"中商"，它与"东土""西土""南土""北土"相并列，即人居于"五方"的中心。在"五方"说的基础上，西周出现"五材"说，五材即"五行"："一曰水，二曰火，三曰木，四曰金，五曰土。水曰润下，火曰炎上，木曰曲直，金曰从革，土爱稼穑。润下作

咸，炎上作苦，曲直作酸，从革作辛，稼穑作甘。"（《尚书·洪范》）它强调五材都是为人所用："天生五材，民并用之。"

刘长林教授指出："在《易经》观念中，人的命运还附属于客观秩序，要受许多神秘色彩的偶然因素支配，那么到了战国后期形成的五行图式中，人已经居于宇宙的中心，成为宇宙的主体了。五行的宇宙图式，在空间上分出东、南、西、北、中五个方位；分别以时间上的春、夏、季夏（或长夏）、秋、冬相配列，形成构筑宇宙系统的筋骨，万物随着五季五方的运行排列在巨大的宇宙体系中，展开着，变化着。五个方位的提出表明，宇宙有自己的中心，而且春夏秋冬四时，及其相应的东南西北四方，围绕着这个中心有节奏地运转。据认为，五行导源于五方。商甲骨文中有'中商''东土''西土''南土''北土'之说（人居于'五方'的中心）。可见殷人是以自我（本土）为'中'，然后再确定东南西北。这种以自我为中心的观念，发展为囊括天地万物的五行宇宙图式，实际上就升华为以人为宇宙中心的思想——人处于宇宙的中央地位，是向四面八方伸展开去的宇宙整体的出发点。这里显示出对自我力量的崇信，象征着人类尊严、奋进和在宇宙中对万物的领导地位。"（刘长林，1990）

古代哲学家荀子"有用为人"和"制天命而用之"的思想，是一种人类中心主义思想的早期表述。他认为，"天地者，生之始也"；但天地创生的万物是分"等次"的，万物为人所用，人为"天下贵"。"水火有气而无生，草木有生而无知，禽兽有知而无义，人有气有生有知亦且有义，故最为天下贵也。（人）力不若牛，走不若马，而牛马为用，何也？曰：人能群，彼不能群也。人何以能群？曰：分。分何以能行？曰：义。故义以分则和，和则一，一则多力，多力则强，强则胜物，故宫室可得而居也。故序四时，裁万物，兼利天下，无他故焉，得之分义也。"这里，人知道"等次"和"礼义"，故能"裁万物，兼利天下"的思想，是当时人类中心主义思想的深刻表述。

虽然人类中心主义思想在中国有悠久的历史。但它作为占主导地位的思想和实践是在西方完成的。在西方思想史上，人类中心主义思想也有久远的历史，如公元前五世纪古希腊哲学家普罗泰戈拉，明确提出人类中心主义命题："人是万物的尺度，是存在的事物存在的尺度，也是不存在的事物不存在的尺度。" 这是西方文化中关于人类中心主义的最早表述。他还强调万物中人的作用和价值，并认为公正、智慧、节制等是人必备的品质，人和人之间应以尊敬和正义为原则。

古希腊哲学家柏拉图（公元前427至公元前347年）以人的"理念"为最高价值。他的学说从人的"理念"出发，并以人的"理念"构造整个世界。这个世界是以人为中心的体系。

古希腊哲学家亚里士多德（公元前384至公元前322年）的宇宙论是"地球

中心说"。 在这样的地球上，依据他的自然目的论认为，"大自然是为了人的利益而创造出来的"。 他说："植物的存在是为了给动物提供食物，而动物的存在是为了给人提供食物……家畜为他们所用并提供食物，而大多数（即使并非全部）野生动物，则为他们提供食物和其他方便，诸如衣服和各种工具。 由于大自然不可能毫无目的毫无用处地创造任何事物，因此，所有动物肯定都是大自然为了人类而创造的。"（《政治学》第 1256 页）这是自然目的论的人类中心主义。

简言之，西方人类中心主义思想从古希腊罗马哲学家开始，经近代笛卡尔、培根和洛克，再到康德，达到其理论和实践的最终完成。

四、人类中心主义思想在近代形成，并成为占主导地位的思想

近代法国哲学家笛卡尔（1569—1650 年），创建主—客二分的哲学和数学归纳法，在人与自然的分离和对立中，人成为主宰者，自然界是被主宰的对象。他主张"借助实践哲学使自己成为自然的主人和统治者"。

英国哲学家培根和洛克是把人类中心主义从理论推向实践的伟大思想家。

培根（1561—1626 年）是现代实验科学实验归纳法的创始人。 他认为真正的哲学应具有"实践性"。 他提出"知识就是力量"的名言。 他认为，人类为了统治自然需要认识自然、了解自然，科学的真正目标是了解自然的奥秘，从而找到一种征服自然的途径。 他说："说到人类要对万物建立自己的帝国，那就全靠方术和科学了。 因为若不服从自然，我们就不能支配自然。"（培根，1984）

洛克（1632—1704 年）把事物的质分为第一性的质和第二性的质，坚持人的经验性原则。 他认为，人类要有效地从自然的束缚下解放出来，"对自然的否定就是通往幸福之路。"

正是依据这种思想，在应用现代科学技术成就的基础上，人们开始在实践上大规模地向大自然进攻。

德国哲学家康德（1729—1804 年）提出"人是目的"这一著名的命题。 他认为，人是目的，而且只有人是目的，人的目的是绝对的价值。 而且，据此人要为自然界立法，"人是自然界的最高立法者"。 因而学术界认为，康德是使人类中心主义最终在理论上完成的思想家。

也就是说，人类中心主义思想从古代萌发，随着近代哲学和科学的发展，它建立在理性和科学的基础上，发展为人统治自然的思想和实践。 不仅包括以人为中心的哲学和科学的知识体系，以及以人为中心的技术体系，而且包括整个人类社会的生产方式和生活方式。 它的核心思想是，一切以人为核心，人类行为的一切都从人的利益出发，以人的利益作为唯一的尺度。 人只依照自身的利益行动，并以自身的利益去对待其他事物。

英国著名历史学家汤因比认为，东西方诸历史观的演变，其本质莫不是为了人类本性中的自我中心。"自我中心不仅是人类，而且也是地球上所有生物都具有的……自我中心显然是地球上生命的本质……每一种生物都竭力使自己成为宇宙的中心。"（汤因比，1990）

美国哲学家胡克说："在历史上，人的实践正是从把自己的特性投射到整个世界中开始的（万物有灵论）。这使世界相当地集中于人类，并以与人类的关系去评价世界。"（胡克，1991）

美国费正清教授说："人，在西方世界居于中心地位，自然界其他东西所起的作用，是作为彩色不鲜明的背景材料，或是他的敌手。"（费正清，2000）

人类中心主义是工业革命以来，西方用以指导工业化和现代化的占主导地位的核心价值观。

因而，鉴于人类中心主义在人类思想理论和实践活动中的重要地位，它作为社会价值观核心的作用，是否可以这样说，人类中心主义是迄今为止人类全部成就，包括物质成就和科学与文化等精神成就的思想和理论基础。同样，它也是我们现在所面临的困难的思想根源。

五、突破人类中心主义是现代科学的伟大成就

1543 年，哥白尼出版《天体运行论》一书，提出"日心说"。他认为，太阳为宇宙的中心，地球和其他行星球围绕太阳转动。地球只是太阳系的一颗普通行星，而不是上帝特此安排的宇宙的中心。这是从科学上对人类中心主义的第一次冲击。

1859 年，达尔文发表《物种起源》提出进化论。他认为，生物经过自然选择而不断进化。1871 年出版《人类的由来》，指出人和动物一样，经过生存竞争和自然选择，从类人猿进化来的，而不是上帝创造的，严重打击了物种不变论和神创论。

科学研究表明，人是从自然界产生，是自然界的一部分，并同自然界一起发展的。例如，细胞学说表明，地球上包括人在内的所有生物都由细胞构成，而且都是从一个原始细胞库传下来的。构成人类身体的基本单位（细胞）同自然界所有生物体的基本单位是相同的。分子生物学，更在分子水平证明了人和其他生物的统一性。人和所有其他有机体的遗传物质都是 DNA。所有细胞核使用的都是一套意义相同的密码。科学揭示了人的生物学本质。人不仅是自然界的一部分，而且依靠自然界生活，受自然规律的制约。生态学，特别是人类生态学表明，"人—社会—自然"是一个复合生态系统。在这里，人与自然相互联系、相互作用，两者的关系不是以哪个为中心，或一个对另一个的主宰和统治，而是两者相互作用和相互依赖。人与自然和谐发展是客观规律，它要求超

越人类中心主义。

鉴于人类中心主义的局限性，以及它使人类陷入困境的严重性，许多有识之士已经对它作了深刻的剖析。例如，著名德国哲学家海德格尔在《论人类中心论的信》（1946 年）中指出："人不是存在者的主宰，人是存在的看护者。"人不要去统治存在者，不要以人为中心，一味地利用现实的东西。人应该维护和保护地球，保护人类的生存条件。为了维护人类在地球上的居住，要"反对迄今为止的一切人类中心论。"他还以"开花树"为例作了生动的描述。他把地球比作开花树，人类以人类中心主义为原则，人类利益是唯一的前提和出发点，为了实现人类的目的，可以动用自己所拥有的全部技术力量"砍倒开花树。"他说：人类"一旦发现了它（开花树）在科技上有某种用处，比如可以造纸，那就会把开花树砍倒。"这样，地球本身只显示为人类进攻的对象，科学的进步变成对地球的剥削和利用。科学技术一味地利用地球，强迫地球超出它力所能及的范围（宋祖良，1993）。

1962 年，美国生物学蕾切尔·卡逊出版《寂静的春天》一书，报告了化学杀虫剂污染造成的严重危害，使生机勃勃的春天"寂静"了。它不仅危及许多生物的生存，而且正在危害人类自己。据此，她作出结论："控制自然这个词是一个枉自尊大的想象产物，是当时生物学和哲学还处于低级幼稚阶段时的产物。当时人们设想中的'控制自然'就是要大自然为人们的方便有利而存在。应用昆虫学上的这些概念和做法，在很大程度上应归咎于科学上的蒙昧。这样一门如此原始的科学已经被现代化，被最可怕的化学武器武装起来了。这些武器在被用来对付昆虫之余，已转过来威胁着我们的整个大地了。这是我们的巨大不幸。"（卡逊，1997）

1987 年，美国哲学家胡克发表《进化的自然主义实在论》一文，在"反人类中心论"一节中，他指出："按照我们目前对世界的认识，人不是万物的尺度。人类的感知认识是有限制的，易错的，人类的想象也是有限的并经常是狭隘的，人类对研究资源的组织和理解也不高明，等等。"因此，他反对完全以与人类的关系去评价世界。他说："人类没有哲学所封授的特权。科学的最大成就或许就是突破了盛行于我们人类中无意识的人类中心论，揭示出地球不过是无数行星中的一个，人类不过是许多生物种类中的一种，而我们的社会也不过是许多系统中比较复杂的一个。尽管这类认识给予人们以强烈的震撼，但它们使我们对自身真实状况的认识极大地清晰起来。此外，它们可能也是其他领域中任何进一步重大成就的必要条件。因此，自然主义的一个重要结论是反人类中心论。"（胡克，1991）

人类中心主义作为人类认识世界的伟大思想，并作为价值观指导人类的伟大实践。在这种思想的指导下，人类在一定的意义上达到了自己的目的，取得了一定程度的成功。但是这种成功是局部性的，或者暂时性的。因为这种价值观的"反自然"的性质的作用导致了严重的不良后果，又从根本上损害了人类的目标，并从而使人类陷入深深的困境中。因此，用人类中心主义的思想既可以说明迄今为止人类所取得的所有成就，也可以说明人类当前所面临的困难。走出人类中心主义，这是人类的必要选择。

在人类思想史上，汤因比提出，人类历史有两个主要过渡时期的思想。人类自我意识的产生，至人类中心主义的形成，表示人类在生物学方面的提升获得成功。这是第一个过渡时期。现在人类面临第二个过渡时期，即向"新意识的过渡"。它以人的新意识的产生为特征。

这种新意识是超越人类中心主义之后，以"人类与自然界和谐发展"为目标的意识，以承认"自然界的价值"为关键的生态意识或环境意识。它把保护自然价值，追求人类可持续发展作为社会价值目标，或社会价值的前提。它表示人与自然的和谐关系从不自觉到自觉的提升。这种提升将使人类走向一个新时代。它的一个重要特征是，走出人类中心主义，用人与自然和谐发展这种新的价值观，指导自己的行动，建设人与自然和谐发展的生态文明社会，一个可持续发展的新社会。这是世界历史进程的一次最重大的历史性转折。

生态文明的价值观是新的世界观。当前全球性的环境污染和生态破坏的严峻现实表明，遵循人类中心主义的思想，实行人统治自然的实践，竭尽全力发明制造和使用更先进和更强有力的工具，向自然进攻和向自然索取，建设了当今人类社会丰富的和现代化的物质生活和精神生活，在发达国家有无比的富足和繁荣。但是，这只是人类的局部成功，而不是最后成功。因为环境污染和生态破坏对人类生存提出严重挑战，表现了人类中心主义思想的局限性。建设生态文明需要走出人类中心主义，确立人与自然和谐发展的价值观。

第二节　生态文明的价值观：人与自然界和谐

马克思主义认为，社会基本矛盾：一、人与人社会关系矛盾，二、人与自然生态矛盾。这是推动社会发展和进步的动力。人与人社会关系和解，人与自然生态关系和解，是人类社会的目标。工业文明价值观的核心，人类中心主义（实际上是个人中心主义），哲人把它概括为"人不为己天诛地灭"，"今日有酒今朝醉"。它的实质是，第一，它无视他人，只有个人利益是重要的；第二，它无视子孙后代，个人具有最高的价值；第三，它无视生命和自然界，只是人有价值，生命和自然界没有价值。虽然，它有利于发挥人的主动性、积极性、创造性和进取心，但是，它导致社会基本矛盾，人与人社会关系和人与自然生态关系，两种关系的矛盾、对立和冲突不断激化。当今世界全面危机，经济—社会危机和生态危机，导致威胁人类持续生存，出现人类不可持续发展的严重局面，就是社会两类基本矛盾恶化的表现。面对这种挑战，推动世界历史从工业文明时代走向生态文明时代。首先需要价值观转型，确立生态文明的价值观。

一、人与自然界的和谐是生态文明的价值观

马克思主义历史观以人与自然界和谐为目标，它反对"自然与历史的对立"，主张"人和自然的统一性"。马克思和恩格斯指出："对实践的唯物主义者，即共产主义者来说，全部问题都在于使世界革命化……特别是人与自然界的和谐。"①这种"世界革命化"的历史使命是推动世界两大变革。他们说："我们这个世界面临的两大变革，即人同自然的和解以及人同本身的和解。"②

1. 人与自然界的和谐是马克思主义的历史观

马克思主义认为，人与自然是不可分割的，两者相互联系、相互作用和相互依赖，是生命的有机统一整体。

一方面，自然界对社会历史有重大作用，是支持社会发展的重要力量。但是，不能从脱离人的自然出发。现实的自然界是人类学的自然界，脱离人的自然界是不可理解的。

另一方面，人和社会是创造历史的主体。但是，人在自然的基础上创造世界，不能从脱离自然的人出发，不存在脱离自然的人。脱离自然的人和社会只能是一种抽象的而不是现实的人和社会，它是不可理解的。

现实的世界是人与自然相互作用的世界，它不是人的世界与自然界的简单的相加，而是它们相互作用构成的整体。作为整体，它具有这两个组成部分所没有的、从它们的相互关系中产生的特性。

人与自然的关系，是在具体的社会发展中，以一定的社会形式，并借助这种社会形式进行和实现的。这是一种社会历史的联系。同时，这种关系又是在具体的自然环境中，通过人类劳动这种中介，以改变、开发和利用自然的形式进行和实现的。这又是一种自然历史的联系。

因此，我们的历史观，要从人与自然相互作用去认识世界和解释世界。也就是说，从实践去理解世界。这是马克思和恩格斯对人与自然相互关系的历史考察，得出历史唯物主义的结论。

① 马克思,恩格斯. 德意志意识形态[M].北京:人民出版社,1961,p38.
② 马克思恩格斯全集(第1卷)[M].北京:人民出版社,1963,p603.

2."和"是中国哲学的核心或精髓

中华文明有深厚的根基。中华文化有优秀的民族传统，有深刻的科学理论遗产。我国古代思想家，关注宇宙与人生，有丰富深刻的关于人与生命、关于人与自然关系的思想，有人与自然和谐发展价值观的深刻论述。在这里，中国传统文化具有高度的包容性、稳定性和继承性，历史悠久，丰富深刻，能包容世界各种先进思想。这在人类思想史上是罕见的。这种古代思想智慧，是中国民族文化之根，中华文明之根，承传中华文化和文明的命脉。新的生态文明价值观，要牢牢扎在优秀深厚的中华文化土壤中。这是我们的现实需要。

俄国学者波波夫说："中国是为数不多的没有失去自己历史根源的最古老的文明之一。"俄国汉学家叶尔马科夫说："中国文明的独特性在于继承性。这是一根不断的红线。它将古老与现实连接起来，为子子孙孙保留着数千年历史的特征，建立起智慧的宝库，并通过历史折射未来。"

中华民族5000多年生生不息，延续传承中华文化的价值观。中国古代哲学的价值取向是"和"。这是以中、和合、太和、中和、和而不同等表示和谐的概念，是中国古代哲学理念。它为中国古代哲学家普遍采用和阐发，是中国哲学的核心或精髓。传承这种优秀哲学遗产，是我们今天确立生态文明价值观的可资利用的宝贵思想财富。我们在中国的土地上建设现代化国家，走生态文明之路，需要扎根于优秀中华文化的深厚土壤之中，走传统与现代性统一之路，用一根从古至今不间断的"红线"——人与自然和谐发展——把历史与现实联接起来，以展示我们美好的未来。

为了承传与延续，我们简要地论述中国"和"的价值观的主要思想。

(1)《周易》"天地人和"的思想。

天、地、人，哲学家称为"三才"。这是世界最重要的三大要素，或三大系统。"天地人和"是《周易》在解说世界时提出的世界结构模式。《周易·序卦传》说："三才者，天地人。"但是，这三者并不是并列的，"有天地，然后有万物；有万物，然后有男女。"人是天地万物的一部分，是自然界发展的最高成就。天、地、人既相互独立，又紧密联系。它们相互作用、相互依赖，构成和谐统一的有机整体。这是《周易》对世界结构的看法。

《周易·系辞传下》说："易之为书也，广大悉备，有天道焉，有人道焉，有地道焉。兼三才而两之，故六。六者非他也，三才之道也。"

《周易·说卦传》说："昔者圣人之作易也，将以顺性命之理。是以，立天之道，曰阴与阳；立地之道，曰柔与刚；立人之道，曰仁与义。兼三才而两之，故易六画而成卦。分阴分阳，迭用柔刚，故易六位而成章。"

世界是天、地、人和谐的整体。因而《周易》主张"太和"，并认为"太和"是人类的最高理想。《乾卦》曰："乾；元，亨，利，贞……象曰：大哉乾元，万物资始，乃统天。云行雨施，品物流形。大明终始，六位时成，时乘六龙以御天。乾道变化，各正性命，保合大和，乃利贞。首出庶物，万国咸宁。"

"乾"是指天，天的功能，天的法则。"元"是指初始，有大与始的含义。"亨"是通。"利"是祥和。"贞"是正与固的意思。孔子把"元亨利贞"称为"四德"。乾卦是周易的首卦，它的意思是说，世界创生以后，自然事物千变万化，在这种变化中赋予生命，生育万物，必须保持自然的和谐，才能使万物生生不息，各得其所，各得其宜；但是只有按大自然的法则，保持大自然的和谐，才能使天下万国安宁，达到生命的生生不息与祥和有益。

《周易》"天地人和"的思想，是以"太和"为目标，遵循自然法则行"三才之道"，以完成天的生生不息的功能（元亨），达到"首出庶物，万国咸宁"的境界（利贞）。

为此，它要求人的行为要适应自然，遵从自然规律："天地变化，圣人效之。"也就是说，人要研究天的法则、地的法则、人的法则。人类行为要效法大自然界的规律。如《周易·乾卦》所说："夫大人者，与天地合其德，与日月合其明，与四时合其序，与鬼神合其吉凶。先天而天弗违，后天而奉天时。"又如《周易·系辞传上》所说："易以天地准，故能弥纶天地之道。仰以观于天文，俯以察于地理，是故知幽明之故……与天地相似，故不违。知周乎万物，而道济天下，故不过。旁行而不流，乐天知命，故不忧。安土敦乎仁，故能爱。"这样，接受和按照天的法则，人类的目标便能实现，这就是"天地人和"。

这种思想与现代生态学思想是完全吻合的。按照现代生态学的观点，世界是"人—自然—社会"复合生态系统。人类活动按照生态学整体性观点，接受和遵从生态学规律，自然、经济、社会，现代世界这三大要素，通过相互作用便构成完整和谐的系统。

这种思想也就是人与自然界和谐发展的思想。现在由于人类不合理的活动，天地人三者已经失去平衡，出现经济—社会全面危机，严重威胁人类的生存。我们需要走"三才之道"，以建设"天地人和"的世界。这是人类的最高理想。

（2）儒家"和合""人与天地参"的思想。

儒家学者认为，万物由"和"而生，并在"和"的状态下存在和发展。"和"是事物存在的形式和存在的基础。遵从"和合"哲学，达到"人与天地参"，这是人类的目标。

"和合"二字最早见于甲骨文、金文，表示和谐，是中国古代哲学的重要概念。

西周末年，思想家史伯提出"和而不同"的深刻思想。他说："夫和实生物，同则不继。以他平他谓之和，故能丰长而物归之；若以同裨同，尽乃弃矣。故先王以土与金、木、水、火杂，以成百物。是以和五味以调口，刚四肢以卫体，和六律以聪耳，正七体以役心，平八索以成人，建九纪以立纯德，合十数以训百体……周训而能用之，和乐如一。夫如是，和之至也。"（《国语·郑语》）

这里所论及的，第一，世界的事物，如四肢、五味、六律、七体、八索、九纪、十数、百体，这些数所表示的，是世界事物的多样性，它们都是由"和"而生。第二，什么是"和"？它是"以他平他"，意思指不同事物和因素的结合。如金木水火土杂"以成百物"，事物是差异和多样性的统一，即和生万物。第三，什么是"同"？它是"以同裨同"，意思指完全相同的事物和因素的结合。由于它排斥差异，是不能产生新事物的直接同一。因此，第四，结论是"和实生物，同则不继"，意思指世界多种多样、生生不息，因而万物丰长而物生之，这是因为"和"。反之，如果世界"以同裨同"，没有多样性和差异，那么不仅没有新事物产生，而且万物"尽乃弃矣"。

因此，"和乐如一，和之至"是人类的理想和追求。"天子者，与天地参，故德配天地，兼利万物，与日月并明，明照四海面不遗微小。"（《礼记》）

这种和而不同的思想，中和的思想，也就是天人合一的思想。它为历代儒家学者所认同、阐述和发展。例如：

孔子说"和为贵"，"政是以和"，"君子和而不同，小人同而不和"，"君子中庸，小人反中庸"，"和"和"仁"密切相关，它是人道的目标。

孟子说，天下有道，"诚者，天之道也；思诚者，人之道也"（《离娄》）。"诚"是天的根本属性；努力求诚以达到合乎"诚"的境界，这是人之道。因而，人要以"中道"为目标，"君子引而不发，跃如也。中道而立，能者从之。"（《孟子·尽心》）

子思说："中也者，天下之大本也；和也者，天下之达道也。致中和，天地位焉，万物育焉。"（《中庸》）

荀子说："天地合而万物生"，"上得天时，下得地利，中得人和，则财货浑浑如泉涌，汸汸如河海，暴暴如山丘。"（《富国》）

董仲舒说："和者天地之所生成也"，"天地之气，合而为一，分为阴阳，判为四时，列为五行。""天地之道，虽有不和者，必归之于和，而所为有功；虽有不中者，必止之于中，而所为不失。"（《春秋繁露》）

其他儒家经典，如《礼记》《吕氏春秋》等也有丰富的"和合"思想。《礼记》说："乐者，天地之和也。礼者，天地之序也。和，故百物皆化。序，故群物皆别。乐由天作，礼以地制。过制则乱，过作则暴。明于天地，然后能兴礼乐也。""大乐与天地同和，大礼与天地同节。和，故百物不失，节，故祀天祭地。明则有礼乐，幽则有鬼神。如此，四海之内合敬同爱矣。"《吕氏春秋》说："凡乐，天地之和，阴阳之调也"，等等。这里提出"序"与"节"概念，这是非常重要的。因为和必须有序、有节。有"序"、有"节"才能"和"。"序"是和，"节"是中，合而言之是"中和"。

"和而不同"，儒家学者指出"和"与"同"两者不一样，其意义是非常重大的。他们肯定"和"包含异，但"同"不能有异。"和"不但有异，而且必须有异。因而，"和合"哲学是辩证法的，它不否认矛盾和斗争，而且，坚持矛盾和斗争必须以"和"的方式解决。

正如张载所说："有象斯有对，对必反其为；有反斯有仇，仇必和而解。"（《正蒙》）冯友兰先生高度评价这四句话。他说，如果按照"斗争"哲学，"仇必仇到底"。这样，两个对立面只好同归而尽，导致统一体被破坏。张载的"和"字不是随便用的，他的《正蒙》以"太和"开篇，开头就说："太和所谓道，中涵浮沉、升降、动静、相感之性，是生缊缊、相荡、胜负、屈伸之始。"又说："两不立则一不可见，一不可见则两之用息。"这里的"两"是一个统一体的两个对立面，是"和"，如果没有"两"，统一体就会解体。宇宙的正常状态是"和"，一个社会的正常状态是"和"，人类目标和行为的正常状态也是"和"。这个"和"称为"太和"。"和"是我们的世界观和方法论（冯友兰，1999）。

如何实现"和"？

儒家学者认为，"致和"之道是"中"，即在"过"与"不及"的两端取"中"。"子曰：'不得中行而与之，必也狂狷乎！狂者进取，狷者有所不为也'。"（《论语·子路》）"和"追求事物与行为之"各得其所""求同存异""执两用中"。如朱熹说："盖凡物皆有两端，如大小厚薄之类，于善之中又执之两端，而量度以取中，然后用之……"（《中庸·章句》）这里的"两"，是事物的差异、矛盾和对立；如果把握了"两"，用其中，人们就会使自己的行为立于不败之地。也就是说，我们如果行中庸之道，那便不会有灾难，即"中行无咎"。

值得指出的是，这里的"中"也就是"和"，即"中和"，或"中庸"。"和"与"中"，既是事物的状态，又是人类的目标和实现目标的方法，而且是人类高尚的道德。孔子认为，中庸是一种德行，说"中庸之为德"。"子曰'易其至矣乎！夫易，圣人所以崇德而广业也。知崇礼卑，崇效天，卑法地，天地设位，而易行乎其中矣。成性存存，道义之门。"（《周易·系辞传上》）因而，易经的道理是天地设位，"行乎其中"。

因此，儒家学者主张"人与天地参"，即中庸，"中以为志"，"中以为道"。子思在《中庸》一文中说："自诚明谓之性，自明诚谓之教。诚则明矣，明则诚矣。唯天下至诚，为能尽其性；能尽其性，则能尽人之性；能尽人之性，则能尽物之性，则可以赞天地之化育；可以赞天地之化育，则可以与天地参矣。"这里说的意思是，人把握了天生的"诚"（天地之本），发展人的本性，发展万物的本性，即"和"与"中"，就可以"尽物之性""尽人之性"，从而赞助天地万物的变化和生长，使万物生生不息，人就可以同天地并列为三（"参"即三），实现天地人的和谐发展，自然、经济、社会的可持续发展。这是人类社会发展的目标。

（3）道家"中气以为和"的思想。

老子宣扬"道法自然"的哲学。他认为，"天之道"是和谐适中，"反者道之动，弱者道之用。天下万物生于有，有生于无。"（《老子·第40章》）"天之道，其犹张弓与？高者抑之，下者举之，有余者损之，不足者补之。天之道损有余而补不足。人之道则不然，损不足而奉有余。孰能有余以奉天下？唯有道者。是以圣人为而不恃，功成而不处，其不欲见贤。"（《老子·第77章》）他认为，天的道理就如张弓射箭，高了压低一点，低了抬高一点，拉过了就放松一点，不足时拉满一点。人之道的问题在于，它不是"损有余而补不足"，而是"损不足而奉有余"，这不符合道。他告诫人们要遵循天之道，助长万物但不恃恩求报，有所成就但不自居有功，这是中道。

因而，他主张无为哲学。无为，当然不是什么事都不做，不是无所作为；而是按照自然规律而为。"道常无为，而无不为"，因此，要行"中和之德"，"生而不有，为而不恃"，"长而不宰"，"功成而不有"，"为而不争"，"利万物而不争"等行为原则，以有利于协调人与自然和人与人之间的关系。有人误解为这是道家的消极之处。其实，这是遵循自然之道，老子说："功成，名遂，身退，天之道也。"（《老子·第9章》"是以圣人去甚，去奢，去泰。"（《老子·第29章》）天之道是功成身退，杜绝奢侈，不走极端，不求过分。

方家认为，这是"中和之道，不盈不亏，非有非无。有无既非，盈亏亦非。借彼中道之药，以破两边之病。"这是有好处的。

老子说："多言数穷，不如守中。"（《老子·第5章》）他在解释道时说："道冲，而用之或不盈。渊兮，似万物之宗。挫其锐，解其纷，和其光，同其尘。湛兮，似或存。吾不知谁之子，象帝之先。"（《老子·第4章》）

老子认为，万物在"和合"（"中"）中统一。他说："道生一，一生二，二生三，三生万物。万物负阴而抱阳，中[①]气以为和。"（《老子·第42章》）又说："和之致也，知和曰常。知常曰明，益生曰祥。"

方家认为，在这里，道学的"中"有四层含义：①事物之规律，"中"即为

"正"，即"正道"，自然中的必行之路，属于道之用。②事物之变化，"中"即为"度"，行为要知止知足，不超过限度。③事物之空间，"中"即为"虚"，道以虚为用，虚无中含有生机。④事物之时间，"中"即为"度"，要"动善时"，"不得已"而为之，中和，守中。

道家另一代表人物庄子也持"和合"哲学。他说："天与人一也。"（《庄子·秋水》）又说："天地与我并生，万物与我为一。天地万物，物我一也。"（《庄子·齐物论》）也就是说，天是自然而然的，天人统一。因而，"夫明白于天地为德者，此之谓大本大宗，与天和者也；所以均调天下，与人和者也。与人和者，谓之人乐；与天和者，谓之天乐。"（《庄子·天道》）

庄子认为，万物以和而生，无为是道的规律，是道的根本，只有明白这点，才能做到人与自然和谐，称为"天乐"；只有明白这点，才能做到人与人和谐，称为"人乐"。

"庄子曰：'吾师乎！吾师乎！和万物而不为义，泽及万世而不为仁，长于上古而不为寿，覆载天地，刻雕众形而不为巧，此谓之天乐……天乐者，圣人之心以畜天下也。"也就是说，顺从自然而运行就是"天乐"，贵在无为。他说："夫帝王之德，以天地为宗，以道德为主，以无为为常。无为也，则用天下而有余；有为也，则为天下用而不足。故古之人贵夫无为也……（这样）天不产而万物化，地不长而万物育，帝王无为而天下功……以此治物，以此修身；知谋不用，必归其天。此之谓太平，治之至也。"（《庄子·天道》）

在庄子看来，行无为（"中"）之术，顺乎自然仿效天地而行，遵循天道天德而进取，使万物复归自然，这就叫太平，是治世的最高境界。

（4）佛学"依正不二""中道缘起"的思想。

佛教于公元前后由印度传入我国，经中国僧人的改造产生了中国佛教。隋唐时期佛教与儒、道并称为"三教"，是中国传统文化的重要组成部分。佛学理论作为重要的思想资源，现在具有环境保护的现实意义。

佛学依正不二学说。

佛教的本质是以法为本。法是佛学的最高范畴和最高真理。它认为，法贯穿于人的生命和宇宙生命之中，所有生命都归于生命之法的体系内，个人生命在深处与宇宙生命成为一体，是宇宙生命的个体化和个性化。

它认为，众生即佛，万类之中个个是佛。因而，"一切众生悉有佛性，如来常住无有变易"命题的意思是说，一切即众生，众生均有佛性，都可以成佛。依据这一原则，它不仅制定了"不杀生"的戒律，要求佛教徒实践普度众生和拯救众生的理想，而且阐发了一种尊重生命的理论。佛法云："自然界本身是维系独立生存的生命的存在。"这就是佛学依正不二原理。所谓"依正"是指依报（环境）和正报（生命主体）两者，"不二"是指生命及其环境是不可分割的整体。依正不二强调生命与环境的整体性。

佛教"十界论"生命观。它把生命分为10种状态，这便是地狱、饿鬼、畜牲、修罗、人、天、声闻、缘觉、菩萨和佛。世界上包括人在内的所有生命，都包含在全部十界之中，它们的差别只在于，由于修行的程度不同，它们的存在状态不同，表现了不同的境界。但是，所有生命都潜藏着佛，都有可能达到佛这一最高境界。因此，所有生命都是宝贵的，所有生命都有生存的愿望，都要求达到佛的境界。但是，如果杀死它们，就是扼杀它们达到佛的境界。因此，我们必须尊重生命，保护生命。"不杀生"是佛教徒的第一戒律。

佛学"三世间"协调的思想。"三世间"指人、社会和自然界。它们之间的交往产生各种关系：人对自然的关系中产生的多样性叫"五阴世间"；人对他人和社会的关系中产生的复杂性叫"众生世间"；人对自然的关系中产生复杂性叫"国土世间"。这就是"三世间"。这里所谓"世间"，是指事物之间的差别与多样性。这种差别与多样性对于生命的生存是不可缺少的。在这里，任何一个"世间"与另外两个"世间"都是相互联系的，要做到"三世间"相互关系的协调，就要实施"依正不二"的原则，即实现人、社会和自然的和谐统一。

佛学中道缘起学说。

佛家讲"中道""中观"。什么是中道？空（无）、有为两边，不堕极端，脱离两边，即为中道。《大宝积经》说："常是一边，无常是一边，常无常是中，无色无形，无明无知，是名中道诸法实现；我是一边，无我是一边，我无我是中，无色无形，无明无知，是名中道诸法实现。"它讲中，其实质是和。

大乘佛学的中观学派提出中道缘起学说。这是和合思想的另一种表述。

佛教学者龙树在讲万物的缘起（原因）时，否定有无、生灭等各种对立的两个极端，主张中道，即执于中，用不偏不倚的观点解释万物的缘起，说明世界的万事万物。他说："不生亦不灭，不常亦不断，不一亦不异，不来亦不出（去）。能说是因缘，善灭诸戏论。我稽首礼佛，诸说中第一。"（《中论·观因缘品》）

他说："众因缘生法，我说即是空，亦为是假名，亦是中道义。"（《中论·观四谛品》）他解说"因缘"与"空"（无）、"假名"（有）、"中道"三者的关系：不偏于"空"，也不偏于"假名"，这就是"中道"。因缘和合是出发点，"空"（无）和"假名"（有）的和合表现为"中道"。也就是说，既要看到空，又要看到有，但不能执着空和有的两边，而要执于中，才合乎中道。

他以"水中月"为例，人们看到水中的月亮，它不是真正的月亮（空），但又确实看到了月亮（假名）。如果说，水中有月亮，那是不对的；如果说，水中根本没有月亮，也是不对的。只能说，水中无真月亮，但有假月亮。这样才合乎中道。

三论宗的吉藏说："有不自有，因空故有；空不自空，因有故空。"（《三论玄义》）强调有与空的相互依存关系。

佛学的中道、中观学说，宣讲和合思想，有利于人与自然和谐发展。

二、生态文明价值观的确立，传统与现代性统一

我们建设现代和谐社会，是在中国"和而不同"的价值哲学思想的基础上，把传统与现代结合起来，确立中国的生态文明价值观。

现在，党中央对建设和谐社会与和谐世界作了明确的理论表述。

党的十六大政治报告，提出建设"更加和谐的社会"的使命。报告说：建设一个更高水平的小康社会，"使经济更加发展，民主更加健全，科教更加进步，文化更加繁荣，社会更加和谐，人民生活更加殷实。"

十六届四中全会的决定，完整地提出"构建社会主义和谐社会"的纲领。

2005 年 2 月 20 日，胡锦涛同志在中共中央党校的讲话指出："我们所要建设的社会主义和谐社会，应该是民主法治、公平正义、诚信友爱、充满活力、安定有序、人与自然和谐相处的社会。"

2015 年 9 月 28 日，习近平主席在联合国大会发表关于建设世界人类命运共同体的讲话，提出建设世界人类命运共同体的路线和布局，获得与会者掌声和赞同。2016 年，习主席发表新年贺词，他说："我衷心希望，国际社会共同努力，多一份平和，多一份合作，变对抗为合作，化干戈为玉帛，共同构建各国人民共有共享的人类命运共同体。"关于人与自然生命共同体，习近平同志在中央政治局第 41 次集体学习时说："人与自然是一种共生关系，对自然的伤害最终会伤及人类自身。"人与自然和谐共生是建设社会主义生态文明的核心理念。它表示，社会和谐是中国特色社会主义的本质属性，是建设中国特色社会主义的基本战略和对策，是中国人民建设生态文明伟大实践的行动指南，是指导中国道路的中国智慧的传承和发展，是马克思主义的历史观和价值观中国化的发展。

和谐社会与和谐世界，这就是生态文明的核心价值观。它的制定和实施，是人与社会和谐、人与自然生态和谐目标的实现。这是生态文明从理论走向实践的重要步骤。

第三节　自然价值，生态文明的核心价值观

工业文明的核心价值观认为，世界上只有人有价值，生命和自然界没有价

值，发展了否认自然价值的科学和哲学。在这样的哲学和科学指导下，建设了"人统治自然"的文化。建设生态文明社会，需要价值观的生态转向，走出人类中心主义，确立自然价值观。

一、什么是自然价值？

自然价值，指生命和自然界是有价值的，主要包括自然外在价值和自然内在价值。

1. 自然外在价值

自然价值，在人的层次，或文化的层次，表示它对人类生存具有意义，能满足人类生存、享受和发展的需要。这是自然界作为人的资源、作为人利用的对象、作为人的工具的价值。或者说，是指自然对人的意义，或有用性，是自然对人而言，以人为尺度衡量的价值。主要包括自然的商品性价值（经济价值）和非商品性价值。

现代经济学认为，只有劳动产品，它们作为商品有价值；生命和自然界的事物不是人类劳动的产品，因而它没有价值。

我们认为，生命和自然界是有价值的。自然条件和自然资源，包括宇宙、地质、地理、气象、水文和地文、生物和矿藏等条件，它是人类生存的基础，是有价值的。此外，对人类没有直接功用的动物和植物，如千百万种昆虫，由于它们在生态系统中的地位和作用，对维护生态平衡有意义，因而对人类也是具有重要价值的。

自然的经济价值，是它对人而言的有用性，包括商品性价值（经济价值）和非商品性价值。

自然的商品性价值，自然物质生产过程创造的生物和非生物产品，如煤、石油和天然气，各种金属和非金属矿藏；生物、土地、水源、森林和草场，等等，它们通过市场进入生产过程，具有商品性价值。

自然的非商品性价值，如科学研究价值，娱乐、审美和旅游价值，生物多样性价值，历史（自然史和文化史）价值，医学医药价值，文化、宗教和道德价值，等等。虽然它们不是以商品的形式，但是具有经济意义。

"自然的外在价值"概念表明，第一，自然是有价值的，自然价值是客观的。第二，自然外在价值，不是说它外在于人的，而是它对人而言的价值；人生活于自然中，不能脱离自然，从人类生存的角度，自然不是人和社会的"外在条件"，而是人与自然的"内在机制"。第三，自然价值表现人与自然是有机统一体，整体性是自然价值的根本特性。

2. 自然的内在价值

自然内在价值，是在生命和自然本身的层次，表示它自身的生存。这种生存既对生命和自然界有意义，又使地球成为一个活的系统。也就是说，它既能满足人以外的生命生存和发展的需要，又维护地球基本生态过程，使地球成为生命维持系统。这是以自然自身为尺度进行评价的，表示自然的主体性。当然，这种评价是人对自然的评价，不是自然自己的评价。

如果说自然界本身没有价值，只是人有价值，也就是说，在地球产生后的几十亿年里，它没有价值，只是在人类产生后的几百万年以来才突然有了价值呢？

当然不是这样的。自然价值是自然本身的创造，自从有了地球就开始自然价值的创造。这种创造是历史地进行的。也就是说，自然价值是进化的，是有层次的。它的进化层次是：混沌自然价值，地壳自然价值，地质自然价值，有机自然价值，生物自然价值，人类自然价值，人工自然价值，社会自然价值。

自然内在价值，它的主要论证如下：

（1）生命和自然界的目的性。生存是它的目的，生存表示它的成功，追求生存是它的第一要务。这是它的内在价值。

（2）生命和自然界的主体性，是指它自身是生存主体、认识主体和价值主体。在宇宙环境中，生命和自然界是自组织系统、自我维持系统。按照一定的自然程序（自然规律），它自我维持、自我组织和不断地再生产，自为地进行自己的生命活动，以自己独特的形式表达自己、表现自己。它自主地决定，不需要它物作参照，在自然遗传、生态、进化史上，达到自己的目的，完成自己的使命，从而实现自身的发展和演化。它是自身目的的中心，既能实现自己和种的生存，又能向更高的组织水平进化。它独立于人类的价值。

（3）生命和自然界的主动性、积极性和创造性。这是它生存能力的表现。

（4）生命和自然界对其生态环境的评价和认识能力。

（5）生命和自然界的智慧和创造，以保证它的生存、自然价值的创造和进化。

二、自然价值观是生态文明的核心价值观

工业文明的价值观，认为只有人有价值，生命和自然界没有价值。在这样的价值观指导下，为了人的利益，主要为了资本增值，不断地向自然进攻，拼命向自然索取和剥削。为了填不满的贪欲，发展了掠夺、滥用和浪费自然资源的生产方式，以及高消费的生活方式，导致环境污染、生态破坏和资源短缺的全球性生态危机，对人类生存提出严重挑战。这是否认自然价值导致的结果。确认自然价值，对于超越工业文明社会，实现社会全面转型的价值观，建设生态文明社会具有非常重要的意义。

1. 否认自然价值是全球性生态危机的思想根源

基于主—客二分哲学，它认为，只有人是主体，生命和自然界作为客体是人的对象，因而只有人有价值，生命和自然界没有价值。它强调人的主体地位，发扬人的主体性，高扬人类中心主义主要是个人主义的价值观。在这种价值观的指导下，人在向自然进攻、改造自然的同时，发展了高消耗、低产出、高污染的生产方式，奢侈、浪费、挥霍的高消费的生活方式，经济主义—消费主义—享乐主义的存在方式。同时，发展了科学主义的思想，并从而发展了损害自然环境的科学技术和生产工艺。这是一种"反自然"的社会—经济—消费生活。它以生命和自然不可持续发展为代价实现人的持续发展，造成严重的环境污染和生态破坏，损害生命和自然的多样性，是现在全球性生态危机的思想根源。

2. 否认自然价值是社会经济危机的思想根源

在社会生活领域，只有资本有价值，拥有资本的人制定政策，依据生命和自然界没有价值的价值观，制定资本高价对劳动力低价的政策，产品高价对资源低价的政策。实行这样的政策，一方面，不断加剧对劳动者的剥削；同时，不断加剧对自然的剥削，两种剥削同时进行彼此加强。这样，拥有资本的人同时拥有资源，成为有能力高消费的人，是生产资源和消费资源的高消费者。劳动者没有资本，不拥有资源，没有能力购买更多的商品，被迫消费不足，只能维持最低水平的生活。这是以多数人不可持续发展为代价实现少数人的持续发展，导致社会严重的两极分化和不公正，并损害后代发展的可能性，损害人类生存和发展的可持续性，是社会—经济危机的根源。

在国际范围内，西方发达国家，依据生命和自然界没有价值的价值观，以及资本高价对劳动力低价的政策，产品高价对资源低价的政策，成为开发、利用和掠夺世界资源的主要受益者。他们在所谓"普世价值观"自由、民主、人权的旗号下，开发掠夺世界资源，甚至不惜使用战争手段，如中东战争、伊拉克战争，被评价为争夺石油的战争。它造成世界许多地区的纷争、冲突和战乱的不断加剧，严重损害世界和平与安宁，是人类的巨大不幸。

3. 确立和实行自然价值观是建设生态文明的需要

自然价值观是生态文明的核心价值观。确立和实行自然价值观是建设生态文明，实现社会全面转型的需要。

超越主—客二分哲学，需要确立自然价值观，确认生命和自然界是存在主体和价值主体。

超越资本专制主义，实行以人为本的人民民主主义，需要确立自然价值观，平等公正地分配自然价值。

从工业文明的线性经济，到生态文明的循环经济，实现经济转变，需要确立自然价值观，实行自然资源有偿使用的经济政策，自然资源的消耗和补偿进入国民经济统计。

超越经济主义—享乐主义的高消费生活方式，实行可持续发展的生活方式，需要确立自然价值观，过简朴的绿色生活。

社会文化转型需要确立自然价值观。承认自然价值，人类尊重自然和对自然承担责任的合法性才能得到确认，环境伦理学才是可能的。确认自然价值，承认保护环境保护自然，是科学技术发展、教育事业、文学艺术和其他文化发展的重要目标，我们才会有健康完整的文化，实现自然价值与文化价值的统一，人和其他生命诗意般地生存于地球上，实现人与自然共存共赢共荣。

第二章

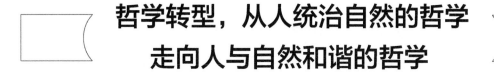

哲学转型，从人统治自然的哲学 走向人与自然和谐的哲学

哲学是时代精神的精华。每一个时代都有其特有的哲学。它作为一个时代的科学技术和人类实践成果的总结，是时代精神的结晶，是文化的灵魂，代表这个时代的先进思想。人类社会不断进步，各个不同时代都有代表这个时代精神精华的哲学。哲学关注宇宙与人生，关注人与自然的关系，特别是随着社会生产力发展，不同的时代有不同的人与自然的关系，因而有不同的哲学表达式。最早的渔猎文化时代，人刚从动物界走出来，自我意识没有真正形成，没有把自己与动物和自然区别开来，"图腾崇拜和自然崇拜"成为那个时代的哲学表达式。5000年前，随着生产力发展，人类社会进入农业文明时代，虽然人的自我意识已经形成，但是面对非常强大的自然力，自觉自身的力量很小，形成敬畏自然的天命论哲学。300年前，科学技术革命推动工业革命，并迅速实现世界工业化和现代化，人类对自然取得一个又一个胜利，人的主体性不断张扬，觉得自己已经成为自然界的主人、大自然的主宰者和统治者，形成现代人统治自然的哲学。在人统治自然哲学指导下，人类大举向自然进攻，不断加大向自然掠夺和索取，把大好河山搞得百孔千疮。20世纪中叶，以环境污染、生态破坏和资源短缺为表现的生态危机，成为威胁人类生存的全球性问题。它把人类社会推进到一个新时代——生态文明时代。新时代需要新的哲学表达式，尊重自然，追求人与自然界和谐的哲学。

第一节　超越现代主—客二分哲学

现代哲学产生于16~18世纪。这是科学技术革命和世界工业化取得伟大胜利的时代。一批伟大的思想家在总结这些胜利和经验的基础上，创造了代表这个时代精神精华的哲学思想。恩格斯指出："在从笛卡儿到黑格尔和从霍布斯到费尔巴哈这一长时期内，推动哲学家前进的，决不像他们所想象的那样，只是纯粹思想的力量。恰恰相反，真正推动他们前进的，主要是自然科学和工业的强大而日益迅速的进步，在唯物主义者那里，这已经是一目了然的了。" ①

一、主—客二分哲学，二元论和还原论

现代哲学作为一种世界观，以二元论和还原论为主要特征。它试图用力学规律解释一切自然和社会现象。它的创立者笛卡儿和伟大物理学家牛顿是主要代表人物，因而又称为牛顿-笛卡儿世界观。

1. "牛顿——笛卡儿世界观"主要特征

笛卡儿提出一个重要命题："我思故我在"，提高人的自我意识，张扬人的主体性。他是二元论主—客二分哲学的创立者。他认为，存在两种独立存在、互不依赖的实体，物质实体和精神实体（观念实体）。物质世界的运动按力学规律进行，可以把它归结为小粒子、原子的简单位置移动。马克思指出："笛卡儿在物理学中认为，物质具有独立的创造力，并把机械运动看做是物质生命的表现……在他的物理学的范围内，物质是唯一的实体，是存在和认识的唯一根据。" ②

这种哲学以力学规律解释一切自然和社会现象，因而又称为机械论世界观。它以二元论和还原论为主要特征。它试图用力学定律解释一切自然现象，把各种各样不同质的过程和现象，不仅物理的和化学的，而且生物的、心理的和社会的等现象，都看成是机械的。它认为运动不是一般的变化，而是由外部作用，即物体相互冲撞所引起的物体在空间的机械移动。它否认事物运动的内部源泉、质变、发展的飞跃性以及从低级到高级、从简单到复杂的发展。

机械论的世界图式，正如他的代表人笛卡尔生动地描述的，世界是一台机器，它是由可以相互分割的构件构成的机械系统。所有构件还可以分割为更基本的构件。因而世界没有目的，没有生命，没有精神。他的《哲学原理》（1644年）一书，把宇宙看成一个机械装置。这个装置依靠机械运动，通过因果过程连续地从一个部分传到另一个部分，使惰性粒子位移。产生运动的力不是某种有活力、有生命力的或内在于物体之中的力，而是物质以外的力的推动。力可以在物体之间传输，但它的总量被"神"维持恒定。变化通过惰性粒子的重新安排发生。这样，所有的精神都有效地从自然界中清除出去。外部对象只是由数量构成：广延、形状、运动及量值。神秘的特性和性质只存在于上帝和心灵

---

① 马克思恩格斯选集(第4卷)[M].北京:人民出版社,1972,p222.

② 马克思恩格斯全集(第2卷)[M].北京:人民出版社,1957,p160.

中。正如他说："神建立了自然中的数学法则，就像国王在他的王国中颁布法律一样。"（麦西特，1999）

美国学者卡洛琳·麦西特概括了机械论的世界图式，它的关于存在、知识和方法的看法。机械论世界观有 5 项预设：

（1）物质由粒子组成（本体论预设）；

（2）宇宙是一种自然的秩序（同一原理）；

（3）知识和信息可以从自然界中抽象出来（境域无关预设）；

（4）问题可以分析成能用数学来处理的部分（方法论预设）；

（5）感觉材料是分立的（认识论预设）。

麦西特（1999）指出，"在这五个关于实在的预设的基础上，自 17 世纪以来的科学被普遍地看做是客观的、价值中立的、境域无关的关于外部世界的知识。"她说："这些预设完全同机器的另一个特性相容——控制和统治自然的可能性。"它成为科学技术发展、工业和政府决策的指导。这样，"关于存在、知识和方法的预设使人类操纵和控制自然成为可能。"

笛卡尔哲学是物质—心灵二元论。关于他的机械论自然观的基本思想，吴国盛教授表述为：

（1）自然与人是完全不同的两类东西，人是自然界的旁观者；

（2）自然界只有物质和运动，一切感性事物均由物质的运动造成；

（3）所有运动本质上都是机械位移运动；

（4）宏观的感性事物由微观的物质微粒构成；

（5）自然界一切物体包括人体都是某种机械；

（6）自然界这部大机器是上帝制造的，而且一旦造好并给予第一推动就不再干预（吴国盛，1997）。

依据以上的分析，我们可以把机械论的特点概述如下。

（1）它的关于存在论的看法是二元论的，心-物二元，或人-自然、主-客二元分离和对立。它强调人与自然的本质区别，人独立于自然界，而不是自然界的一部分。自然界独立于人，它单独存在是不依人的意志为转移的。因而它否认人与自然关系的相互联系、相互作用、相互依赖、相互制约这样的重要的性质。

（2）它的认识论是还原主义的、消极的反映论。它在把世界预设为一台机器时，认为这台机器可以还原为它的基本构件，在人与自然的二元对立中，强调自然事物独立于人的客观性，认为它是不依人的意志为转移的，人对世界的认识是消极地对事物的反映。它的认识论的预设是：感觉材料是分立的，人对世界的认识，只有把事物还原为它的各种部件，并分别地认识这些部件，人对世界的认识才是可能的。

（3）它的方法论是分析主义的。笛卡尔说："以最简单最一般的（规定）开始，让我们发现的每一条真理作为帮助我们寻找其他真理的规则。"霍布斯说："因为对每一件事，最好的理解是从结构上理解。因为就像钟表或一些小机件一样，轮子的质料、形状和运动除了把它拆开，查看它的各部分，便不能得到很好的了解。"

因而，分析性思维作为人的主要思维方式，在思考问题时强调对部分的认识，所谓"用孤立、静止、片面的观点看问题"，认为认识了部分，找出那一部分是主要矛盾，一切问题就迎刃而解了。

（4）在价值论上，它只承认人的价值，不承认自然界的价值。因为宇宙一如机器，它没有目的、没有生命、没有精神，而是死气沉沉的、毫无生气的、没有主动性的，因而是没有价值的。只有人有目的、生命和精神，人为了自己的目的，可以控制、支配和主宰自然。

在这里，正如麦西特指出的，笛卡尔的方法，设想问题可以分解为各个部分，部分还可以分解为更基本的部分，而且可以通过从复杂的环境关系中抽象而简化，从而准确地表达他的方法论的4个预设（4条逻辑规定）：

（1）仅把清楚而明显的以至不能有任何怀疑的给予者接受为真的；

（2）把每个问题分解成为解决它所需要数量的部分；

（3）从最简单、最易理解的对象开始，然后逐渐进到最复杂的对象，抽象和独立于境域；

（4）为使评述更普遍、更完全，不应遗漏任何事情。

麦西特（1999）说："根据笛卡儿的见解，这个方法是征服自然的关键，因为这些被几何学家使用的推理方法'促使我们想象，所有在人的认识能力之下的事情都可能以同样的方式相互关联'。遵循这种方法，就不会存在遥远得使我们不能达到的事情，或隐秘得使我们不能发现的事情。"

这是牛顿-笛卡尔世界观的主要观点。在它指导工业革命以来的300多年时间里，既是人类取得科学技术进步和工业化伟大胜利的哲学基础，又是人类掠夺自然、主宰和统治自然的哲学基础。

二、主—客二分哲学是人类认识的伟大成就

笛卡儿反对中世纪哲学，否认教会的权威，深信人类理性的力量，创造了一种新的科学认识方法，用知识和理性代替盲目的信仰。这是有伟大意义的。

第一，肯定和发挥人的主体性，鼓励和张扬人的斗争精神。

牛顿—笛卡儿主—客二分哲学，作为人类认识的伟大成就，是一种先进的伟大思想。在主—客二分的理论模式中，人与自然分离和对立。在这里，人是主体，自然作为客体是人的对象。人是主动的，对象是被动的。人有价值，作

为对象的自然没有价值。主体拥有对象，人作为主体是主宰者和统治者。自然作为客体是人所征服、利用和改造的对象。这样就形成人统治自然的思想和行动。它高扬人的主体性和斗争精神，充分发挥人的主动性、积极性、创造性和智慧，发扬战天斗地和坚忍不拔的干劲，创造了巨大的物质财富和精神财富。现在人类所创造的一切都同它相关，是它指导下取得的伟大成就。

第二，指导现代科学技术发展，促进现代科学技术的重大突破。

依据主—客二分哲学，还原论的认识方法，形成近代自然科学思维方式，成为现代自然科学发展的哲学和方法论基础。马克思指出：近代自然科学思维方式是从 15 世纪下半叶开始形成的，它"把自然界分解为各个部分，把自然界的各种过程和事物分成一定的门类，对有机体的内部按其多种多样的解剖形态进行研究"，①它使科学研究不断深入和持久地开展下去。

还原论分析方法，简化人的认识过程，缩短认识事物的时间，使得人类对自然的认识仔细化、精细化和深化，使得科学技术分化和分工不断深入和专业化。自然科学和技术获得了巨大的进展，数学、物理学、化学、生物学、天文学、地质学等各门自然科学，以及各种技术科学无比迅速和蓬勃地发展，为人类认识世界和改造世界增添了巨大的力量。

第三，奠定现代工业生产的哲学基础，指导工业化和人类生活现代化。牛顿—笛卡儿主—客二分哲学指导工业化发展，发挥人类操纵和控制自然的最大能力，取得改造和利用自然的伟大胜利。

麦西特指出："17 世纪哲学和科学关于实在的新定义相似且相容于机器的结构：①机器由部分组成；②机器给出关于世界的特殊信息；③机器以秩序和有规律性为基础，在一个有序的序列中完成操作；④机器在一个有限的、准确定义的总体环境中运行；⑤机器给我们以对自然的力量。"

还原论分析思维在工业化中的应用，创造了精细的、专业化的和严格的分工；创造了机械化、自动化和大生产的机器流水线。工业化大生产，是一种迅速的、成功的和高效率的生产，它产出无比丰富的产品，源源不断地供给市场，创造了巨大财富，使人类生活现代化。

今天工业文明的所有成果，全部物质财富和精神财富都是在它的指导下取得的，它已经以它的光辉载入人类文明的史册。

三、主—客二分哲学的局限性

工业文明时代的全面危机——人与人社会关系危机、人与自然生态关系危机——它对人类持续生存的严重威胁表明，主—客二分哲学有严重的局限性。

---

① 马克思恩格斯全集(第 20 卷)［M］. 北京:人民出版社,1971,p23-24.

主要表现在三个方面。

（1）生命和自然界只是人的对象。

在主—客二分的理论模式中，人是主体，而且只有人是主体。只是作为主体的人具有主体性和主动性，只是人有认识、有目的、有智慧和创造性。因而只有人有价值。生命和自然界是客体，作为对象它本身没有价值，它是被动者，没有目的性和认识能力，没有智慧和创造性，而只是人利用、征服和改造的对象。它强调人与自然分离和对立，社会的分离和对立，宣扬斗争哲学，主张人类主宰和统治自然，是当代生态危机和社会危机的思想根源。

（2）强调还原论的分析方法和线性思维。

它认为事物的动力学来自于部分的性质，部分决定整体，例如工业文明的社会，在社会层次，资本（资产阶级）决定社会发展，以资本为中心。在生态层次，人决定自然，以人为中心。这种哲学注重首要与次要之分，强调首要的并以它为中心。

（3）人类中心主义的价值观。

在理论上它表述为：人是宇宙（世界）的中心，因而一切以人为尺度，一切为人的利益服务，一切从人的利益出发。但在现实中，人是具体的个人，或某种利益群体。因而所谓"人类中心主义"实际上是个人中心主义，从来都没有而且也不是以"全人类利益为尺度"，而是以"个人（或少数人）利益为尺度"，即从个人（或少数人）的利益出发。个人主义是现代社会的世界观，是20世纪人类行为的哲学基础。

主-客二分哲学的局限性应当说当初也是存在的，但是那时人类的主要使命，是高扬自己的主体性、积极性、创造性和智慧，在更快的开发利用自然中壮大自己，争得自己的地位。但是，人主宰和统治自然，实际上是奴役和剥削自然。现在大自然开始反击了，它以自然规律的盲目破坏作用为自己开辟道路，以争得自己的地位。环境污染、生态破坏和资源短缺成为全球性问题，生态危机向人类生存提出严重挑战，它迫使人类承认生命和自然界的地位。

这样，主-客二分哲学的局限性就全面凸现出来了，而且它不是细枝末节的，而是带根本性的，它要求哲学转变，新时代需新的哲学。恩格斯指出："只有那种最充分地适应自己的时代、最充分适应本世纪全世界的科学概念的哲学，才能称之为真正的哲学。时代变了，哲学体系自然也随着变化。既然哲学是时代的精神结晶，是文化的活生生的灵魂，那么也迟早总有一天不仅从内部即内容上、而且从外部即从形式上触及和影响当代现实世界。现在哲学已经成为世界性的哲学，而世界则成为哲学的世界。现在哲学正在深入当代人的内心，使他们的心里，充满着爱和憎的感情。"（于光远，2007）虽然这是恩格斯一百多年前说的话，但现在仍然适用。生态文明时代需要新的哲学，用生态文明时代的哲学指导生态文明建设是现实的需要。

第二节 环境哲学，一种新的哲学范式

环境哲学产生于一个大变革的时代。它的社会背景是，20 世纪中叶，环境污染、生态破坏和资源短缺成为威胁人类生存的全球性问题。就生态危机与人类生存关系关切和反思，学者们提出各种新的思想，如环境伦理学、深层生态学、生态女权主义、生态神学，等等，统称为环境哲学研究。环境问题和环境保护运动推动了环境哲学的产生。同时，环境科学和生态科学的发展，为环境哲学提供了科学基础。它以后现代哲学的形式出现，正在促成哲学世界观的一次根本转变。作为正在形成中的哲学世界观，它的形成可能导致哲学范式的一次转型。

一、环境哲学是世界观、价值观和思维方式的转变

环境哲学作为人类创造新文明——生态文明的科学理论、科学思想和科学成就的总结，人类建设生态文明伟大实践经验的总结，是从工业文明的主—客二分哲学，到生态文明的人与人社会和谐、人与自然生态和谐哲学的发展。这是关于人—社会—自然是生命有机整体的世界观的确立和完善，主张通过人与人和解、人与自然和解，建设和谐世界与和谐社会，它将在超越工业文明主—客二分哲学中实现哲学转型。

1. 哲学世界观转变

环境哲学以人与自然关系为基本问题，以实现人与自然和谐为主要目标，是一种整体论哲学世界观。它的主要观点是：

第一，世界是人—社会—自然复合生态系统，这是一个活的有机整体。在这里，它与主—客二分哲学的主要区别是，现代哲学认为，人是主体，人的主体性是唯一的，高扬人的主体性。新的哲学认为，人是主体，生命和自然界也是主体，同样也是生存主体、认识主体和价值主体，而且，它与人一样具有目的性，生存是它的目的，为了生存它要认识和评价环境，因而具有主动性、创造力和智慧。生命主体有不同的层次，包括它的目的性和认识能力，它的智慧和创造力是进化的，有不同的进化层次，表现不同层次的差异性。世界是事物相互联系相互作用的系统，具有自组织、自调控、自己发展的性质，因而它朝有序和价值进化的方向发展。

第二，世界作为活的有机整体，以整体的形式存在和起作用。事物的整体与部分的关系，它与现代哲学的主要区别是：主—客二分哲学认为，部分是首

要的，部分决定事物的性质。新的哲学认为，整体比部分重要，事物的动力学来自整体而不是来自部分，即不是部分决定整体，而是整体决定部分。整体是事物存在、发展、进化和创造的实体。因而，它主张放弃首要次要之分，拒绝以什么为中心，放弃中心论，以和谐发展作为哲学基础。

第三，事物的关系和动态性比结构更重要。现代哲学强调事物的结构与对结构的分析。新的哲学认为，有机世界虽然由部分组成，具有一定的结构和功能，但它是运动的，相互联系和相互作用的"关系"比结构更重要。因而它拒绝斗争哲学，以整体和谐为主要特征，追求人与自然和谐发展。

2. 价值观转变，确立有机整体主义价值观

现代哲学认为，只有人有价值，人类中心主义是它的价值观的核心。新的哲学价值观认为，地球上不仅个人和团体有价值，而且要承认全人类的价值，承认子孙后代的价值；不仅人有价值，生命和自然界也有价值。它的价值观不是人类中心主义，不是人统治自然。它的本质是和谐，人与人的社会和谐，人与自然的生态和谐。它的目标是，通过人的解放和自然解放，实现人与自然的生态和解，以及人与人的社会和解，建设人与人和谐、人与自然和谐发展的和谐社会与和谐世界。

3. 思维方式转变

工业文明的哲学强调还原论的分析性思维，特别是以线性非循环思维指导人类行为。新的思维方式是生态学思维，用生态系统整体性的观点和方法、非线性和循环的动态观点和方法研究现实事物，观察现实世界，思考和行动，认识和解决现实世界的问题。

哲学世界观转型是哲学进步的重要表现。它催生新的哲学，对社会全面转型有先导和指导作用，是确立生态文明意识的首要方面。

二、环境哲学，一种新的哲学范式的建构

哲学探讨宇宙与人生，研究世界是什么，回答关于世界存在以及思维与存在关系的问题，称为本体论。这是传统哲学框架的支柱和理论基础。在探讨世界的本原时，哲学家们认为，世界是物质的，物质是全部纷繁多样的世界的本原。

唯物主义哲学本体论认为，世界是物质的，物质是第一性的，意识和精神是第二性的，哲学的任务是捍卫和阐发这一理论。

有的论者认为，物质或自然界，不是哲学本体，研究物质和自然界是自然科学的任务。哲学应当"把人作为本体"，从人类主体的角度、人类实践的角度来看待世界（吴国盛，1993）。

我们在这样的意义上赞同上述看法：人是指人的世界，包括人和自然，是人类和自然相互作用的世界。也就是说，世界的存在是"人—社会—自然"复

合生态系统，世界的本原（哲学本体）不是纯客观的自然界，也不是纯粹的人，而是"人—社会—自然"复合生态系统的整体。这是现代生态学的看法，是环境哲学的本体论。

1. 环境哲学本体论建构

环境哲学的本体论，它关于世界本原，关于世界实在的看法。它认为，当今世界实在是"人—社会—自然"复合生态系统。这种哲学本体论——关于世界实在的主要观点如下。

第一，环境哲学实在论是关系实在论。

世界各种事物的存在不是孤立的，而是相互联系和相互作用的，世界存在是事物相互作用相互联系的存在，没有关系也就没有存在。

现实世界的存在是作为关系的存在，有两种最重要的关系：一是人与人之间的社会关系；二是人与自然之间的生态关系。世界进程围绕这两种关系发展，整个世界史是这两种关系的展开。而且，这两种关系又是互为前提、相互联系、相互作用、不可分割的。人与自然的关系是人与人社会关系的基础。人与人的社会关系是人与自然关系的前提。这是世界最高层次的关系。世界有不同层次的组织系列，每一个组织层次，不仅有主体与环境的关系，而且有它与其他层次事物的关系。相互联系具有普遍性和多样性。

现实的人的世界，人是社会关系的总和。人不可能以单独个人的形式存在，只能以人与人的交往，以结成一定的社会关系的形式存在。这是人的存在的本质。而且，人、人与社会也不能孤立存在，必须与自然发生关系而存在。在人与自然系统内，一方面是人对自然的作用，人类活动引起自然界变化。另一方面是自然对人的反作用，自然对人类活动的制约。人与自然的关系是人类存在的基础。

也就是说，现实的自然界，一方面，它作为人与自然相互作用的世界，人类学的自然已经离不开人而孤立存在，而是人、社会、自然发生关系的世界。另一方面，在生态系统内，生物与环境的关系，一方面是生物对环境的作用，生命活动引起环境变化；另一方面是环境对生物的反作用，环境为生物生存提供空间、物质和能量资源，生物的生存和发展受环境条件和制约，两者是相互依赖的。在生物种群和群落之间，植物、动物和微生物，各种生物物种之间，通过相互作用构成广泛的关系和联系。这是物种和生态系统生存的本质，是存在和发展的基本形式。

第二，环境哲学实在论是过程实在论。

一切事物都是运动的，运动表现为过程，过程是事物存在的基本形式。"整个自然界，从最小的东西到最大的东西，从沙粒到太阳，从原生生物到人，都处于永恒的产生和消灭中，处于不断的流动中，处于无休止的运动和变化中。"①

环境哲学重视过程，研究各种事物运动变化的动态性。自然及其变化过程，社会及其变化过程，人、社会和自然相互作用的过程，这是世界存在的根本特征。如果我们只把事物作为一种状态、一种结构来描述，容易认为它是僵死的。生命和自然界是动态过程，这样它才成为也才是活的系统。

第三，环境哲学存在论是整体论。

主—客二分哲学，主张世界的二元结构：人与自然，思维与存在，物质与精神，心灵与身体，科学与道德，事实与价值，它们是分离和对立的。

环境哲学是整体论哲学，主张世界的结构是"人—社会—自然"有机统一整体。

把事物作为整体，它的各部分之联合是紧密和强烈的，比各部分的总和还多。从其功能的角度，是整体决定部分，而不是部分决定整体，即部分的性质是由整体的动力学性质决定的，它依赖于整体。生态系统整体性观点是环境哲学的基本观点。

2. 环境哲学认识论建构,从还原论到整体论

环境哲学认识论建构，首先开始于对现代哲学理论的超越。从认识论的角度，它认为世界如一台机器，可以将它还原成一组基本的、独立的构件，通过对这些基本构件的研究，就可以认识整个世界。它应用还原论分析方法，"把自然界分解为各个部分，对有机体的内部按其多种多样的解剖形态进行研究，这是最近四百年来认识自然界方面获得巨大进步的基本条件。"②在现代科学发展中，虽然这种认识方法的应用取得巨大的成功，但现在已经明显表现出它的局限性。

因为，真实世界并不是一个机械的、可以分割（还原）的、相互没有联系的世界。它忽视事物之间的相互联系和相互作用的整体性，它的局限性是明显的。

第一，还原论分析方法，只关注和重视部分的分析。但事物不是它的各部分的简单的机械组合，它的各个部分之间有紧密的相互联系和相互作用，这种相互联系和相互作用产生了新的质。事物的整体大于它的各部分之和。因而还原论分析不能实现对事物的全面认识。

第二，还原论分析方法，它只关注和重视部分的状态，不分析更加重要的各部分之间的相互联系和相互作用，不分析它的动态发展。但是脱离各个部分

---

① 马克思恩格斯全集(第20卷)[M].北京:人民出版社,1971,p370.
② 马克思恩格斯选集(第3卷)[M].北京:人民出版社1972,p60.

之间的联系和动态，即使对部分也不会有正确的理解，更不要说对整体的认识。

第三，还原论分析方法，在认识方面，损害对事物整体的认识。在实践应用方面，它只关注和重视部分，即使部分的问题也没有单独解决的办法，而部分受到损害则要影响整体。环境污染和生态破坏便是鲜明的例子。因而它不可能解决人与自然生态和谐、人与人社会关系和谐这样复杂的问题。我们需要从还原论走向整体论。

现代科学发展，如系统论、控制论和信息论，耗散结构理论、协同学和超循环理论，新兴科学的发展已经超越这种局限性。整体论作为一种新的认识方法，现在受到更多的重视，促进从还原论走向整体论。

实际上，整体论不排斥分析。在强调整体决定部分时，它不否定部分（多样性）的意义，不否定分析方法应用的意义。整体论包含分析，但是它超越分析。

环境哲学认识论的建构，基于关于世界整体论的预设，比机械的预设有更大的客观性和优越性。因为事物作为一个整体，它是创造性的综合过程。也就是说，作为结果的整体不是静态的，而是动态的、进化的，因而是创造性的。同时，认识是主体对所关心的事物的评价，由于世界事物有无限多样性，认识主体只对他所关心和注意的事物进行评价。因而认识不是消极地反映事物，而是选择某种事物。认识是依据生态学整体性思维，从整体意义把握事物，更接近于事实真理。

现代哲学认为，只有人是主体，认识是主体（人）对客观世界（对象）的反映，人的认识具有唯一性。环境哲学认为，由于主体多样性，因而不仅有人的认识，而且有其他生命的认识，主体的多层次性决定认识的多层次性。

生态认识论认为，一个"有价值能力的世界"，每一种生物都是一种必然的存在。生存是它的目的。为了生存，对什么有利于它的生存，什么不利于它的生存，以及怎样维护自己的生存，它要对环境进行评价。也就是说，生物"知道"怎样去适应环境，例如，某一种植物生长在它所适宜的土地上，它的枝干、叶片和根系有利于吸收阳光、水分和其他营养元素。动物的形体、结构和行为，发展出适合于生活、觅食和传代的特征。所有生物在环境发生变化时，都会以改变自己的方式去适应这种变化。所有生物都发展出有利于自己传宗接代的特殊方式。所有生物都"知道"如何寻找食物、修补创伤、抵御死亡和追求自己的生存。而且，有的高等生物，能表现某种记忆、意识和感情的东西，会使用简单的工具，在人的帮助下使用简单语言的能力；等等。生物学家报告说，经过长期的研究发现，动物有自己的传统。在动物王国中，黑猩猩是行为方式最为多样化的动物之一，它甚至有自己丰富的文化。人类可能不像我们以前所想象的那样与众（生物）不同。这是不是说生物也能"认识"呢？我们应关注生物的"认识"能力的研究，"生态认识论"研究。

3. 环境哲学方法论建构

环境哲学方法，又称生态方法。所谓生态方法，是用生态学观点研究现实事物，观察现实世界，又称生态学思维，即以生态学的方式思考问题，用生态观点看待事物和解决问题。

生态方法要求在涉及与生命有关的领域，应用生态学观点，主要是生态系统各种因素相互联系和相互作用的整体性观点，生态系统物质不断循环、转化和再生的观点，生态系统物质输入和输出平衡的观点，来说明与生命有关的现象及其发展变化，以揭示各种事物的相互关系和规律性，认识和解决与生命有关的问题。

科学的生态学思维，是科学认识的生态学途径，用生态学观点思考、认识和解决问题。它是在现代科学技术革命及其后果严重性的影响下，形成的特殊的辩证思维，特别是生态学向人类生态学发展，它从自然科学发展为综合性科学，自然科学与社会科学的几乎全部新思潮都在这里得到鲜明的表现和现实化。它的特点是，全面和辩证地把握所研究的对象，对象的整体性，用相互联系、相互作用的系统化和网络化的观点，从线性因果关系分析过渡到网络因果关系分析，注重概率统计方法和数学模型方法的应用。它既表示对人的目的、人的作用和人的未来的关切，又表示对地球生态系统、生命多样性和自然环境健全的关切。

生态学方法，在自然科学、技术科学和社会科学的各个领域，在人类生态活动的各个领域有广泛的应用。

在生物学中，生命不能简单地只作为单个有机体来认识。现代生物学研究单个有机体和物种、种群，包括动物、植物和微生物的结构（解剖）和功能，它的分类和分布、发生和发展的规律等。它一般是不考虑环境进行生物学研究。但是，按生态学观点，现实的生命是有机体与环境进行物质和能量交换、信息传输的过程，生物体不能与环境分开，生命是有机体与环境统一的自然整体。生命有机体只是在它与环境相互联系和相互作用的过程中才能存在、发展和表现生命的特征，脱离了环境它只是死物（尸体）而不是生物。这是生命科学中"有机论"概念，或按"群体路线"思考生命问题。生物学家应用这种方法研究生命是思维模式的变化。它有利于揭示生命过程和关系，从而有利于认识生命的本质，揭示生命的真理。

在工业生产中，应用生态学观点进行生产设计，模拟生态系统原理建设生态工艺体系，即生态工程。采用生态工程，实现使投入生产过程的物质和能量分层分级利用，或循环利用，力求用尽可能少的"投入"，取得更多的"产出"。这样可以使资源最大程度地转化为产品，提高资源利用率，减少废弃物排放，实现工业生产的经济效益与环境效益的统一，从而合理地处理工业生产过程中人与环境的关系。

在农业生产中，应用生态学观点进行生产设计，发展生态农业，根据地理结构建立合理的生产结构，解决种植业内部、种植业与动物饲养业之间、物料生产与能源生产之间、第一性生产与农产品加工之间的合理的物质循环和能量交换的问题，形成农业生产的良性循环，从而合理地处理农业生产中人与环境的关系，既充分利用农业资源生产尽可能多的生物产品，又保证农业资源的永续利用。

在环境保护中，应用生态学观点有益于我们较全面地认识环境问题。实际上，环境问题的产生，环境污染和生态破坏的造成，大部分是由于人类活动缺乏生态学观点和没有生态学思维的结果。生态学观点既可以指导我们进行资源开发，又可以在实践上找到处理废弃物综合利用的出路。如在有机废水处理方面，采用生态处理系统，已证明是投资省、见效快、运转费用低的办法，采用这种办法可以实现废水资源化。

其他领域也是这样。生态学方法可以作为一般方法。在这里，生态学不是作为一门科学，而是一种思想，一种观点，一种特殊的方法。生态学作为一般方法，是理论转化为方法。在这个意义上，生态学在科学认识和生态活动中，既是一种先进的思想，又是一种先进的实践。它具有重要的普遍意义。

第三节　思维方式转型，从还原论分析思维到生态整体性思维

所有人都按一定的观点（思想）思考，形成一定的思考问题的方式即思维方式。工业文明的思维方式是以还原论观点思考，一种分析性思维方式。它"把自然界的事物和过程孤立起来，撇开广泛的总的联系去进行考察，因此就不是把它们看做运动的东西，而是看做静止的东西；不是看做本质上变化着的东西，而是看做永恒不变的东西；不是看做活的东西，而是看做死的东西。"[1]培根和洛克总结和概括了自然科学的这种思考方式，创造了还原论分析思维，成为工业文明特有的思维方式，又称形而上学的思维方式。它实质上是机械论的观点，还原论的线性思考方法。

---

[1]　马克思恩格斯全集(第20卷)[M].北京:人民出版社,1971,p24.

我们上面就还原论分析思维的主要特征，以及它的合理性作了论述，这里主要分析它的局限性，以及从还原论分析思维到生态学整体性思维，人的思维方式转型。

一、还原论分析思维的局限性

工业文明的思维方式，还原论分析思维，主要是线性非循环思维。它从事物是由部分构成整体，部分决定事物和性质，人类的认识和活动，遵循线性非循环思维，实现对事物的认识。从生态学整体论观点以及社会实践来看，它有严重的局限性。

1. 在社会领域，它制造了一个分裂、对立和纷争的世界

工业文明的社会，由社会生产力决定，主要的社会阶级是资产阶级和工人阶级，还可以进一步划分为许多阶层。它们以分裂、对立和纷争的形式存在，在冲突和斗争中发展。这是以主客二分哲学和分析思维论证和推动的。

在这里，按工业文明的价值观，以人为中心，实际上是以富人为中心，或以资本为中心。实行资本专制主义。资本的唯一目标是利润最大化。增值资本是资本主义发展的主要动力。为了实现资本利润最大化的目标，它需要维护资本主义的政治制度和经济制度。这是资本的经济和政治的两个主要的根本属性。为了资本利润增值，它不断加剧对工人剩余劳动的剥削，不断加剧对自然的剥削，两种剥削同时进行彼此加强，导致人与人社会关系的矛盾、对立和冲突不断加强，人与自然生态关系的矛盾、对立和冲突不断加强，一个冲突和斗争、冲突和斗争不断加深的世界。这是工业文明社会经济社会的矛盾和冲突不断加剧，不断积累，最后导致全面经济社会危机的重要根源。

2. 在科学技术领域，它制造了一个分科和专业化不断深入的世界

依据主客二分哲学和分析性思维，不仅制造了一个分裂、对立和纷争的世界，而且制造了人与自然、自然科学与社会科学、自然规律与社会规律、科学与道德的分离和对立。

（1）还原论分析思维在认识世界上的局限性。

依据还原论分析思维，把统一的世界，分为人类社会和自然界。现代科学发展，以一种传统机械论的模式归纳展示宇宙时，又把理应统一的科学分为社会科学和自然科学，分别研究社会规律和自然规律。而且，在自然科学和社会科学下面，继续沿着不断分化的方向发展，形成众多的分支科学，它们在发展中又进一步分化，发展出无数的专门学科，分别地研究社会和自然界的部件和细节。而且，在研究社会规律和自然规律时，常常是采用一种纯粹的形式，在研究自然现象时把人和社会的因素抽象掉，在研究人和社会现象时把自然因素抽象掉。这样，社会科学和自然科学研究，它们不仅研究对象完全不同，而且

研究方法和思维方式也完全不同，全然不搭界地并行发展，从而形成完全不同的两种知识体系、两种不同的学术传统和思维方式传统。

社会科学强调人与自然的本质区别，从人的社会经济性的角度研究纯社会规律。它被定义为，以社会现象为研究对象的科学。例如，哲学、政治学、经济学、军事学、法学、教育学、文艺学、史学、社会学、语言学、民族学、宗教学，等等，社会科学的一级学科；一级学科下面又划分为二级、三级甚至更细的专业化、专门化的具体学科，向越分越细的方向发展。它们分别研究并阐发一级、二级、三级甚至更细的社会现象及其发展规律，属于意识形态和上层建筑的范畴。

自然科学强调自然界独立于人和社会的客观性，从生命和自然的角度研究纯自然规律。它被定义为：研究自然界的物质形态、结构、性质和运动规律的科学。例如，数学、物理学、化学、天文学、地质学、气象学、生物学、海洋学等基础科学，以及材料科学、能源科学、空间科学、农业科学、医学科学等应用科学技术。它们是自然科学和技术的一级学科；一级学科下面又划分为二级、三级，甚至更细的专业化、专门化的具体学科，也是向越分越细的方向发展。它们分别研究并阐发一级、二级、三级，甚至更细的自然现象及其发展规律，属于实证科学和具体应用的科学范畴。

这种以分析性思维为特征，只重视部分，强调细节，缺乏综合性和整体性的认识和知识，在实际上相当远地离开了真实世界的性质。实际上，现实的社会和自然界并没有不可逾越的鸿沟。我们不能把自然与社会截然分开。

第一，人是自然物质运动过程的产物。他是来自自然界，并依赖自然界。自然界作为人的现实生活的要素，是人的"无机的身体"，人借此生产全部物质产品。

第二，在人的认识和理论活动中，自然界、自然事物和过程，作为科学和艺术的对象，又成为人的意识的一部分，人从自然界生产自己的精神食粮。同时，在对自然的活动中，人把自己的目的加之于自然界，按自己的目的生产整个自然界，使自然界对象化。

第三，对象性世界的出现，在现实的具体的社会和自然，相互联系、相互作用和相互依赖，它不是抽象的世界而是具体的世界，不可能有什么纯社会，也不可能有纯自然、脱离自然的社会，同样，脱离社会的自然，都是不可能存在的，因而是得不到正确的解释的。

马克思和恩格斯说："历史可以从两个方面来考察，可以把他们划分为自然史和人类史。但这两方面是密切相连的；只要有人存在，自然史和人类史就彼此相互制约。"①

值得注意的是，马克思和恩格斯既不是从人之外的自然界出发，去寻找抽象的客观性；也不是从自然界之外的人出发，去分析抽象的主观性。相反，他们是从实际活动的人出发，即从人的现实生活过程，特别是人对自然的实践开始，去建立自己科学的历史观点。这就是"任何历史记载都应当从这些自然基础以及它们在历史进程中由于人们的活动而发生的变更出发"。②也就是说，马克思和恩格斯不是以抽象的形式研究自然界与社会，而是具体地把社会和自然作为统一整体，用实践的观点研究自然和社会。

我们是从人与自然相互作用的实在性，去观察和理解现实世界。一方面，确认自然界对社会历史有重大作用，但是不是从脱离人的自然出发，现实的自然界是人类学的自然界，脱离人的自然界是不可理解的。另一方面，确认人和社会是创造历史的主体，但是人在自然的基础上创造世界，不是从脱离自然的人出发，不存在脱离自然的人，脱离自然的人和社会只能是一种抽象的而不是现实的人和社会，它是不可理解的。现实的世界是人与自然相互作用的世界。它不是人的世界与自然界简单的相加，而是它们相互作用构成的整体。作为整体，它具有这两个组成部分所没有的、从它们的相互关系中产生的特性。人与自然的关系，又是在具体的社会发展中，以一定的社会形式，并借助这种社会形式进行和实现的。这是一种社会历史的联系。同时，这种关系又是在具体的自然环境中，通过人类劳动这种中介，以改变、开发和利用自然的形式进行和实现的。这又是一种自然历史的联系。因此，我们需要从人与自然相互作用去认识世界和解释世界，也就是说，从实践去理解世界。

(2) 关于社会规律和自然规律。

我们认为，把社会规律与自然规律关系孤立和分割开来是片面的。

第一，社会发展规律超出纯社会的界限，它体现自然因素的作用。当代"人与自然和谐与共同进化"概念，表示社会和自然在最大范围内的相互渗透、相互交织和相互补充的性质。因而，对于是否存在脱离自然因素起作用的纯社会规律是值得怀疑的。例如，一定的统治阶级，它成为社会的统治力量，这是必须以占有相应的自然力量为前提的。

第二，现在仍然存在纯自然规律起作用的领域。这是人的作用（实践）还未达到的地方。例如天体运行过程，一部分地质过程和一部分生物过程。

第三，随着人类社会的发展，人工自然不断扩大，纯自然过程不断退缩，社会因素不断扩大，社会对自然的依赖性（虽然依赖的形式会发生变化）不断

---

①② 马克思,恩格斯. 德意志意识形态[M]. 北京:人民出版社,1961. p10.

加强。这是社会与自然相互作用和相互渗透不断加剧的过程。这里，许多自然规律已超出纯自然的界限，体现了人和社会因素的作用，因而对自然规律应有新的表述。

第四，随着人类实践活动强度的增大，以及人的力量增大，社会生产，包括社会物质生产和人自身的生产的发展，以及科学技术进步速度加快，不只是加速物质循环、能量交换和信息传输，从而加速自然过程，如加快物质进化和生物进化过程；而且改变自然过程（自然规律）作用的强度和方向；甚至形成新的自然过程。这里，"自然规律"通过人类活动转变为"历史规律"。或者说，由于人和社会因素的渗透，形成新的自然规律。这是包含人的因素的自然规律。当然，这不是自然界历史的完结，而是自然界由于人类活动的渗透获得了"新的生命"。这是自然界历史发展的新阶段。

我们曾援引这样的事例加以说明。

（1）生物遗传工程（生物工艺学）的发展，人类通过生物工程可以有目的地改变遗传规律，创造新的生命，获得具有预先设计的新的遗传特性的有机体。例如达到肉类蛋白质含量的普通土豆，具有天然彩色并能抗病虫害的棉花，具有固氮能力的小麦，具有抵御公害、病菌和除草功能的超级番茄，等等。这里，人类活动不仅加速生物进化过程，而且人工创造新的生物物种。

（2）关于人的地质作用。地质现象是自然规律起作用的领域。过去人们认为人对地质过程是不起作用的，地质规律是纯自然规律。但是，在"人类世"的地球，人成为巨大的地质作用力，人的地质作用形成新的地质过程，如地貌改变，新的气象、水文和生命过程，以及新的矿物形成和新的地球化学过程，等等，并形成新的地质作用和新的地球化学规律。

（3）地质灾害被认为是自然灾害。它是自然界物质运动即自然规律起作用的结果。但是现代研究表明，地质灾害是自然因素、人类因素或两者兼有的综合作用的结果。据统计，现在有50%的地质灾害是人类活动诱发或人类活动形成的。因而有许多地质灾害必须从人与自然的相互作用才能得到正确解释。

（4）气象变化是自然规律决定的。按照科学家的看法，气象变化主要由三个因素决定：一是太阳辐射及其分布；二是下垫面的性质；三是气流的运动。现在应当增加第四个因素，这就是人类活动。例如人类活动使大气中二氧化碳含量增加，产生地球"温室效应"，导致地球人为增温。这不仅可能改变气候带或灾害性气候剧增，而且可能导致地球气温从处于自然变冷周期转变为人为变暖时期。现在它成为全球性重大问题。

现在，全球性问题，生态危机和经济社会全面危机的产生和加剧表明，社会历史和自然过程，社会结构和自然结构，社会规律与自然规律，两者是相互联系、相互作用和相互渗透的，是自然和社会历史的统一。它表明，现实的世界，人和自然不是同时并存，而是相互作用。自然界不是人和社会的外部条件，而是"人—社会—自然"系统的内在机制之一。因此这样的世界是，社会物质生产过程与自然物质生产过程交织在一起，或者社会经济再生产与自然物质再生产交织在一起；文化景观与自然景观交织在一起，构成完整统一的物质世界。

因此，我们关于现实世界的研究，无论是自然科学还是社会科学，不能把自然和社会绝对分割开来，不再是对自然过程和社会过程进行抽象的、绝对化的研究，而是从社会与自然统一的角度，用整体论的观点，从实践上进行具体的研究。马克思指出："自然科学往后将包括关于人的科学，正像关于人的科学包括自然科学一样：将是一门科学。" ①他又说："自然界的社会的现实，和人的自然科学或关于人的自然科学，是同一个说法。" ②

一百多年前马克思所预言的这种趋势，现在已经在现代科学发展中表现出来。这就是人化自然日益成为自然科学的研究对象，自然化的人日益成为社会科学的研究对象。社会科学和自然科学相互交叉和相互渗透的整体化，科学从分化走向综合整体化发展，已经成为不可抗拒的世界潮流。

3. 在社会物质生产领域，制造了一个分工不断精细化的世界

工业文明的社会物质生产，以生产专业化和分工为主要特征。它的高度专业化和分化创造了巨大的生产力。这是生产力进步的表现。它推动机械化和自动化的大生产，流水性生产工艺的创造和运行，生产了丰富的产品，创造了巨大的财富，丰富了人民的生活。

这种生产以线性和非循环的形式运行。一方面，它有很高的效率；但同时又造成很大的浪费。在生产流水线上，生产一种产品，甚至是一种产品的某一个元件，工人不知道自己生产什么，也不知道在同一流水线上其他人在做什么，只是重复着一个动作，不必关心他人和整个生产过程和生产的产品，恰如同流水线上机器的一部分。

这种生产工艺，以生产单一产品最优化为目标，生产过程为了最简便、最经济地生产，采用简化的线性工艺。它的模式是"原料—产品—废料"。这种线性非循环的生产，以排放大量废料为特征，是一种资源高投入、产品低产出、环境高污染的生产。因为它把投入生产过程的大部分资源作为废物排放，结果造成资源极大的浪费和严重环境污染。

这种生产的前提是"自然资源没有价值"，它的使用无须计入成本。因而这是一种以损害环境为代价发展经济的生产，是一种以损害自然价值为代价的

①　马克思恩格斯全集(第42卷)[M].北京:人民出版社,1979,p128.
②　马克思恩格斯全集(第42卷)[M].北京:人民出版社,1979,p129.

生产。

二、人类思维的历史发展

人按一定的方式思考。如何思考？一般地说，是按照占主导地位的社会观念思考。人的社会观念是历史地变化的，因而人的思维方式是历史地形成和发展的。在工业文明时代，主客二分哲学是占主导地位的观念。按这种观念思考，人们的主要思维方式是还原论分析思维，一种线性非循环思维。生态文明时代，按人与自然和谐的哲学思考，主要思维方式是生态整体论思维。

1. 人类思维的历史形态

人类思维方式是历史地形成和发展的，是随着社会生产力和科学技术发展而不断进化的。它是一个历史性概念。恩格斯指出："思维过程本身是在一定的条件下生长起来的。它本身是一个自然过程。"①他说："人的思维的最本质和最切近的基础，正是人所引起的自然界的变化，而不单独是作为自然的自然界；而人的智力是比例于人学会改变自然界的状况而发展的。""每一时代的理论思维，从而我们时代的理论思维，都是一种历史的产物，在不同的时代具有非常不同的形式，并同时具有非常不同的内容。因此，关于思维的科学，和其他各门科学一样，是一种历史的科学，关于人的思维的历史发展的科学。"（恩格斯，1984）生产力的发展和科学技术进步，与思维方式发展具有一致性。从科学技术发展的历史轨迹，我们认为，人类思维方式的发展有四种主要形式：直观思维、形象思维、逻辑思维（分析性思维）、非线性思维（整体性思维）。

（1）直观思维：渔猎文化时代的思维方式。

远古时代，生产力非常有限，凭借人的体力，使用简单的石器工具，人类生活与动物没有多大的区别。如果说那时有科学技术，那也只是萌芽状态。那时，人类的思维与动物思维有很多相似性。这是人类思维发展的第一个阶段，原始思维阶段。

原始思维是一种直观思维。思维过程同人的活动联系在一起，是在活动中进行的，带有直观性和具体性、意会性和模糊性。但是，它还没有逻辑性和概括性，是直接认识事物的过程。因而它是一种直接思维。

法国哲学家列维-布留尔 1910 年发表《原始思维》一书。他认为，原始思维是一种具体思维，是没有也不应用抽象概念的思维。它只有许许多多世代相传的神秘性质的集体表象。所谓"集体表象"是，"这些表象在该集体中是世代相传。它们在集体中的每个成员身上留下深刻的烙印，同时根据不同情况，引

---

① 　马克思恩格斯全集(第 32 卷)[M].北京:人民出版社,1974,p541.

起该集体中每个成员对有关客体产生尊敬、恐惧、崇拜等等感情。"（列维—布留尔，1981）这种思维是"原逻辑"的和"神秘性"的。布留尔说："原始思维专门注意神秘原因。它无处不感到神秘原因的作用。"同时，它不必符合逻辑，"与任何思维的最基本定律背道而驰的，它不能像我们的思维所作的那样去认识、判断和推理……（但是，）原始人在安排自己的狩猎和捕鱼的活动中极为经常地表现了惊人的灵敏和巧妙。他们在自己的艺术作品中屡屡显示了机敏的才干和高超的技艺。他们所操的语言有时是十分复杂的，和我们的语言一样，常常有精密的句法。"（列维—布留尔，1981）这是他们应用原始思维的结果。

现代儿童的思维与原始人的思维也有相似性。著名心理学家皮亚杰认为，原始人和儿童思维的整个过程，大致分为三个阶段：第一阶段，自我和物是完全混淆的，通过一种神秘的力量，就能实现某人和某件事物之间的共同参与。第二阶段，自我开始从物中区别出来，但是主体在某些方面仍然依附于物。第三阶段，自我与物的区别已达到这样的程度，以至于思想的各种手段不再被看作是物的附属物，形象和思想仅仅被看作是头脑中的东西。

（2）形象思维：农业文明时代的思维方式。

形象思维，我们不是从"艺术思维"的角度，而是作为人类思维方式发展，它的第二个阶段的特点来讨论的。它最早发生于 10 万年前的智人。随着生产工具改进，生产力发展，迄今约一万年前农业产生，人类进入文明时代。特别是约 5 千年前，文字的发明，人类思维增添了有力的工具，形象思维才最终形成，并不断完善，发展为农业文明时代的主要思维方式。

形象思维的主要特征，是凭借事物的形象表征事物或事物之间的联系和关系，通过对事物的形象的联想、想象与组合来认识事物和过程。它不仅带有具体性，而且具有形象性特征。它是一种整体性思维方式。文字创造对人类思维方式发展起了重大的作用，使人类思维从远古时代的直观思维发展到形象思维。世界上著名的文明古国，大约于公元前 4 千年前，先后都各自独立地创造了象形文字，如古巴比伦的苏美尔文、古埃及文、古印度文、中国甲骨文，等等。它用物象的描写来代表事物。这是人类形象思维的创造，既是形象思维的重要成果，又是形象思维的重要表现。

形象思维方式的产生和发展，主要来自人的经验的积累，来源于经验知识，又成为思考问题的出发点，用于指导人的实践，产生了经验形态特征的科学和技术，如有关天文、地理、矿物、算术、医学、水利的知识，以经验积累为基础的有机农业，以及高超的手工工艺。例如中国古代著名的"四大发明"、中医中药、九章算术、地震预报以及都江堰、灵渠等水利工程建设，等等，是这种思维方式的重要成果。

这种思维方式在古代中国、古希腊等文明古国达到其最高成就。恩格斯说："在希腊人那里——正因为他们还没有进步到对自然界的解剖、分析——自然界被当作一个整体而从总的方面来观察，自然现象的总联系还没有在细节方面得到证明，这种联系对希腊人来说是直接的直观的结果。"（恩格斯，1984）

2. 现代思维方式：还原论分析性思维

1543 年，哥白尼《天体运行论》发表标志近代自然科学产生。19 世纪，能量守恒和转化定律、细胞学说和进化论自然科学"三大发现"，以及力学、物理学、化学和生物学的发展，自然科学从经验科学变成理论科学。科学技术成果在生产中应用，特别是蒸汽机和纺织机的发明和应用，工业从手工作坊式生产到机器化大生产转化。18 世纪工业革命首先在英国实现，工业化迅速向世界扩展。科学和生产力发展对人类思维方式产生重大影响，从经验思维向理论思维发展，分析性思维方式的发展和不断完善。

分析性思维方式的发展有两个方向：一是牛顿-笛卡儿为代表的机械论思维方式。二是以黑格尔、马克思和恩格斯为代表的辩证思维方式。它要求人们按照一定的逻辑规律思考，应用比较与分类、分析与综合、抽象与概括、归纳与演绎、从抽象到具体的方法，进行因果决定论的逻辑推论。

机械论思维方式，是用机械论观点思考问题。1644 年笛卡尔的《哲学原理》建构了机械论的世界图式。他把世界看作是一台机器，由可以分割的构件组成，所有构件还可以分割为更基本的构件。宇宙作为一种机械装置，它依靠机械运动，通过因果过程连续地从一个部分传到另一个部分，并使惰性粒子位移。按这种观点思考又称为分析思维。

恩格斯指出，解剖和分析使人类认识在细节方面得到证明。这是人类思维方式进步，成为工业文明的主要思维方式。学界认为，东西方思维方式差异的一个重要表现是，东方长于整体性思维，"全面"地思考问题，更关注事物之背景和关系，更多地借助以经验为基础的知识，而不是抽象的逻辑，并更能容忍反驳意见。西方人在思考问题时，更长于"分析性"，倾向于使事物本身脱离背景，避开矛盾，并更多地依赖所谓"正常逻辑"。这是两种思维方式的区别。

三、从还原论分析思维到生态整体论思维

生态文明时代，鉴于还原论分析思维的局限性，建设生态文明需要新的思维方式，从还原论分析思维到生态整体性思维发展。

1. 新的思维方式是生态整体性思维

生态整体性思维，是用生态系统整体性的观点进行思考和行动。依据生态学的观点，生态系统是有机整体。它由生命系统与环境系统的相互作

用构成。 生命有不同的物种与不同的生命结构层次，因而有不同的生态系统。 生态系统的各种物种之间，以及它们与环境之间，不同的生态系统之间，不是简单松散的集合，而是相互联系和相互作用构成的相互依赖的整体。 生态系统整体不是它的组成要素的机械总和。 它们的相互作用使它有新质出现。 它的整体的规律不能归结为其组成部分的规律。 因而离开整体的结构与活动不可能对其组成部分有完整的理解。 生态系统的性质，它的主体性和目的性，它的价值，它的认识能力，它的主动性、积极性和创造性，它的智慧，等等，都是由它的整体而不是部分表现的。 它的发展和进化是由整体而不是部分决定、推动和实现的。 生态整体性是生态系统的根本性质和根本特征。

超越还原论分析思维，用生态整体性思维代替机械论思维，是人类思维方式的变革。

2. 生态整体性思维的主要特点

生态整体性思维，是用生态学整体性观点思考问题，认识事物和解决问题。 这种思维方式具有系统性、综合性、非线性和创造性的特点。

（1）它是系统性思维。

整体性也就是系统性。 贝塔朗菲指出，活的有机体是具有整体性的系统。系统可以定义为相互作用着的诸元素 F_1、F_2、……F_N 的综合体。 整体性是指系统的任何一个元素的变化都会影响到所有其他元素，并将引起整个系统的变化。 而且，任何一个元素的变化，又依赖于系统的所有元素。 贝塔朗菲说："关于整体性和特别是机体论的科学（生物学），应该在我们的世界观中起过去任何时候所没有起过的作用。"

整体性的特点，除了系统性外，还有层次性、和谐性、多样性的统一，有序性、动态性，等等。 用这些整体性的观点思考问题，就是整体性思维或系统性思维。

系统性思维方式区别于机械论思维：机械论思维把事物分解为基本构件时，忽视各种构件中的相互联系和相互作用，强调由部分决定整体。 整体论认为，整体大于它的各部分之和。 因为各部分的相互作用产生了新东西、新的因素。 它强调各种要素的相互联系和相互作用。

机械论思维是一种线性思维。 它强调线性因果关系和理性主义、发展的非循环性质。 整体论思维是一种网络思维，承认事物的循环发展，循环性、多因果的复杂性、非线性和网络性。

机械论思维强调事物和运动的必然性，忽略掉所有随机性、偶然性、不规则性和差异性。 整体性思维承认必然性，但同时重视偶然性因素，重视差异性和随机性的存在和它的重要作用。

机械论思维强调事物的渐变性，用渐变论的观点思考，拒绝突变性。整体性思维承认渐变性，同时承认突变性，并认为，对于事物和运动，突变是更重要的，或者是渐变和突变的统一。

机械论思维强调经验证实，否认直觉的作用。它认为任何假说必须有经验证实，任何值得信赖的理论必须建立在有普遍意义的事实之上。整体性思维重视直觉和灵感的作用，不仅重视经验事实，而且重视理论的作用，认为理论指导观察和观察材料的整理。

（2）它是综合性思维。

综合性也就是全面性，全面性要求我们把事物作为一个整体来把握。这是与分析性思维相区别的。虽然分析思维把世界分割为许多构件，构件越分越细，对基本构件进行精确研究，积累了丰富的知识。但是，它却忽略了构件之间的相互联系和相互作用，从而失去了事物的全面性。综合性思维重视分析的作用，因为人类思想不能直接把握整体，分析是必要的。但是，它更强调事物的相互联系和相互作用的全面性。例如，如果过分强调抓主要矛盾，这是分析思维的主要特征，认为解决了一个主要问题或关键性问题，其他问题也就自然解决了，如以粮为纲、以钢为纲、以阶级斗争为纲的情况。这样做可能走向否认事物的全面性和系统复杂性，从而导致失败。

综合性思维重视主要因素的作用，但特别强调的是事物的各种要素的相互联系和相互作用，重视发挥这种作用达到事物的协调发展。这是事物发展的"协同学"。哈肯说：协同学研究宏观时空或功能结构系统中，各单元之间的合作关系，既研究确定性过程，也研究随机过程。也就是说，综合性思维重视分析，但更重视"各单元之间的合作关系"。因此它是协同学思维方式。

（3）它是非线性思维。

现实世界的所有事物，所有系统，在本质上说都是非线性的。现代科学揭示了事物、现象和过程的非线性的性质，如混沌理论研究揭示有序与无序、确定性与随机性的统一。现代科学技术发展促进人类思维方式从线性思维走向非线性思维。

1963年，罗伦兹提出耗散结构"奇异吸引子"概念，开创混沌学研究。他认为，"混沌是一种确定的系统中，出现的无规则的运动。混沌理论所研究的是非线性动力学混沌，目的是揭示貌似随机的现象背后可能隐藏的简单规律，以求发现一大类复杂问题普遍遵循的共同规律。"这种研究促进混沌思维方式的产生。

传统分析思维是线性思维。它遵循线性连续性、不可逆性和渐进性，忽略不规则性和差异性，追求与线性关系完全相符的精确性。这在现实情况下是难以做到的。

非线性混沌思维，面对现实的开放系统和耗散结构，有多层次不同尺度的运动，在非平衡、非线性的条件下运行，其不规则性和差异、随机性和差异，是不能忽略不计的。面对系统的有序与无序、确定性与随机性、简单性与复杂性的关系，需要用耗散结构理论、突变理论、协同学和分形理论等进行非线性思考。

非线性思维方式的基本观念是：①内在随机性，重视次要的、非本质、不确定的因素。①初值条件的敏感性，不可忽略初值的微小偏差。③奇异吸引子，在混沌运动中，无规律性的轨迹与终点确定性统一。④混沌是信息创生之源，从混沌通向有序，有序进入新的混沌，新的混沌再通向新有序的创生，混沌演化伴随新信息的创生。⑤分形，或"自相似"思考，分割出事物（或图形）的任何一个部分，并加以扩大，可以发现此部分类似于原来未分割前的整体。

应用混沌观念进行思考，走向非线性思维。这是人类整体性思维方式的又一重要进展。

四、新的思维方式是创造性思维

生态文明时代，人类思维方式从机械论分析性思维走向生态整体性思维。这是人类思维方式变革，是创造新的思维方式。

创新是生态文明建设的主流。所谓创新，是发现新东西，创造新事物，包括观念（理论）创新，制度创新以及行动（实践）创新、生产方式和生活方式创新。成思危把创新归结为三类：一是技术创新，指将一种新产品、新工艺或新服务引入市场，实现其商业价值的过程；二是管理创新，指将一种新思想、新方法、新手段或新的组织形式引入企业或国家的管理中，并取得相应效果的过程；三是制度创新，指将一种新关系、新体制或新机制引入人类的社会及经济活动中，并推动社会及经济发展的过程（成思危，2009）。

历史上人类文明变革，从远古文明到农业文明，从农业文明到工业文明，现在建设生态文明，都是人类的伟大创新。

创新需要新的思维方式，进行创造性思维，用新的世界观、价值观和哲学观点思考问题和解决问题。创造性思维的主要特点是它的开放性，是一种无定型和无约束的思维，是一种不受限制，甚至不受逻辑规则限制的思维。它要突破旧概念、旧原理、旧体系、旧界线的限制。

创造性思维是整体性思维。它没有固定的模式，常常有非理性的因素起作用。科学史表明，大多数的重大发明，来自直觉、顿悟和灵感。因为需要从整体而不是细节上把握事物，人的直接体验在认识中有重要作用。因而直觉、想象、灵感、顿悟等常常在创造性思维中受到重视。

1. 如何获得创造性灵感

运用创造性思维，需要创造性灵感和有效的思维策略，以获得尽可能多的可供选择的解决办法。有人概括了创造性思维的八种思维策略。①

（1）从多种角度思考问题，不停地从一个角度转向另一个角度，重新建构这个问题，并从每一次视角转换抓住问题的实质。

（2）使自己的思想形象化，应用直观和空间的方式。

（3）善于创造，甚至确定提出新想法的定额，以保证创造力的维持。

（4）进行独创性组合，不断地把想法、形象和见解重新组合成不同的形式。

（5）设法在没有关联的事物之间建立联系，而且这种联系不是单方向的，而是多方向的、网络的。

（6）从对立的角度思考问题，容纳相对立的或不相容的观点，重视选择的多样性。

（7）善于比喻，在不同或相异的事物之间发现相似之处，并把它们联系起来。

（8）对变化有准备，事情失败后，就会去做另一件事。

诺贝尔奖获得者朱棣文教授说："要想在科学上获得成功，最重要的一点就是要学会用与别人不同的方式、别人忽略的方式思考问题，也就是说一定要有创造性。"（黄麟雏，2000）

当然这是困难的。因为在长期的社会生活中，人们习惯于按过去的经验和模式办事，形成一定的思维方式定势，如传统定势、权威定势、从众（书本）定势。诸如，没有"文件"作了明确规定的不能干；领导没有发话的不能干；没有先例或没有成熟经验的不能干。左一个框框，右一个框框，太多的框框完全禁锢了人的创造力。创新要求突破传统思维定势，突破种种框框。

2. 如何进行创造性思维？

创造性思维是用新的观点思考问题。它需要新观点和新视角。

（1）思维开放性是创新的前提。

现实世界是开放而非封闭的。所有系统都是开放系统。按开放系统的观点和理论思考，要求开放式思维。虽然尊重传统、尊重权威、尊重书本，表示尊重科学。这是一种道德要求。但是，如果它成为一种思维定势，形成思维的封闭性，那就会禁锢人的智慧和创造力，就不会有任何创造。

开放性思维是一种发散性思维，它拒绝常规、常轨，拒绝旧答案。创新是

---

① 像天才那样思考[J]. 未来学家,1998(5).

对传统和权威的一种挑战。面对传统和权威，只有走出常规、常轨，才会有所创新。思维开放性是创造力的源泉。

（2）确立正确的价值目标，它在创新方向上起作用。

在分析性思维占主导的时代，遵循机械决定论的线性思维，"目的论"被否定或简化，以至"科学思维不得不拒绝善于目的的那些信条和目的论的那些概念，而赞成一种严格决定论的自然观。"（贝塔朗菲，1987）控制论和系统论把"目的"引入思维方式，从而使正确目标的确立在创新方向上发挥重要作用。贝塔朗菲说："过去科学的唯一目标似乎是进行分析，把实际存在的事物分割成一个个尽量小的单位和孤立的单个因果链。因此物理实体被分割成大量的质点和原子，生命有机体被分割成细胞，行为被分割成反射，知觉被分割成点状的感觉，如此等等。与此相应，因果关系基本上是单向的。"事物的组织性和相互作用被忽视，目的和目标被排挤（贝塔朗菲，1987）。

例如，科学研究的目标被归结为"为科学而科学"，研究开发与技术创新的目标被归结为经济行为。它只有经济目标，遵循经济决定论，科学技术的发展"为有钱人制造玩具"，导致严重的社会不公正。美国学者戴森在反思这个问题时说："为什么我会认为美国科学社群，要对都市社会与公众的道德沉沦负责任呢？当然不全是我们的责任，可是我们该负的责任，其实比我们大多数愿意承担的更多。我们有责任，因为我们实验室输出的产品，一面倒成为有钱人的玩具，很少顾及穷人的基本需要。我们坐视政府和大学的实验室，成为中产阶级的福利措施，同时利用我们的发明所制造的科技产物，又夺走了穷人的工作。我们变成了受教育、拥有电脑的富人与没有电脑、贫穷的文盲之间，鸿沟日益扩大的帮凶。我们扶植成立了一个后工业化社会，没有给失学青年合法的谋生凭借。我们协助贫富不均由国家规模扩大到国际规模，因为科技扩散到全球后，弱势国家嗷嗷待哺，强势国家则愈来愈富。"

他说："如果经济上的不公仍然尖锐，科学继续为有钱人制作玩具，那么公众对科学的愤怒愈演愈烈，忌恨愈加深沉，我们也不会对此感到意外。不管我们对社会的罪恶是否感到歉疚，为防止这种愤恨于未然，科学社群应当多多投资在那些可使各阶层百姓都能同蒙其利的计划上。全世界都一样，美国尤其应该觉悟，要将更多的科学资源用在刀口上，朝着对各地小老百姓都有益的科技创造方向前进。"（戴森，1998）

这是科学技术创新在方向上失误的结果。按新的整体论思维，世界是"人—社会—自然"复合生态系统，如果人们遵循经济决定论，只有自己的利润增长一个目标，没有社会目标，没有环境目标，甚至以损害他人利益，或牺牲环境为代价，就会导致贫富差距扩大，加剧社会不公；导致环境破坏。这样不会有创新，或者使创新失去意义。

创新，无论是知识创新和技术创新，还是制度创新和思想创新，都必须有多目标的考虑。这种考虑确定选择创新的正确方向。同时，创新成果必须有多目标评价，包括经济评价、生态评价和社会评价，是多目标评价的统一。

（3）跨学科交叉是创新的条件。

当代科学技术整体化发展，例如，科学、技术一体化，自然科学、社会科学、技术科学一体化，科学技术、产业一体化，科学精神、人文精神一体化。它们的综合发展，以及交叉科学、横向科学、跨学科研究的发展，在多学科交叉处产生创新的生长点。这种发展都为创新提供新的重要条件。

建设生态文明的社会，这是人类最伟大的创新。首先是观念和思想创新，人类价值观、世界观的创新；人类实践创新，创造新的生产方式和生活方式；人类的社会制度和文化创新。

环境哲学是适应这种需要的新的哲学。它作为建构一种新的哲学范式的尝试，将通过建构新的哲学本体论、认识论和方法论实现。在这种建构中，以人与自然为基本问题，需要对人与自然有新的理解。现代哲学认为，人是主体，只有人有主体性，生命和自然界作为客体，只是人的对象，没有主体性；只是作为主体具有主体性的人，具有目的性、主动性、认识能力、创造性和智慧，而作为客体和对象的生命和自然界，它没有目的性、主动性、认识能力、创造性和智慧。因而人在世界上处于统治和主宰的地位，生命和自然界"只有受人统治的份儿"。

环境哲学认为，人具有这些特性，因而人为万物之贵。这是肯定的。但是，生命和自然界也具有这些特性：①它是主体，生存主体和价值主体；②它具有目的和目的性，生存是它的目的，生存表示它的成功；③为了生存，它具有主动性，自动去争取生存；④为了生存，它需要对环境进行评价，具有一定的认识能力；⑤为了生存，它需要创造，创造自己的生存环境，并从而创造地球生命，创造整个地球生态系统，创造全部自然价值；⑥具有这些性质，因而它具有智慧。智慧，被定义为"认识客观事物和解决实际问题的能力"。它具有上述性质，因而应当承认它具有智慧。

我们的问题是，如果说只有人具有这些性质，而生命和自然界不具有，那人的这些性质是从那里来的？突然有的吗？这样只好求助于上帝。

我们认为，从自然进化的角度，这是容易理解的。这些性质是进化而来的，是自然进化的成果。进化的，因而它是有层次的。人具有最高的主体性、目的性、主动性、认识能力、创造性和智慧，这是没有疑问的。但是不能据此否认生命和自然界具有这些性质。这些性质是客观的，在自然进化序列中，它具有层次性，而且这种层次性并不是等级高低贵贱之分，生命从生存的角度是平等的。

第三章

社会政治转型，从资本专制主义到人民民主主义

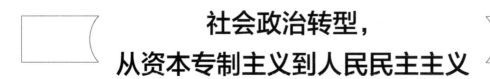

从社会形态的角度，人类在经历漫长的原始社会、奴隶社会和封建社会之后，18 世纪资产阶级革命开启了人类新时代，即资本主义的工业文明时代。现在社会和生态的全面危机，正在催生又一个新时代，社会主义的生态文明时代。

第一节　资产阶级领导和创造工业文明

工业文明是继农业文明之后的人类伟大文明。资产阶级是它的开创者和领导者。它以科学技术革命、社会物质生产工业化和人类生活现代化为主要特征，建设了人类现代化社会。

一、资产阶级革命开创工业文明时代

资产阶级革命，是资产阶级领导的反对封建专制制度，建立资产阶级民主制度的革命。意大利文艺复兴运动，是一场伟大的思想文化运动，它成为资产阶级革命的先声。接着，英国、法国、美国资产阶级革命，扫清了资本主义制度的一个又一个障碍，开创了世界资本主义工业文明时代。

1. 文艺复兴运动

13 ~ 16 世纪文艺复兴运动，首先在意大利兴起。接着欧洲先进国家，资产阶级先进知识分子冲破教会神学的束缚，发动伟大的反对宗教神学的思想解放运动。它高举人文主义精神的大旗，冲击宗教神权的束缚和禁锢，解放人们的思想，成为资产阶级革命的先声。恩格斯说："这是一次人类从来没有经历过的最伟大的、进步的变革，是一个需要巨人而且产生了巨人——在思维能力、热情和性格方面，在多才多艺和学识渊博方面的巨人的时代。"恩格斯热情歌颂

这些英雄人物，"他们的特征是他们几乎全都处在时代运动中，在实际斗争中生活着和活动着，站在这一方面或那一方面进行斗争，一些人用舌和笔，一些人用剑，一些人两者并用。因此就有了使他们成为完人的那种性格上的完整和坚强。"（恩格斯，1984）

文学领域：文艺复兴第一个代表人物但丁，其代表作为《神曲》，尽情揭露中世纪宗教统治的腐败。诗人彼特拉克的代表作有《歌集》，以"人的思想"代替"神的思想"，提倡科学文化，反对蒙昧主义，被称为"人文主义之父"。薄伽丘发表代表作《十日谈》，批判宗教愚昧、禁欲主义，肯定人权，反对神权，主张"幸福在人间"，被视为文艺复兴的宣言。

美术领域：达·芬奇的壁画《最后的晚餐》、祭坛画《岩间圣母》和肖像画《蒙娜丽莎》是他的三大杰作。画家拉斐尔·桑西，代表作《卡斯蒂廖内像》和《披纱女子像》，体现了人文主义思想和精神。米开朗基罗·博那罗蒂，伟大的雕塑家，《大卫》《末日审判》等代表了文艺复兴时期雕塑艺术最高峰。

地理大发现：1492 年，哥伦布到达"新大陆"（美洲）。1519 年，麦哲伦完成环球旅行。地理大发现改变了人们的地理观念，打开了人们的眼界，推动资本主义经济的扩张和繁荣。马克思和恩格斯说："美洲的发现，绕过非洲的航行，给新兴资产阶级开辟了新的活动场所。东印度和中国的市场，美洲的殖民化，对殖民地贸易，交换手段和一般的商品的增加，使商业、航海业和工业空前高涨，因而使正在崩溃的封建社会内部的革命因素迅速发展。"[1]

资产阶级就是在这种斗争中，以他们的政治和经济成就发展起来的。

2. 资产阶级革命

英国资产阶级革命。1640 年，英国资产阶级开始抨击国王的独断专权，要求限制国王的权力，掀开了英国资产阶级革命的序幕。经过几年的反复斗争，克伦威尔率领的议会军队打败了国王军队。1649 年，查理一世被推上断头台，英国成立了共和国，又以 1689 年《权利法案》公布为标志，确立了英国君主立宪制的基本原则，英国资产阶级革命取得最后胜利。

法国资产阶级革命。1789 年 7 月 14 日，资产阶级领导成千上万的群众攻占巴士底狱，发表《人权宣言》，宣布"人生来是自由的、在权利上是平等的"，启蒙思想家宣传的天赋人权、三权分立、自由平等博爱等思想对欧美资产阶级革命起了影响和推动的作用。1792 年 9 月 21 日，法国第一共和国建立。以后又经历封建王朝的复辟与反复辟曲折的斗争，才使新的社会制度最终确立。

---

[1]　马克思恩格斯选集(第 1 卷)[M].北京:人民出版社,1972,p252.

美国资产阶级革命。1775—1781 年 "美国独立战争"，打败了英国军队。独立战争的胜利，扫清了资本主义制度上的重要障碍。1861-1865 年 "南北战争"，第二次资产阶级革命解放黑奴，扫清资本主义制度上的另一障碍。1787 年美国制定宪法，确定了三权分立的共和政体。

资产阶级革命，使资产阶级和同时期的无产阶级走向了历史舞台。

3. 科学革命

文艺复兴运动大大解放了人们的思想，开启人们探索世界新知的欲望，使人们对世界的看法发生巨大的变化。生产力发展，为科学革命奠定了物质基础。科学界掀起了一场科学革命，推动了近代自然科学的迅速发展。哥白尼、牛顿和达尔文是科学革命的领军人物。

波兰天文学家哥白尼 1543 年出版了《天体运行论》，自然科学宣告摆脱神学统治，走上独立发展的道路，开启近代自然科学革命，科学技术发展为工业文明提供伟大的力量。哥白尼的日心说打破教会的封建思想；伽利略自制望远镜，观察天体，成为现代实验的奠基人，宣告了近代科学革命的开始。

牛顿《自然哲学的数学原理》（1687），提出 "万有引力定律"：任何两个物体之间有引力，力的大小与物体质量的乘积成正比，与它们之间的距离的平方成反比。他的物质运动三大定律，以方程式 $F = ma$ 表示：①任何物体除受外力作用，否则都保持其静止或匀速运动状态。②物体的运动与加给它的力成正比，并在作用力的方向发生。③两个物体相互作用，会产生大小相等但方向相反的反作用。它为机器的产生奠定了科学理论基础。

达尔文《物种起源》（1859），阐述了地球上的一切生命，植物、动物和人类，都是由原始单细胞生物发展而来的。他以生物生存斗争和自然选择的思想，创立生物进化论，批判并代替神创论。

自然科学摆脱神学统治，走上独立发展道路，建立近代自然科学体系。学界认为，这是第一次科学革命。第二次科学革命，19-20 世纪，突破世界机械图景，人类认识从宏观进入微观和宇观，电子发现（1897）、量子论和相对论建立，宇宙大爆炸理论提出，双螺旋结构发现等。第三次科学革命，20 世纪 50 年代以来，人类认识从还原论分析思维向综合性整体思维发展，系统论、信息论和控制论产生；耗散结构理论、混沌学和分形理论等非线性科学的兴起（钱时惕，2007）。

科学革命的发展以及与此相关的技术革命发展，科学技术成果在工业生产中应用，成为第一生产力，推动人类新时代的到来。

二、资产阶级统领工业文明建设

资产阶级革命，首先以它的人文主义思想，精神领域和政治领域的成就，夺得了独占的政治统治，使其成为统治阶级。接着在社会物质生产领域，"资产阶级，由于一切生产工具的迅速改进，由于交通的极其便利，把一切民族甚至最野蛮的民族都卷到文明中来了。它的商品的低廉的价格，是它用来摧毁一切的万里长城、征服野蛮人最顽强的仇外心理的重炮。它迫使一切民族——如果它不想灭亡的话——采用资产阶级的生活方式；它迫使它们在自己那里推行所谓文明制度，即变成资产者。一句话，它按照自己的面目为自己创造出一个世界。"①

马克思和恩格斯在《共产党宣言》中指出："资产阶级，由于开拓了世界市场，使一切国家的生产和消费都成为世界性的了……新的工业文明的建立已经成为一切文明民族的生命攸关的问题；这些工业文明所加工的，已经不是本地的原料，而是来自极其遥远的地区的原料；它们的产品不仅供本国消费，而且同时供世界各地消费……物质的生产是如此，精神的生产也是如此。各民族的精神产品成了公共的财产。民族的片面性和局限性日益成为不可能，于是由许多民族的和地方的文学形成了一种世界的文学。"

"资产阶级使乡村屈服于城市的统治。它创立了巨大的城市，使城市人口比农村人口大大增加起来，因而使很大一部分居民脱离了乡村生活的愚昧状态。正像它使乡村从属于城市一样，它使未开化和半开化的国家从属于文明的国家，使农民的民族从属于资产阶级的民族，使东方从属于西方。"

"资产阶级日甚一日地消灭生产资料、财产和人口的分散状态。它使人口密集起来，使财产聚集在少数人的手里。由此必然产生的后果就是政治的集中。各自独立的、几乎只有同盟关系的、各有不同利益的、不同法律、不同政府、不同关税的各个地区，现在已经结合为一个拥有统一的政府、统一的法律、统一的民族阶级利益的关税的国家了。"②

资产阶级在社会物质生产转变的基础上实现政治转变，建立起资本主义的社会制度、政治制度和经济制度，实行资产阶级的政治统治和经济统治，从而统领工业文明建设的进程。

三、工业革命走向工业文明时代

文艺复兴为工业革命作好思想准备。资产阶级革命为工业文明扫清道路。科学技术革命为建设工业文明提供强大生产力。

第一次工业革命。18 世纪 60 年代从英国开始，1765 年哈格里夫斯发明珍妮纺纱机，揭开了工业革命的序幕。1776 年，第一台瓦特蒸汽机投产，蒸汽机作为动力机被广泛使用，是工业革命的标志。它导致生产方式变革，用机器代

---

① 马克思恩格斯选集(第 1 卷)[M]. 北京:人民出版社,p255.
② 马克思恩格斯选集(第 1 卷)[M]. 北京:人民出版社,p252-257.

替了手工劳动，用工厂生产代替手工工场。大量农民拥入城市，自耕农阶级缩小，工业资产阶级和工业无产阶级形成和壮大起来。

第二次工业革命以电机发明为标志。1866 年，德国科学家西门子制成一部发电机，后来几经改进，逐渐完善，到 19 世纪 70 年代，实际可用的发电机问世。煤炭和石油的应用，以煤气和汽油为燃料的内燃机诞生，电动机的发明，实现了电能和机械能的互换。随后，电灯、电车、电钻、电焊机等电气产品，迅速应用于工业生产。同时，发动机的发明又解决了交通工具的问题。1885 年，德国人卡尔·本茨成功地制造了第一辆由内燃机驱动的汽车。内燃机的发明，还推动了石油开采业的发展和石油化工工业的产生，它推动了汽车、远洋轮船、飞机的迅速发展，内燃机车、远洋轮船、飞机等也得到迅速发展，各个地区的文化和贸易交流更加便利。

马克思指出，"蒸汽、电力和自动纺机是……危险万分的革命家……（它）产生了以往人类历史上任何一个时代都不能想象的工业和科学的力量。"[1]新能源的大规模应用解决了动力问题。电力、煤炭新能源的应用直接促进了重工业的大踏步前进，使大规模的工业生产成为可能。以蒸汽技术和电气技术为动力，以蒸汽机和电机生产为龙头的工业生产，大大促进了工业经济的发展。

马克思和恩格斯说："蒸汽和机器引起了工业生产的革命。现代大工业代替了工场手工业；工业中的百万富翁，整批整批产业军的统领，现代资产者，代替了工业文明的中间等级。大工业建立了由美洲的发现所准备好的世界市场。世界市场使商业、航海业和陆路交通得到了巨大发展，同时，工业、商业、航海业和铁路愈是扩展，资产阶级也愈是发展，愈是增加自己的资本，愈是把中世纪遗留下来的一切阶级都排挤到后面去。"[2]

也就是说，资产阶级通过科学革命与工业革命结合，机器大工业的发展，以机器制造为基础，扩展到采矿业、能源和原材料生产、石油和石油化工业、冶金和金属加工业、汽车飞机制造业等和交通运输业、建筑业、医疗和服务业以及现代化农业等产业迅速发展，促进人类跨入机械化、自动化、电气和现代化时代，推动人类从农业文明的社会进入工业文明的社会。

第二节　工业文明的成就与问题

马克思和恩格斯在《共产党宣言》中讴歌资产阶级，以及它建设工业文明

---

①　马克思恩格斯选集(第 2 卷)[M].北京:人民出版社,1972,p78.

②　马克思恩格斯选集(第 1 卷)[M].北京:人民出版社,1972,p252.

的伟大成就，他们说："资产阶级在它的不到一百年的阶级统治中所创造的生产力，比过去一切时代创造的生产力还要多，还要大。自然力的征服，机器的采用，化学在工业和农业中的应用，轮船的行驶，铁路的通行，电报的使用，整个整个大陆的开垦，河川的通航，仿佛用法术从地下呼唤出来的大量人口，过去哪一个世纪能够料想到有这样的生产力潜伏在社会劳动里呢？"①此后一百多年来，资本主义又经过多次调整，它创造的生产力比那时又不知还要多、还要大多少倍。

一、工业文明的伟大成就

工业文明的社会，运用科学技术的伟大力量发展社会生产力，运用现代化的社会物质生产，大举向自然进攻，向自然索取，创造了巨大物质和精神财富、社会繁荣和富足的现代生活。

我们以部分数据罗列展示工业文明的主要成就。

（1）20 世纪人口从 17 亿增至（2008）的 64 亿，增长了 4 倍；2017 年达 71 亿。

（2）20 世纪，粮食产量增加 4 倍，工业生产增长 100 倍，能源消耗增长超过 100 倍；每年消耗能源 100 多亿吨标准煤；全世界年国民生产总值 32 万亿美元，2013 年达 70.70 亿美元。

（3）20 世纪科学技术进步。量子论、相对论的提出，生物遗传工程的发现；系统论、控制论和信息论，以及耗散结构理论、混沌理论和协同学的建立，人类对宏观世界、微观世界和自身的认识都有了飞跃性发展。

（4）通信技术。无线电发明（1903），激光（1960），通信卫星发射（1962），光纤电缆开发（1970），电子计算机在通信中应用（1971），因特网（1990），人们可以随时方便地得到世界各地方方面面的信息。

（5）航空技术。飞机发明并用于空中交通（1903），超音速飞机研制成功（1947），宽体双倍音速飞机，满载乘客当天可以到达世界各个地区。

（6）航天技术。人造卫星发射（1957），人类进入太空（1961）和登上月球（1969）；航天飞机飞行（1981），人类进入太空时代。航天技术促进遥感技术、信息技术和其他高科技的开发利用。

（7）电子技术。晶体管开发（1848），集成电路板（1960）和微芯片（1975）开发；计算机技术，电子数字计算机（1946）和通用自动计算机（1951）开发，个人电子计算机（1971）广泛应用，人类进入微电子时代。

（8）生物技术。遗传物质发现（1944），DNA 双螺旋结构发现（1953），遗

---

① 马克思恩格斯选集(第 1 卷)[M].北京:人民出版社,1972,p256.

传密码揭示（1954），基因合成、重组的实现（1970），基因工程技术的发明和应用（1973），为人类生物性生产，农业和医学创造巨大福利。

（9）新能源技术。核反应堆的建立（1942），受控裂变反应堆（1954），它们应用于核电站建设；核聚变研究取得进展；太阳能电站开发利用，为人类提供大量干净能源。

（10）新材料技术。塑料（1909），尼龙（1931），人造金刚石（1953），高温超导材料（1987）；机器人技术和各种高新技术在工业生产中的应用，使工业生产线从自动化向智能化发展。

二、工业文明创造了新的地质时代

工业文明创造了新的地球。按马克思的说法，工业创造了"人类学的自然界"。他说："工业是自然界同人之间，因而也是自然科学同人之间的现实的历史关系。因此，如果把工业看成人的本质力量的公开的展示，那么，自然界的人的本质，或者人的自然的本质，也就可以理解了；因此，自然科学将失去它的抽象物质的或者不如说是唯心主义的方向，并且将成为人的科学的基础，正像它现在已经——尽管以异化的形式——成了真正人的生活的基础一样；至于说生活有它的一种基础，科学有它的另一种基础——这根本就是谎言。在人类历史中即在人类社会的产生过程中形成的自然界是人的现实的自然界；因此，通过工业——尽管以异化的形式——形成的自然界，是真正的、人类学的自然界。"①

"人类学的自然界"，按德国大气化学家、诺贝尔奖获得者保罗·克鲁岑和德国地质学家斯托默的说法，这是一个新地质时代——"人类世"（Anthroo-cene）时代（2000）。

地球已经有46亿年的历史。地质学家把地球史分为5个地质年代：20亿年前为太古代；6亿年前为元古代；2.25亿年前为古生代；7千万年前为中生代；7千万年至今是新生代。代以下又分为纪和世。新生代分为三个纪：老第三纪、新第三纪和第四纪。第四纪以人类产生为标志，从300万年前开始，又称为"人类纪"，300年前开始"人类世"。

克鲁岑认为，地球地质的人类世，开端于1784年，即瓦特发明蒸汽机的那一年。工业革命使人类活动速度加快，生产力的高速发展，科学技术的高速进步，已经使人与自然的关系产生了根本性的变化。人类世要点是（叶兼吉，2006）：

（1）地球已进入它的另一个发展时期——人类世。在这一时期人类对环境

---

① 马克思恩格斯全集(第42卷)[M]. 北京:人民出版社,1979,p128.

的影响并不亚于大自然本身的活动。

（2）人类世新的地质时代的提出，其主旨是为了提醒人们关注这样一个事实：人类活动正在成为影响和改变地球的主导力量。

（3）今天的地球因为工业文明的影响，已经不再是自然的了，这个改变过程可追溯到工业革命，因此人类世新的地质年代应从工业革命时期起始。

2004 年 8 月 30 日，在"欧洲科学国际论坛"（斯德哥尔摩），保罗·克鲁岑指出："一系列复杂的人为因素正在快速改变着我们所居住星球的物理、化学、生物之特征，气候变化只是其中人为因素的最明显的后果。"

同时，国际地壳与生物圈研究计划领导人、国际全球环境变化人文因素计划执行主任威尔·史蒂芬在"论坛"上说："人类世是一个特殊的纪元，和其他地质时代不一样，其他地质时代在这以前是慢慢变化的，变化的速度比较小，幅度也比较小。而现在我们应该考虑到变化是迅速的、大幅度的，要考虑到它将来的发展，考虑到环境变化中的不稳定性。"他说："人类世与人类和社会发展初期的平静环境相比有很大不同，我们以后面临的环境会更加不稳定，未来我们面临的将会是巨大的环境动荡。"

2005 年 4 月 9 日，"环境与发展——人类世时期的核心挑战"学术报告会在北京大学深圳研究生院举行，保罗·克鲁岑作首场报告，详细阐释人类世的发展变化及特点。他说："在过去的三个世纪，人类数量已经增长了 10 倍，工业排放量增长了 9 倍，物种消亡速率是人类出现前物种消亡速率的 1000 倍。"4 月 13 日，保罗·克鲁岑被北京大学授予荣誉教授称号，并作"人类世——它的化学与气候"学术报告，报告运用大量数据展示在上一世纪全球人口、工业、地质的变化和发展，以及由此带来的全球环境状况的巨大变化，经历这种变化，目前的地球已经进入一个全新的发展时期——人类世地质时期。它表示人与自然的相互作用加剧，人类已经作为一种重大的地质运动力量，使地球进入一个新的地质时代。

值得注意的是，学术界指出，人类世地质时代是"地球新突变期"。它是"人类与自然界的逆向巨变"，即"地球结构畸变、功能严重失衡的新突变期"。地球新突变对人类生存提出严重挑战（陈之荣，1991）。

当代生态危机是地球新突变期的突出表现。地球新突变的机制是人的地质作用。地球人类纪最初的漫长时期内，人的地质作用力很有限，没有引起地球的根本变化。工业革命以来，人的地质作用力才成为行星级的力量。或者说，在整个地球史上，包括人类世以前的地质时期，地球的自然价值朝不断增值的方向发展。工业革命以来，人类过度开发利用乃至掠夺自然价值，导致自然价值严重透支。全球性生态危机表明，自然价值已经朝负值的方向发展。这是"人类与自然界的逆向巨变"。这是地球新突变的主要机制。

　　长期以来，人类为了从地球取得更多更大的利益，开发更多更深的自然资源，发展了关于地球的自然科学研究。人们认识地球，它的性质、历史和运动，开发地球的物质、能量、空间和信息资源，已取得了伟大成就，为经济发展作出重大贡献。但是，依据现代价值观，现代科学技术和工业化发展，第一，把地球作为获得自然资源的仓库，索取越来越多的自然资源。第二，把地球作为排放废物的垃圾场，向自然排放数量越来越多、质量越来越复杂的废弃物。人类对地球的索取和开发采取掠夺式的态度，长期的掠夺、滥用和浪费，已经严重损害地球生命支持系统。今天的地球业已百孔千疮，环境污染、生态破坏、资源短缺成为威胁人类生存的全球性问题。

　　保罗·克鲁岑和威尔·史蒂芬认为，自工业革命以来，地球进入人类世发展时期，人类对自然环境的影响力已经超过大自然本身活动的力量，人类作为一种地质力量，可以快速地改变这个星球的物理、化学和生物特征。

　　全球性环境污染改变了生物地球化学结构，出现环境质量问题，如大气质量、水源质量、土壤质量、生物质量等种种问题，并导致人类各种各样"公害病"，严重威胁人类的健康和生存。

　　全球性生态破坏，海洋、河流、大气、森林、土地、草原、农田等生态系统受到损害，生物圈受到损害，生物多样性减少，严重威胁社会物质生产、社会生活，严重威胁人类健康和生存。

　　全球性资源短缺，大多数矿产资源以及能源资源采掘完毕的时候即将到来，出现一个无矿可采的时代，同时也是废弃物和废弃设备全球性堆积的时代。

　　地球新突变造成全球性生态危机，对人类在地球上生存提出严重挑战。

三、工业文明的问题开启人类"生态纪元"

　　工业文明的问题指"环境问题"，以环境污染、生态破坏和资源短缺表现的全球性生态危机。

　　20 世纪中叶，发生了两件震惊世界的事件：一是环境污染，它以著名的"八大公害事件"引起世人关注。二是宇航员从太空观察地球并拍回地球照片，表明地球是一个脆弱的星球，人类第一次认识"地球之小"。这两件事促使人类环境意识的觉醒，并从而引发一场轰轰烈烈的环境保护运动。这是一场伟大的社会运动，一场伟大的政治运动，逐渐改变世界的政治、经济和文化。

　　危机是转折，是新的起点。许多国家把保护环境作为国家职能，列为国家政策，进行环境保护的立法和执法，发展环境保护的科学和技术，发展环境保护产业，防治环境污染，开展工业废弃物的净化处理，积极发展节约能源和材料，有利于保护环境的工农业生产。

　　随着工业文明达到它的最高成就，以及它所带来的问题（全球性环境污染、生态破坏和资源短缺）严重化，促进世界一次根本性变革时代的到来，工业文明以后一个人类新的文明时代的到来。

那是一个怎样的时代？

美国生态哲学家、美国生态纪学会主席赫尔曼·格林认为，人类将进入"生态纪元"，未来社会是"生态社会"。他在《生态社会的召唤》（格林，2006）一文中说：我们需要创造一个走向生态纪元的社会！这种创造产生于布莱恩·斯维姆和托马斯·柏励撰写的宇宙故事："地球共同体的未来，在某种意义上，依赖于人类所做出的决定。人类已经把自己纳入地球过程的遗传密码之中，而且其程度是如此之深。推崇技术纪元的人，把地球看作资源，未来应该增加对地球的利用，所有一切都应该以人类的利益为中心；推崇生态纪元的人，提倡一种新型的人类与地球的关系，地球共同体的整体安宁是其根本的关注。生态纪元的未来可以解决这两者之间所产生的紧张状态。""这是一个跳跃点，一个危机的边缘，也是一种伟大的分界线。"这是生态社会第一个构成板块。

第二个板块：生物区域主义。生物区域意味着把人类作为一个并存的、并且与自然的秩序相依存的群体，而不仅仅是把人类看作对生物区域进行统治的群体。人类在生物区域的作用就在于欣赏并且支持生物区域的多样性，以及尊重、维持其活动，包括人类自身部分的功能。

第三个板块：生态特征。地球的特征是，人类同自然界的最亲密的联系。我们在很多方面已经失去了地球的特征。精神世界与自然界已经被分为两种不同的行为秩序。自然界处于一种比较低级的、世俗的现实性。它同比较高级的、永恒的现实性相区别的这种信念，即为了人类的命运而对地球进行开发的信念，已经被赋予合法化的程序而被普遍接受。生态特征，从宇宙的开创就有一个精神空间，在这种空间，宇宙的每一种元素中把宇宙当作一个整体是很明显的；地球作为一种客观的精神质量；地球的美丽是地球特征的主题。

也就是说，随着工业文明的发展，人类创造了新的地球，人类学的地球。并且创造了一个地质史的新时代——"人类世"时代。这是一个"地球新突变期"。新突变期表现的全球性生态危机，是人类文明一个转折，一个新起点。在这个转折点上产生新的文明。这时，旧的衰退中的文明——工业文明，新的上升中的文明——生态文明，两者相交将使世界发生一次根本性的变革。美国物理学家卡普拉指出："这种转变发生时，衰退中的文化拒绝变化，比任何时候都更加僵硬地抓住过时的观念不放。居统治地位的社会机构也不愿把他们的领导角色转交给新的文化力量。但是，他们将不可避免地继续衰退和瓦解，而上升的文化将继续上升，最终将担负起它的领导任务。随着这一转折点的逼进，认识到这种力量的发展变化不可能被短期的政治活动所阻止，就给我们提供了

对未来的最强有力的希望。"（卡普拉，1989）

关于在这个转折点上，工业文明之后，人类将建立一个怎样的新社会？学者们从不同的视角描述了未来新社会的初步轮廓。例如：

后工业社会。美国丹尼尔·贝尔，1959 年。

信息社会。日本梅棹忠夫，1963 年。

第三次浪潮社会。美国阿尔温·托夫勒，1980 年。

知识价值社会。日本岸屋晖一，1986 年。

智能社会。中国童天湘，1986 年。

我认为，生态文化是人类新文化。新文化指引未来新社会，是生态文明社会（余谋昌,1986）。本书的论述是，通过社会全面转型，建设生态文明社会。

第三节　资本主义对自身的问题进行调节

资本主义社会遵循它自身的规律发展。资本主义兴起，资本原始积累是非常残酷无情的。马克思说，资本来到世间，它的每个细胞和毛孔都充满血醒和屠杀。虽然，资本对劳动者的残酷剥削积累了强大的资本，资本家占据了社会统治地位，有能力实行资本专制主义，主导工业文明的发展。但是，它背弃资产阶级革命的人道、平等、博爱的旗帜，背弃民主、自由、人权的价值观，失去社会道德的高度，资本主义的合法性受到质疑。工人起义，人民反对，社会处于重重动荡和危机之中。为了维护资本主义社会稳定，维护它的政治制度和经济制度，它以工业文明取得的成就，对资本主义不断进行调节，以维护和保持资本主义的活力。这种调节主要是，实行福利资本主义和生态资本主义。通过资本主义不断进行自身的调节，基本上达到了维护和保持社会稳定，保持了300 年资本主义的活力和持续发展。

一、福利资本主义调节人与人社会关系

为了缓解人与人社会关系矛盾，资本主义国家逐步建立社会福利体制。我们介绍社会福利体制"最完善"的国家瑞典，以及世界最大发达国家美国的福利制度。

1. 社会福利体制的案例

瑞典实行所谓"经济领域私有化+社会领域社会化"的模式。教育、医疗、养老，所有领域的资源，由国家统一、公平地分配。它被认为是最完善的社会福利体制。实行全民就业、全民养老金、全民医疗保险、全民免费教育。社会福利事业的目标是，保障穷人生活得体面和有尊严，直接决定着社会的和

谐与稳定。1847 年瑞典通过《济贫法》；1901 年，瑞典有了第一部《工伤赔偿法》；1910 年，瑞典又通过了《病假保险法》；1913 年，瑞典通过全民享受的养老金法案。这些是瑞典社会保障体制的基石。

最大的发达国家美国，现行的社会福利制度，是从 1936 年社会安全法案实行之后，逐步建立和完善的。社会安全法案是全国性的，为保障所有人的权益而设，大部分福利措施，不论贫富人人皆可以申请。①

(1) 主要福利措施类别：联邦社会保险，在职或退休人员退休金、抚恤金、伤残金和医疗福利。失业补助金，辞退者和失业者，一般补助期是 6～9 个月。公共援助金，专为低收入或无收入的失明者、老人、残障者及无收入的家庭，由州政府按各自生活条件发放，申请者将接受调查以证明有申领资格。孕妇与儿童福利，为保护和增进孕妇及儿童的健康而设，并不分派现金，而是提供健康服务。

(2) 工作和生活社会福利：失业保险金，每月从受保人工资中扣除部分来投保，受保人一旦失业即可获赔，获赔金额一般是原工资的一半。工人赔偿金，由雇主向州政府或保险公司投保，工人因工受伤即可申领。具体赔偿金额和时期由雇主所交的保费多少而定，同时也能报销一定的医疗费用。州立伤残保险金，如加利福尼亚州、纽约州、新泽西州、夏威夷州和波多黎各州，为因短期疾病暂不能工作的人员而设，受保人在得病期间必须是受雇的，复原后重新开始工作。生活补助、粮食券由美国联邦农业部拨款给州政府发放，可换取美国出产的农作物，不能换取金钱，以救济收入低微的家庭；学校提供的廉价或免费膳食。家居能源补助，为低收入家庭减轻煤电费，修理暖炉、煤气管等相关暖气设备。廉价公共房屋，有公共房屋、津贴房屋、租金津贴和廉价屋四种形式，申请人必须年满 62 岁或收入低微者。

(3) 医疗补助，不同于医疗保险，医药补助是一个保健计划，专为收入低微的家庭设立，可以同时享受医疗保险。家庭照顾计划，由联邦、州和县政府联合负担，为 65 岁以上老人、失明者或残障人士提供家务和非医务性的照顾，使得受益人能在家安全地生活，无须住进养老院或公共医疗机构。

2. 以异化消费缓解异化劳动的痛苦

资本主义社会，"现代的工人只有当他们找到工作的时候才能生存，而且只有当他们的劳动增殖资本的时候才能找到工作。"②这样，工人为了生存，首先必须出卖自己，成为资本的雇佣，成为商品，出卖自己的劳动。

这样劳动就发生"异化"，成为"异化劳动"。

---

① http://www.canachieve.com.cn 2009-01-07.
② 马克思和恩格斯选集(第 1 卷)[M]. 北京:人民出版社,1972,p257.

劳动本来是人的第一需要，恩格斯《劳动在从猿到人转变过程中的作用》一文指出，劳动不仅创造了一切财富，而且创造了人本身。他说：劳动"是整个人类生活的第一个基本条件，而且达到这样的程度，以至我们在某种意义上不得不说：劳动创造了人本身"（恩格斯，1984）。本来，劳动的本质是为自己劳动，通过劳动改变自然物，在对自己有用的形式上占用自然物，使之取得自己的生存。因而，劳动是自觉的、光荣和愉快的事。

但是，在资本主义雇佣劳动中，工人不是为自己劳动，不是自觉自愿地自己劳动。在为资本家劳动的情况下，工人虽然创造了巨大财富，但财富为资本家所有。这样，劳动受资本支配，劳动"异化"成统治工人的、与劳动对立的、支配劳动者的一种异己的力量。

劳动从光荣和令人愉快的事，变为令人不快的、令人厌恶的事。这当然会激起工人的反抗，导致劳动与资本、工人和资本家之间的矛盾、对立和冲突，导致社会纷争和混乱。

为了调节人与人社会关系矛盾，发达资本主义社会为了稳定，需要缓和劳资双方的关系。也就是说，在"异化劳动"的情况下，资本对剩余价值的剥削，劳动成为苦役，引起劳动者的不满和反抗，需要缓和这种不满和反抗。因为劳动必须继续，资本才能实现利润。如何使劳动继续进行？资本主义采取生活现代化的方法，用工业大生产制造了无穷无尽的商品去供应人们，鼓励过度消费的生活，以忘记"异化劳动"的苦难。但是，这种过度消费带有很大的欺骗性质，是一种"异化消费"。

本来消费是人生存的基本需要，马克思主义的历史观认为，"我们首先应当确定，一切人类生存的第一个前提，也就是一切历史的第一个前提，这个前提就是：人们为了能够'创造历史'，必须能够生活，但是为了生活，首先就需要衣、食、住以及其他东西。因此第一个历史活动就是生产满足这些需要的资料，即生产物质生活本身。同时这也是人们仅仅为了能够生活就必须每日每时都要进行的（现在也和几千年前一样）一种历史活动，即一切历史的一种基本条件。"①消费和劳动，劳动生产满足自己生存的物质资料，消费使用这些物质资料。这是人类历史的第一个前提，是社会发展的动力。

在这里，"异化劳动"导致"异化消费"。劳动和消费都失去它原有的意义，成了"异己"的东西。而且，为了满足这种"异化消费"，满足无穷无尽的消费，必须保持高度的工业增长率，这就促成生产过剩的发展。但是，这种生产过剩和过度消费却以损害资源和环境为代价，不断加剧资源破坏和环境污染，形成新形式的危机，即生态危机。有的论者称为"生态矛盾"，即资本主

---

① 马克思,恩格斯. 德意志意识形态[M]. 北京:人民出版社,1961,p21-22.

义制度内的生产方式和生活方式在提供资源和服务时，所造成的环境污染和生态破坏的矛盾。这是发达资本主义社会的新危机。或者说，它用生态危机代替经济危机，加剧资本主义的经济危机，导致资本主义的全面危机。

二、生态资本主义调节人与自然生态关系

生态资本主义，资本主义对人与自然生态关系矛盾进行自身调节的一个重要方面。我们把它定义为，在工业文明模式的范围内，国家对环境问题的认识，制定和实施环境保护的制度、政策、措施和行动。

它从一场伟大的环境保护运动开始。20世纪中叶，环境污染，特别是"八大公害事件"，激起人们的义愤，掀起反对"公害"的环境保护运动。美国是环境保护运动的发源地。1969年4月22日，美国民主党参议员盖洛德·尼尔森提议，在全国各校园内举办有关环境问题的讲习会。当时哈佛大学法学院学生丹尼森·海斯提出，把这一建议变成在全美各地开展大规模社区性活动的构想。社区活动得到广大青年学生的支持，并与广大人民群众的结合，形成大规模的人民群众"反公害"的环境运动。千百万人走上街头，集会、游行、示威、抗议，要求政府采取有力措施治理和控制环境污染，要求污染环境的企业采取防止和治理污染的措施。著名的社会人士纷纷发表文章，各个领域的科学家揭露环境污染和公害事件，敏感的记者报道公害事件和环境运动的消息。公害事件和环境问题占据了报纸的头版头条，占据越来越多的版面。许多社会团体为了争得民心，把保护环境列为宗旨。企业界迫于人民群众和舆论压力，不得不拨出款项，采取减少污染的措施。议员和政治家为了得到选民的拥护，提出保护环境的许诺。总统选举也打出了环境保护的旗号。一时间环境保护成为社会的中心问题。

丹尼森提议，以次年4月22日为"地球日"，在全美开展环境保护活动。1970年，首次"地球日"活动，美国各地2000万人参加。美国国会当天被迫休会，纽约市最繁华的曼哈顿第五大道不得行驶任何车辆，数十万群众集会、游行，呼吁创造一个清洁、简单、和平的生活环境。这是美国二战以来规模最大的社会运动，它标志着美国环境保护运动的崛起。

不仅在美国，世界主要发达国家都兴起环境保护运动。

在环境保护运动中，美国第一个设立环境保护的国家机构，进行环境保护立法和执法。例如，美国"环境质量委员会"（1969），美国"环境保护局"（1970），美国"国家环境政策法案"（1969），实行保护环境的国家管理。西方发达国家也相继成立国家环境管理机构和保护环境的法律措施。

1972年，召开第一次"世界环境会议"，发表《人类环境宣言》，第一次把环境问题提到全球议事日程，宣告"保护和改善人类环境已经成为人类一个紧

迫的目标"。它指出："现在已经达到历史上这样一个时刻：我们在决定世界各地的行动时，必须更加审慎地考虑它们对环境产生的后果。由于无知或不关心，我们可能给我们的生活和幸福所依靠的地球环境造成巨大的无法挽回的损害。反之，有了比较充分的知识和采取比较明智的行动，我们就可能使我们自己和我们的后代在一个比较符合人类需要和希望的环境中过着较好的生活。"

为了保护环境，西方发达国家投入巨大的科学技术力量、资金和人力，开展环境科学研究，进行保护环境的技术开发，发展环境保护产业，对工业废弃物进行净化处理。

30 多年来世界花费了数万亿美元，调动优秀科学技术人员、最新的科学技术成果和强大的经济，建设庞大的环保产业用于废弃物的净化处理。虽然人类作出了巨大努力，但是并没有扭转环境问题继续恶化的趋势，或者说"局部有所改善，整体继续恶化"。

所谓"局部有所改善"，指发达国家环境质量有所好转。因为，第一，他们进行严格的环境保护立法和执法，依靠强大的科学技术和经济力量，以巨大的资金和科学技术投入建设先进的环保产业，对废物进行净化处理；第二，在产业升级过程中将污染严重的产业和有害有毒垃圾转移到发展中国家。但是，环境问题，它以环境污染、生态破坏和资源短缺表现出来，大多是全球性问题，依靠少数国家或地区，仅采取局部行动，这是不可能得到根本解决的。现在，无论是全球环境污染，还是二氧化碳排放导致地球增温、臭氧层变薄和生物多样性减少，或者资源短缺等问题，都在继续恶化。这种恶化在大多数国家和地区表现出来。2007 年 10 月 25 日，联合国发表《全球环境展望》报告说，人类逼近环境恶化的"引爆点"。

为什么发达国家实行福利资本主义，虽然作出巨大努力，但是社会矛盾没有得到根本解决，而且出现全球性的经济危机和全面社会危机？为什么发达国家实行生态资本主义，虽然作出巨大努力，但世界环境仍然在继续恶化？结论只能是，资本主义的工业文明，在取得它的最高成就后，伴随最高成就而来的问题，已经成为全球性挑战，到了世界历史一次根本性变革的时候，需要通过一次社会全面转型，从工业文明的社会过渡到新的生态文明的社会。

第四节　从资本专制主义到以人为本的人民民主主义

人类社会从工业文明时代向生态文明时代发展。当前，面对人与人的社会关系矛盾、人与自然的生态关系矛盾的全面危机，仅靠福利资本主义和生态资本主义进行调节，也许能够起局部或暂时缓解的作用，但是，是不可能根本解决问题的，需要人类社会发展模式的转变，从工业文明的社会向生态文明的社会转变。

一、资本专制主义是工业文明社会的主要特征

工业文明的社会形态是资本主义。资本专制主义是它的主要特征。资本的唯一目标是利润最大化，增值资本是资本主义发展的主要动力。为了实现资本的利润最大化目标，它需要维护资本主义的政治制度和经济制度。这是资本的经济和政治的两个主要的根本属性。只要资本及其运行存在，马克思《资本论》揭示的资本的性质及其运动规律就存在和继续起作用。为了实现资本增值，它必然不断加剧对工人剩余劳动的剥削，同时不断加剧对自然价值的剥削；两种剥削同时进行彼此加强，导致工业文明社会的基本矛盾：人与人社会关系矛盾、人与自然生态关系矛盾不断加剧和恶化，最终导致全球性的社会危机和生态危机。也就是说，资本专制主义不仅导致它的社会危机，而且导致它的生态危机。这是当今世界问题的总根源。

1. 福利资本主义没有解决资本主义的社会危机

西方发达国家建立和实施社会福利制度，在一定范围内调节社会关系，缓解社会矛盾，在维护社会稳定和保持资本主义活力方面起了一定的作用。但是，它并没有根本解决问题。

最大发达国家美国，2008 年，奥巴马以"变革"为竞选口号当选总统，上台后实施改革美国社会的"新政"，医疗改革、教育改革和能源问题为"三大支柱"。但是，被评论家称为试图"给美国的个人主义政治体制注入强大的社会民主潮流"的努力统统失败了。接着，首先美国爆发金融危机，导致全球金融危机。这是资本专制主义的结果。为了应对金融危机，奥巴马以 7870 亿美元巨资实施"财政刺激计划和金融救助措施"，并大举举债，预计 2010 年第一季度借款 3920 亿美元，2010 年财政赤字达 1.56 万亿美元，占美国 GDP 的 10.6%。这样的救助措施谁得了利？

首先救助的是华尔街，财政刺激计划的大部分资金投向金融业，金融界老板在国家救济的情况下拿几百万美元的年薪，引起百姓极大的义愤。

其次资金投向国防军事，投向伊拉克和阿富汗战争，以及在全世界 140 个国家建立的 374 个军事基地，如对哥伦比亚的 7 个军事基地提供 60 亿美元。

科学社会主义揭示资本主义本质，反对资本对剩余劳动的剥削。因为当时环境问题并没有成为社会的中心问题，它着重关注社会基本矛盾的人与人社会关系的方面，这是很自然的，并且是深刻和全面的。虽然，工业文明发展中，社会危机的形态会随着资本主义的某些调整发生变化，例如，实行福利资本主义调节及缓解人与人社会关系的矛盾，维持社会稳定。但是，资本主义的本质

没有变化，资本的本性没有变化，虽然矛盾的某些方面有所缓解，但是危机仍然存在而且在不断加剧。科学社会主义关于资本主义危机的理论仍然是我们的指导思想。

2. 生态资本主义没有解决资本主义的生态危机

20世纪中叶，生态危机成为全球性危机。它是资本主义的新危机。这种危机不仅表现在资本主义生产过程中，而且表现在社会生产、生活与整个生态系统的关系中。环境污染、生态破坏和资源短缺，不仅危害人们的健康，而且危害经济发展，成为威胁人类生存的大问题，为了应对这种大挑战，人类开始发展环境保护事业，主要是防止和治理环境污染。为此世界作出了极大的努力，投入巨大的科学技术和经济力量，人力、物力、财力和设备，发展了一个治理和防止环境污染的产业——环保产业，用于专门生产环境污染治理的产品，并以前所未有的速度发展。据报道，发达国家环境保护投入占国民生产总值的 1.5%~2%。这是一笔很大的数字。全世界环境保护投入在 2000 多亿美元，形成 6000 多亿美元的商品市场，并每年以 5%~20% 的速度增长。1985—1994 年，发达国家用于发展环保产业，生产环境保护产品的投资年递增 11.8%。1995—2004 年，这种投资年递增 18.5%。1985—1994 年，发达国家用于环境治理的费用年递增 10.3%，1995—2004 年，这种费用年递增 14.5%。其中德国增长速度最快，年增长达到 25%，2005 年环保产品的市场规模达 600 亿欧元。发展中国家也以很快的速度发展环境保护投资，例如东南亚的泰国、马来西亚、印度尼西亚、菲律宾四国，1999—2004 年，环境保护支出达 400 亿美元，平均年增长幅度达 15.5%。

虽然发达国家的环境质量有所改善，但是并没有扭转环境继续恶化的趋势，生态危机越来越严重。

以这样大的投入，进行了这样长时间的努力，为什么没有根本解决问题？

问题的实质在于，现在的社会进程，就总体而言仍然按照工业文明的模式继续发展，这里用工业文明的线性非循环思维解决废弃物净化问题，这是不能达到环境保护的目标的。

总之，现代社会，社会危机与生态危机同时并进彼此加强，已经成为威胁人类生存的全球性问题，是社会和生态的全面危机。这是工业文明社会所积累的社会基本矛盾的结果。但是，在工业文明模式的范围内，无论是以福利资本主义解决人与人的社会关系矛盾，还是以生态资本主义解决人与自然生态关系矛盾，都不会有根本解决办法的。解决这种基本矛盾，克服全面危机，需要一次新的文化革命，超越工业文明模式建设生态文明，用社会主义生态文明代替资本主义的工业文明。这是一种"社会全面转型"，是世界史的一次根本性的变革。

这一变革的目标是建设社会主义的生态文明社会。

二、以人为本是社会主义生态文明的主要政治特征

邓小平曾说："社会主义的本质，是解放生产力，发展生产力，消灭剥削，消除两极分化，最终达到共同富裕。"①为此他提出"解放思想改革开放"的战略。改革开放40年来，我国社会主义建设取得伟大成就。党的十七大提出，把建设生态文明作为全面建设小康社会的奋斗目标。报告中说："建设生态文明，基本形成节约能源资源和保护生态环境的产业结构、增长方式、消费模式。循环经济形成较大规模，可再生能源比重显著上升。主要污染物排放得到有效控制，生态环境质量明显改善。生态文明观念在全社会牢固树立。"这是一个强烈的信号，它表明，我们将进入社会主义建设的一个新阶段，建设生态文明阶段。

超越工业文明"以资本为本"的社会，建设生态文明"以人为本"的社会。这是建设生态文明的政治目标。建设社会主义生态文明社会，这是生态文明的社会形态。以人为本是生态文明社会的主要政治特征。

1. 建设生态文明是社会主义新思想

社会主义思想是历史地发展的。以科学发展观指导生态文明建设，以习近平新时代中国特色社会主义思想建设生态文明，走向社会主义生态文明，这是社会主义思想的最新成就。

人类思想史上，社会主义思想是资本主义社会基本矛盾——工人阶级与资产阶级矛盾——斗争的产物。随着资本主义发展，社会主义思想已经有多种多样的形态。学者统计有数10种社会主义思想。它作为人类思想宝贵财富进入人类思想宝库。主要是四种社会主义思想。

（1）空想社会主义思想。社会主义思想，最早是空想社会主义。它有许多不同的形态，主要代表人物如闵采尔、莫尔、圣西门、傅立叶、欧文等。它们的社会公平和正义的社会思想是宝贵的。

（2）民主社会主义思想。19世纪中叶，兴起民主社会主义思潮，主张议会民主，高扬民主、自由和人权，认为通过议会斗争以及政治、经济和社会民主化，以"和平长入社会主义"。

（3）科学社会主义思想。1848年，马克思和恩格斯发表《共产党宣言》，提出"科学社会主义"，工人阶级组成政党，通过无产阶级革命和无产阶级专政，实现社会主义。这是我们的奋斗目标。

我们注意到，20世纪中叶，人类社会基本矛盾出现了新形势：一方面，人与人的社会关系矛盾不断激化；另一方面，人与自然的生态关系矛盾不断激

---

① 邓小平文选（第3卷）[M]. 北京：人民出版社，1993，p373.

化，环境污染、生态破坏和资源短缺成为全球性问题，严重威胁人类生存，成为社会的中心问题。这时，社会基本矛盾的另一个方面——人与自然生态关系矛盾全面凸显出来，引起马克思主义者的重视，对生态危机的马克思主义分析产生生态社会主义思想。

（4）社会主义生态文明思想。这是考虑人与自然和谐，以习近平新时代中国特色社会主义思想为指导的社会主义思想。社会主义生态文明思想不是取代科学社会主义，而是以对生态危机的分析，人与人社会关系矛盾和人与自然生态关系矛盾统一的分析，丰富科学社会主义，发展科学社会主义。习近平新时代中国特色的社会主义思想是建设社会主义生态文明的新法宝。

2017 年，党的十九大胜利召开，中国特色社会主义进入新时代。习近平总书记的报告指出："生态文明建设功在当代、利在千秋。我们要牢固树立社会主义生态文明观，推动形成人与自然和谐发展现代化建设新格局。"为了领导和加快推进生态文明建设，加快形成人与自然和谐发展的现代化建设新格局，开创社会主义生态文明新时代，党的十九大把坚持人与自然和谐共生，作为新时代坚持和发展中国特色社会主义基本方略的重要内容，强调要牢固树立社会主义生态文明观，推动形成人与自然和谐发展现代化建设新格局。这是党中央立足满足人民日益增长的优美生态环境需要、建设富强民主文明和谐美丽的社会主义现代化强国、实现中华民族永续发展作出的重大战略部署，具有重要现实意义和历史意义。

2. 社会主义生态文明是科学社会主义

社会主义生态文明，是生态学原则与社会主义原则结合，人与人社会关系矛盾分析和人与自然生态关系矛盾分析的统一。这是完全符合经典马克思主义思想的。马克思和恩格斯说："历史可以从两个方面来考察，可以把他们划分为自然史和人类史。但这两方面是密切相连的；只要有人存在，自然史和人类史就彼此相互制约"。[①]他们又说："自然界和人的同一性也表现在：人们对自然界的狭隘的关系制约着他们之间的狭隘的关系，而他们之间的狭隘的关系又制约着他们对自然的狭隘的关系。"[②]马克思主义的历史观认为，人与人的社会关系、人与自然的生态关系，两者是相互联系不可分割的，"人与自然界的和谐"是马克思主义社会历史观的根本观点。

社会主义生态文明是生态学原则与社会主义原则结合：社会主义原则是，工人阶级组成政党，通过革命夺取政权取代资本主义，消灭剥削，实现生产资料公有制，以及社会平等、正义和共同富裕。生态学原则是，世界是"人—社

---

① 　马克思,恩格斯,德意志意识形态[M]. 北京:人民出版社,1961,p10.
② 　马克思,恩格斯,德意志意识形态[M]. 北京:人民出版社,1961,p25.

会—自然"复合生态系统，地球是有生命的有机整体，人的社会关系和生态关系是相互联系的，人与人的社会关系矛盾与人与自然的生态关系矛盾是相互联系不可分割的。

社会主义生态文明作为生态文明的社会形态，它是人类新社会。怎样建设社会主义生态文明，这是由时代的性质决定的。当今时代作为一个新时代，是从工业文明到生态文明过渡，建设社会主义生态文明的时代，一个世界历史根本性变革的时代。它由生态文明建设实现。

世界进程表明，社会主义革命取得胜利的国家，如果仍然遵循工业文明的模式进行建设，那么，社会基本矛盾是不可能有根本性转变和解决的。例如现实世界，无论是苏东社会主义、中国社会主义或其他国家的社会主义，虽然通过革命取得政权，但是在建设社会主义、发展社会主义的道路上，主要仍然采用现代工业文明模式，无论在哲学世界观、价值观和思维方式方面，还是生产方式和生活方式方面，占主导地位的仍然是按照传统的工业文明模式发展的。这是难以解决历史积累的社会基本矛盾的，需要社会发展模式转变，从工业文明模式到生态文明模式发展。

我国社会主义建设事业，特别是改革开放 40 年来，已经取得伟大成就。这是毫无疑问的。但是，社会基本矛盾，无论是人与人的社会关系矛盾，还是人与自然的生态关系矛盾，不仅普遍存在而且深刻严重。

多年来，我们调动优秀科学技术人员、最新的科学技术成果、数以亿万计的经济力量发展环境保护事业，虽然已经取得不少成果，局部地区生态环境显著改善，人民生活质量明显提高，但是与做出的巨大努力相比，环境问题仍然十分脆弱，环境污染、生态破坏和资源短缺的问题仍然存在，生态安全的形势因为人民群众的要求提高显得更加严重，已经成为制约经济社会持续发展的严重问题。

同时社会关系矛盾，地区发展差距扩大、贫富差距扩大、少数官员利用职权贪污腐化索贿受贿现象仍然存在。在社会领域，例如资本迅速向少数人集中，形成一个富豪群体，贫富差距不断扩大；消极腐败现象严重；一部分人高消费奢侈浪费；许多低收入者生活困难。在自然领域，环境污染，生态破坏，能源资源短缺的形势十分严峻。它已经成为制约经济社会发展的大问题。这正是目前脱贫攻坚任务的目标。

为什么会出现这样的局面？这是经济发展和改善生活不可避免的代价，因而是必然和必需的吗？也许我们需要从时代的角度，从社会发展模式的角度进行思考。我们已经进入一个新时代，但是仍然用旧时代的模式——工业文明模式思考和行动。例如社会生活中，工业文明社会最重要特征的资本专制主义，资本对劳动者的剥削仍然是普遍和严重的；同时，资本对自然的剥削仍然是普遍和严重的。

在这种情况下是不可能解决社会（人与人）和生态（人与自然）的基本矛盾，以建设一个新世界的。这种基本矛盾只能超越工业文明模式，在新的文明模式——生态文明模式——范围内才能得到解决。因而，"生态文明"作为全面建设小康社会的奋斗目标写入党的十七大、十八大和十九大的政治报告，把建设生态文明作为社会主义的历史使命。这是有伟大的现实和历史意义的。建设生态文明的社会主义，人类从工业文明社会向生态文明社会过渡，这是一次伟大的社会转型，是我们的光荣使命。令人欣喜的是，在党中央的领导下，经过各级政府和社会各界的努力，正在实现全面建成小康社会的目标任务。

3."以人为本"是社会主义生态文明的根本价值目标

党的十二大至十五大，主要强调建设社会主义的物质文明和建设社会主义的精神文明。党的十六大在两大文明的基础上提出建设"社会主义政治文明"。十六届三中全会确立"以人为本"为核心价值观的科学发展观，"坚持以人为本，树立全面、协调、可持续的发展观，促进经济社会和人的全面发展。""以人为本"是贯穿于"三大文明"建设和"三个和谐发展"：人与自然关系和谐发展；人与人社会关系和谐发展；人的自身和谐发展（人的全面自由发展），构建社会主义和谐社会的一条基本原则。只有坚持以人为本，才能"把人的世界和人的关系还给人自己"，才能真正实现人与自然、人与社会、人与人自身的和谐发展。党的十七大把建设生态文明作为全面建设小康社会的奋斗目标，在以人为本的价值观指导下，我们走上社会主义建设的新阶段。

党的十八大制定"大力推进生态文明建设"战略，实施生态文明建设深刻融入和全面贯穿经济建设、政治建设、文化建设和社会建设"五位一体"的总体战略。党的十九大把坚持人与自然和谐共生，作为新时代坚持和发展中国特色社会主义基本方略的重要内容，强调要牢固树立社会主义生态文明观，推动形成人与自然和谐发展现代化建设新格局。党的十九大报告指出："坚持以人民为中心。人民是历史的创造者，是决定党和国家前途命运的根本力量。必须坚持人民主体地位，坚持立党为公、执政为民，践行全心全意为人民服务的根本宗旨，把党的群众路线贯彻到治国理政全部活动之中，把人民对美好生活的向往作为奋斗目标，依靠人民创造历史伟业。"

什么是以人为本？

按《说文解字》，"本，木下曰本。从木，一在其下。"比喻树之下的根部。"以人为本"的直接解释是以人为"根本"。以人为本的本，就是根本，就是一切工作的出发点和落脚点。坚持以人为本，就要牢记党的根本宗旨，始终做到"权为民所用、情为民所系、利为民所谋"，始终把最广大人民的根本利益作为我们一切工作的最高标准。"以人为本"在科学发展观中处于"核心"地位，就是以实现人的全面自由发展为目标，从人民群众的根本利益出发谋发展、促发展，不断满足人民群众日益增长的物质文化需要，切实保障人民群众的经济、政治和文化权益，让发展的成果惠及全体人民。这是社会主义的根本价值观，核心价值观。

"以人为本"与"人类中心主义"有什么区别？

"以人为本"是一种政治价值观，在政治上是完全正确的。它与人类中心主义有本质的区别。人类中心主义实际上是个人主义，是工业文明的哲学基础，工业文明的哲学观点。

在这里，学术界把"本"作出"本原"和"根本"的区别是必要的。在哲学上"本"有两种理解：一种是世界的"本原"，哲学问题；一种是社会的"根本"，社会政治问题。

世界的"本原"，回答世界是什么，人、神、物之间，谁产生谁，谁是第一性、谁是第二性的问题，所谓哲学本体论问题。唯物主义认为，物质（自然界）是世界的本原；唯心主义认为，精神（人类，神）是世界的本原。环境哲学认为，现在的地球是"人类学的自然界"，已经进入"人类世"的地质时代。这时，世界的本原，既不是脱离人的自然，也不是脱离自然的人，而是"人与自然"系统，或"人—社会—自然"复合生态系统的有机整体。在这样的系统，人与自然是生命共同体，它们相互联系、相互作用、相互依赖，是不可分割的有机整体。在这里，没有谁主谁次之分，不能以谁为中心，没有中心，只有相互联系、相互作用、相互依赖的整体。人类中心主义是错误的。

也就是说，以人为本的本，不是"本原"的本，是"根本"的本，它与"末"相对。以人为本，是政治价值论概念，不是哲学本体论概念。"以人为本"，不是要回答世界的"本原"，而是要回答世界上，什么最重要、什么最根本、什么最值得我们关注。也就是说，与神、与物相比，人更重要、更根本，不能本末倒置，不能舍本逐末。这就比如我们大家所熟悉的，"百年大计，教育为本；教育大计，教师为本"，以及"学校教育，学生为本"等，这是从"根本"这个意义上理解和使用"本"这个概念的。

以人为本，人即人民，是相对于官而言的。如古话说："民为贵，社稷次之，君为轻。"坚持以人为本，就是以实现人的全面发展为目标，从人民群众的根本利益出发谋发展、促发展，不断满足人民群众日益增长的物质文化需要，切实保障人民群众的经济、政治和文化权益，让发展成果惠及全体人民。

以人为本，不仅主张人是发展的根本目的，回答了为什么发展、发展"为了谁"的问题；而且主张人是发展的根本动力，回答了怎样发展、发展"依靠谁"的问题。在这里，"为了谁"和"依靠谁"是分不开的。人是发展的根本目的，也是发展的根本动力，一切为了人，一切依靠人，二者的统一构成以人为本的完整内容。 只讲根本目的，不讲根本动力，或者只讲根本动力，不讲根本目的，都不符合唯物史观。 毛泽东同志指出，人民群众是历史的主人；同时指出，人民，只有人民，才是创造世界历史的动力。"以人为本"是以最广大人民的根本利益为本。 在社会主义的理论和实践中，这是马克思主义的根本价值目标。

继承中华文明以人为本的思想，建设生态文明的社会主义和谐社会。

建设生态文明，既是承传和延续，又是超越与创新。 承传和延续中华文明的优秀传统，超越工业文明，创造生态文明新社会。

"以人为本"是中华文明的优良传统。 自古以来，中国就有"得人心者得天下"的说法，"天地万物，唯人为贵"，历来注重以民为本，尊重人的尊严和价值。 早在千百年前，中国人就提出了"天地之间，莫贵于人"，孟子主张"民为贵，社稷次之，君为轻"，强调"政之所兴，在顺民心；政之所废，在逆民心"。

《尚书·夏书》说："皇祖有训，民可近，不可下；民惟邦本，本固邦宁。"

《尚书·周书》说："民之所欲，天必从之。""天视自我民视，天听自我民听。"中华民族以"民"为"天"，天之命就是民之命。

管子说："夫争天下者，必先争人"，"夫霸王之所始也，以人为本。 本治则国治。"（《管子·霸言》）他认为"得人心"是立国之纲纪。 他说："夫为国之本，得天下之时而为经，得人之心而为纪。"（《管子·禁藏》）

孔子说："夫君者舟也，庶人者水也，水可载舟，亦可覆舟。"（《孔子家语》）老子说："圣人恒无心，以百姓之心为心。 善者吾善之，不善者吾亦善之，德善。 信者,吾信之;不信者，吾亦信之，德信。"（《老子·第49章》）

中国政治要求官员"先天下之忧而忧，后天下之乐而乐。""以人为本"在中国政治是一脉相承的。 它的实质是，尊重、理解和维护人民的利益，坚持发展为了人民、发展依靠人民、发展成果由人民共享，不断使人民群众得到更多的实惠。 只有这样，我们的事业就会有无穷的力量，使全体人民朝着共同富裕的方向前进。 这是建设生态文明的价值方向。

三、人民民主是社会主义生态文明的政治体制

党的十七大报告："坚定不移发展社会主义民主政治"，报告指出，"人民民主是社会主义的生命。 发展社会主义民主政治是我们党始终不渝的奋斗目标。"在这里，所谓"民主"，并不是"为民做主"（这是中国最早的民主定义），而是人民当家做主。 报告强调"扩大人民民主，保证人民当家做主。 人民当家做主是社会主义民主政治的本质和核心。 要健全民主制度，丰富民主形式，拓宽民主渠道，以法实行民主选举、民主决策、民主管理、民主监督，保证人民的知情权、参与权、表达权、监督权。" 坚持中国特色社会主义政治发

展道路，推进社会主义民主政治制度化、规范化、程序化。"扩大社会主义民主，更好保障人民权益和社会公平正义"，不断发展具有强大生命力的社会主义民主政治，以人为本，关注民生，"建设富强民主文明和谐的社会主义现代化国家。"这是我们党的基本路线。

工业文明的政治体制的本质特征是资本专制主义。这种政治体制以资本投资效益最大化为目标，以个人主义为哲学基础。它认为，个人本身就是目的，个人具有最高价值。"资本"决定社会的制度安排和社会结构。但资本只关心获得利润，增值利润是它的唯一动力。所谓民主、自由、人权都以个人价值为目标，社会和自然只是达到个人价值的目的和手段。这种政治体制不具有公平调节社会利益机制，不具有自觉调节人与自然利益关系的环境保护机制，而具有自发的两极分化机制、自发地破坏环境的机制。它导致人与人的社会关系，以及人与自然的生态关系之矛盾、对立和冲突不断升级。这是必然的。上面我们说到，资本运行不仅剥削剩余劳动，而且剥削自然界。它的不公正的天性，不仅具有自发的经济剥削和政治腐败机制，而且具有自发的破坏环境和资源的机制。因而，所谓人权、民主和自由是不充分的、不完善的，或者是骗人的；只有资本及其增值是实在的。

社会主义的政治特征是以人为本的社会主义民主。它的主要原则是公正和平等，包括社会公平和环境公平，社会正义和自然正义。

党的十八大确立生态文明的政治体制，强调以"人—社会—自然"复合生态系统整体化良性运行为目标，而不是以个人价值最大化为目标。它要求通过社会关系调整和社会体制变革，改革和完善社会制度和规范，按照公正和平等的原则，建立新的人类社会命运共同体，以及人与生物和自然界伙伴共同体。使实施公正和平等的原则制度化，环境保护和生态保护制度化，使社会具有自觉的保护所有公民利益的机制，具有自觉的保护环境和生态的机制。这是生态社会主义的民主政治，是实现人的全面自由发展和社会全面进步的抉择，是建设中国特色社会主义的方向。

党的十九大胜利召开，中国特色社会主义进入新时代。习近平总书记的十九大报告指出："积极发展社会主义民主政治，推进全面依法治国，党的领导、人民当家做主、依法治国有机统一的制度建设全面加强，党的领导体制机制不断完善，社会主义民主不断发展，党内民主更加广泛，社会主义协商民主全面展开，爱国统一战线巩固发展，民族宗教工作创新推进。"大会总结生态文明建设经验，习总书记说："五年来，我们统筹推进'五位一体'总体布局，全面开创新局面，生态文明建设成效显著。大力推进生态文明建设，全党全国贯彻绿色发展理念的自觉性和主动性显著增强，忽视生态环境保护的状况明显改变。大力推进绿色发展，着力解决突出环境问题，加大生态系统保护力度，改革生态环境监管体制。遵循社会主义生态文明观念，我们一定要更加自觉地珍爱自然，更加积极地保护生态，更加努力构建中国特色的社会主义和谐社会，加快建设生态文明的进程。"

遵循人民民主的政治体制，我国社会主义生态文明建设将从胜利走向胜利。

第四章

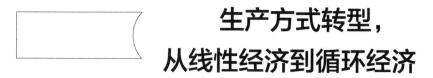

生产方式转型，
从线性经济到循环经济

　　生产方式，是人类生产自己生存和发展的物质资料的方式,俗称"人类谋生方式"。它作为生产力和生产关系的统一，是生产者、劳动对象和生产工具有机组合统一，是人类生存和发展的基础。它决定社会的性质、结构和面貌；决定社会的基本制度、阶级结构以及政治、法律、道德观点，决定整个社会历史。18世纪80年代，以珍妮纺纱机和瓦特蒸汽机使用为标志的英国工业革命，开创了机器大生产的生产方式。它创造了巨大的工业生产力。它的发展改变了整个世界的面貌，改变了世界历史，创造了人类伟大的工业文明，人类社会从农业文明时代到工业文明时代发展。

第一节　超越工业文明的生产方式

　　工业社会的生产方式，中国人民大学黄顺基教授作了这样的表述，他说："工业生产力带来了极为深刻的社会变化，最重要的是新的工业生产方式代替了旧的农业生产方式。正如马克思所指出的，工业生产方式是社会化大生产，在工业生产中：生产单位由大工厂代替了小作坊；生产工具由机器代替了手工工具；生产过程由一系列个人行动变成了一系列的社会行动；生产产品由个人的产品变成了社会的产品。这就表明，工业生产方式中的'生产资料和生产已经变成社会化的了'，它们具有社会本性；但在资本主义条件下，生产资料为资本家所占有，它们具有资本属性，正是生产力的社会本性与资本属性的矛盾，'包含着现代的一切冲突的萌芽'[1]。"（黄顺基，2007）

---

　　[1]　马克思恩格斯全集(第20卷)[M]. 北京:人民出版社,1971.

工业文明社会的生产方式明显的特征是：①生产规模化，大工厂的大规模生产；②工厂大生产导致大市场，市场为工业生产提供条件，产品市场化和国际化；③关注和重视时间因素，因为生产在工厂流水线上进行，它24小时不停歇地运转，产品在市场流通，信息瞬息万变，这些与时间密切相关；④现代科学技术成为第一生产力，重视工业生产的现代科学技术的应用，以及生产和商品市场的科学管理。①

工业文明的生产方式发展取得了巨大成功和伟大成就。这是毫无疑问的，已经有大量著作论述和分析。在这里，我们讨论生产方式转型，之所以要转型是因为它有问题。因而我们主要分析工业文明的生产方式的问题。它的主要问题是：在价值观上，不承认自然价值；在思维方式上，运用线性非循环思维发展线性经济；它的发展是不可持续的。

一、工业文明的生产方式之价值观失误

工业文明的生产方式的特点是以自然资源没有价值为前提。按照工业文明的价值观，它认为只是人有价值，生命和自然界没有价值，主要又是资本增值的价值。这是导致资本主义社会全面危机，以及它的不可持续的根源。

这种价值观，在处理人与自然的关系方面有重要的失误，具体有如下四个方面。

1. 人类生存与自然界生存的关系

现代社会物质生产只考虑人的生存，不考虑自然界的生存，甚至常常是以损害自然界生存的方式实现人类生存。

"自然界生存"是什么意思？自然界生存是地球生命按生态规律持续存在和发展。我们要承认和尊重自然界生存，因为它是人类生存的自然基础。

第一，人类是自然界的一部分，我们既要承认人类生存，又要承认自然界的生存，尊重自然界的生存。美国哲学家罗尔斯顿认为，地球是生命生存单元。他说："地球不是人类的财产，而是一个有机共同体，是生存的单元。地球不属于我们，相反，我们属于地球。"（罗尔斯顿，1995）而且，我们必须十分谦恭地认识到，地球适宜生命生存的条件是由生命创造和维持的。特别是绿色植物的光合作用，它转化和积累太阳能，包括人在内的地球上全部生命，都依靠植物的光合作用积累的太阳能维持生存。人类依赖自然界生存，这是不可避免的。科学家指出，地球上要是没有人，其他生命照样生存。但是，要是没有植物，或者要是没有昆虫和微生物，人类只能存活几个月。我们必须尊重生命和自然界的生存。

---

① 《马克思恩格斯全集》第20卷[M].北京:人民出版社,1971.

第二，生存问题，环境污染、生态破坏和资源短缺，生物多样性减少，大自然平衡受到损害。人、生命和自然界持续生存成为问题，主要是由于人类的不合理的活动造成的。过去在只承认或只考虑人的生存，而不承认或不考虑生命和自然界生存的情况下，人类的生产和生活常常是以损害生命和自然界生存的形式谋求自己的生存。伐尽森林，耗尽矿藏，污染空气，污染水源，破坏生命栖息地，从而破坏了生命的生存，到头来是破坏了自己的生存条件，从而使自己的生存有了危险。

第三，正确认识和处理人类生存与自然界生存的关系，是协调人与自然关系的一个重要方面。在这里，我们要承认自然界的生存，尊重自然界的生存，改变过去以损害自然界生存的方式谋求自己生存的做法，创造新的谋生范式，通过环境保护和自然保护，转变经济发展方式，以维护自然界生存。我们认为，通过生产方式和生活方式的变革，改变它的反自然的方向，使它具有保护生态的性质，协调两者的关系是可以做到的。在这里不是以损害自然的形式达到人类生存，也不是以减少人类生存利益去维护自然生存，而是以两者共存共荣为目标，达到人与自然和谐发展。

2. 人类对策与自然对策的关系

人类为了自己的生存而采取一定的对策，并总是按照既定的对策行事。这就是从自然界开发和索取更多的资源，谋求取得更多和更大的利益。但是，人从来也不承认或不考虑自然界的对策，不考虑自己实施既定对策会产生怎样的自然后果。

那么，自然界也有对策吗？美国著名生态学家奥德姆认为，世界上有两种不同对策，人的对策与自然界的对策。它表现了人与自然的矛盾。他说："生态系统发展的原理，对于人类与自然的相互关系，有重要的影响。生态系统发展的对策是获得'最大的保护'，即力求达到对复杂生物量结构的最大支持。人类的目的则是'最大生产量'，即力图获得最高可能的产量。这两者是常常发生矛盾的。认识人类与自然之间这种矛盾的生态学基础，是确定合理的土地利用政策的第一步。"（奥德姆，1981）

力求"最大的保护"，这是自然的对策。它又称生态系统的"发展战略"。奥德姆著《生态系统的发展战略》一书，在分析生态系统的发展历程时，他认为，所有生态系统有一个共同点，共同的"发展战略"———一种能给自然界及其各个组成部分，按总体方向发展的规划。这就是"在有效的能量供给和占优势的自然条件所决定的界限内，尽可能达到大而多样化的有机结构"。每一个生态系统都朝这个目标发展。如果出现扰动因素，它会组织抵抗，或驱逐入侵者，恢复稳定状态。每一个生态系统通过系统内各种因素的相互作用，达到所有物种互惠共生与协同合作的状态。自然界的统一原则，就是通过这种"发展

战略"，以控制周围的自然条件，力求最大的效率和互惠互利、协同共生。（沃斯特，1999）

力求"最大的生产量"，这是人类的对策。现代社会物质生产，不理会自然的对策，不理会生态系统的发展战略。而且，常常以损害自然的方式，力图加速生产对自己有用的产品，达到实现最大的文化价值，结果导致生命维持系统的破坏。奥德姆指出："一般来讲，人类一直致力于从土地中获得尽可能多的'物质生产资料'，其方式是发展及维持生态系统的早期演替类型，通常是单一的农业经营。但是，人类当然并不是仅靠食物和纤维就可以生活的，他们还需要二氧化碳和氧气保持着平衡比例的大气层、由海洋和广阔植被所提供的气候保护，以及文化与工业需用的清洁用水（那是不能生产的）。很多生命循环的基本资源，除了供娱乐和审美需要的资源之外，基本上都是由缺乏'生产创造力'的土地提供给人类的。或者说，土地不仅是一个供应仓库，而且也是一个家——我们必须生活于其中的家。（沃斯特，1999）

人类实施自己的对策过程中，"取走的比送回的多"。长期如此，不仅形成两种生产（社会物质生产与自然界物质生产）的尖锐矛盾，而且损害了生物圈的生态学基础，包括损害生物圈的物质循环、水循环和生物地球化学循环，从而损害人和其他生命的生存条件。自然界力图保护和维持自己的最大价值；人类力图从自然界获得最大价值。这两种对策从差异到矛盾乃至对立是经常发生的。在这种矛盾和对立中，有时需要人类作出让步。因为人在这种关系中处于主导地位，主要的变化是由于人类活动引起的。这种妥协和让步是一种调整，即调整人类行为。例如，人类在每一次大规模开发自然价值的过程中，社会必须投入新的用于资源保护和环境保护的资金，从而对自然资源的消耗进行补偿，以维护自然价值的利用与保护之间的平衡，防止生态潜力的根本丧失。特别要注意两个方面：一是人类活动不能损害地球基本生态过程。自然价值中的许多价值具有不可替代的性质，没有它人类就不可能生存。例如，植物的光合作用，以及由植物的光合作用开始的生态系统的物质循环、转化和再生。这个过程把太阳能转变为地球有效能量，以维持地球生命的生存条件。这是人类创造文化价值的基础和前提。它没有可替代的因素。因而应看着是更高的价值。二是保护脆弱的生态系统，如干旱半干旱地区的生态系统、湿地荒野等。因为它脆弱，很容易受到人类活动的破坏。而且，一旦受到破坏，常常是不可逆转的。但是，它们的存在对于人类和地球生态系统、生态过程又是非常重要的。

因此，我们需要承认自然的对策。在开发各类生态系统时必须十分慎重。其实，生态系统按照其对策，达到其复杂的生物物种结构和比较高的生物量，这对人类实施自己的对策是有利的。但是，如果不承认自然对策，或者以损害自然对策的形式实施人类的对策，那么就会出现生态危机，产生"两败俱伤"

的局面。这里要求调整人类对策，把人类活动控制在生态系统容许的限度内，在每一次新的大规模开发利用自然资源的过程中，社会必须投入新的用于资源保护的资金，以维持自然资源的利用与保护之间的平衡，防止生态潜力的根本丧失，以调节两种对策的矛盾，恢复大自然的平衡。

3. 自然物质生产与社会物质生产的关系

在人与自然的关系中，人类生存依赖四种生产力进行四种物质生产：一是人自身的生产力，进行人口生产，创造人才资本；二是社会物质生产力，进行社会物质生产和商品生产，创造社会资本；三是自然生产力，进行自然物质生产和资源再生产，创造生态资本；四是智慧生产力，进行知识生产，创造知识资本（余谋昌，2003a）。

从物质生产的角度，人与自然相互作用是社会生产力与自然生产力相互关系的一定的形式。马克思曾指出，在人类社会发展的任何一个水平上，社会物质生产过程不仅包括人的生产活动，而且包括自然界本身的生产力。[①]

也就是说，社会物质生产和再生产，来源于社会生产力和自然生产力的结合，包括社会物质再生产和自然物质再生产过程。甚至在社会物质生产中的人类劳动间歇期间，作为物质生产的物理过程、化学过程和生物过程等自然过程仍在发生作用。在社会物质生产过程以外，自然物质生产过程可提供同社会劳动生产一样的物质产品，如肥沃的土地，茂密的森林，肥美的草原，各种各样的动物、植物和微生物等，在满足人类的需要方面，它们同人类劳动的产品是一样的。

但是在工业文明的生产方式中，人们只承认社会物质生产，不承认自然物质生产。而且，常常以损害自然物质生产的形式进行社会物质生产。这样就形成社会物质生产与自然物质生产的尖锐矛盾。然而，整个社会物质生产是以自然物质生产为基础的，包括工业生产，如果没有自然界提供的物质资料（能源和原材料），那么工人便什么也不能创造，工业生产便要停止。特别是生物性产品的生产，如农业生产、林业生产、畜牧业生产、渔业生产，更是一刻也离不开自然物质生产。在这里，对自然物质生产的损害，也就是对社会物质生产的损害。

自然物质生产是社会物质生产的基础，生态潜力是社会经济潜力的基础。2016年5月23日，习近平总书记在黑龙江省伊春市考察调研时说："生态就是资源、生态就是生产力。我国生态资源总体不占优势，对现有生态资源保护具有战略意义。伊春森林资源放在全国大局中就凸显了这种战略性。国有重点林区全面停止商业性采伐后，要按照绿水青山就是金山银山、冰天雪地也是金山银

---

① 马克思恩格斯全集(第26卷)[M].北京:人民出版社,1972,p500.

山的思路，摸索持续产业发展路子。如果仅仅靠山吃山，很快就坐吃山空了。这里的生态遭到破坏，对国家全局会产生影响。森林恢复是很不容易的，所以现在转型就是要把它们保护下来，要按照生态就是资源、生态就是生产力思路，摸索森林产业发展路子。"

因此，我们必须承认自然物质生产，改变以损害自然物质生产的方式进行社会物质生产的做法，调节两种生产的矛盾。这是协调人与自然关系的一个非常重要的方面。

4. 文化价值与自然价值的关系

人类以文化的方式生存，也就是以自己的劳动变自然价值为文化价值的方式生存。在这里，人与自然的关系表现为文化价值与自然价值的关系。人类以科学技术的伟大力量对抗自然。这是人类生存的本质。长期以来，人类在以对抗自然的方式实现自己的生存过程中，以损害资源和环境为代价发展经济，以损害自然价值的形式实现文化价值，从而表现了人与自然、文化价值与自然价值尖锐的矛盾、对立和冲突。

人类以文化的方式生存，是以变自然价值为文化价值的方式，实现自己的生存。但是，现代社会发展中，人们只承认文化价值，不承认自然价值。人们认为，只有人有价值，自然界是没有价值的。依据这样的观念，人类大多数活动以损害自然价值的方式实现文化价值，人类大多数成就是以损害自然价值的方式实现的。这样就造成对自然价值的严重透支，乃至自然价值的损害已经威胁人类生存，从而迫使人们承认自然价值，提出自然价值问题是必要的。

第一，我们要承认自然价值，人类的全部创造都以自然价值为基础，离开自然价值人类什么也不能创造。

第二，人类在自然价值的基础上创造文化价值，实现文化价值。这是人类生存和人与自然关系的本质，是文化价值与自然价值关系的本质。

第三，以往的人类活动，以损害自然价值的方式实现文化价值，自然价值的严重透支，使人类走向不可持续发展的地步。因为在恶化了的自然环境条件下，不可能维持健全的文化，自然环境一旦恶化，文化也必然会随之迅速地衰落。我们必须保护自然价值，才会有健全的文化，才是成熟的文化。

第四，人类开发利用自然资源，变自然价值为文化价值。但是，不一定要采取损害自然价值的方式，运用人类的智慧和创造力，可以在增加文化价值的同时保护自然价值。也就是说，既不是以损害自然价值的方式实现文化价值，也不是以减少文化价值的方式保护自然价值。文化的发展，实现人与自然"双赢"，既对人有利，又对自然有利。这是完全可以做到的。这是协调人与自然关系的最重要的领域。

二、工业文明的生产方式之思维方式片面性

工业文明的生产方式主要特点是，遵循还原论分析思维，发展线性非循环经济。这种经济的价值观前提是：① 自然资源没有价值，对它的使用无须付费；② 自然资源无限，取之不尽用之不竭；③ 自然资源无主，谁采谁有。 按照这种价值观，工业文明的社会物质生产创造了"公有地悲剧"。 美国学者加勒特·哈丁发表文章，他把地球想象为一个完全开放的牧场。 在这里，每一个牧民都寻求使他的财富最大化。 通常都会放养尽可能多的牲畜，畜群不断增加，增加一头，再一头，再一头……在土地承载能力的范围内，这种安排达到了相当满意的结果。 但是，所有牧民为追求最大财富而不断增加牲畜，无节制地增加畜群，超过土地的承载能力，最后导致草场的完全崩溃。 这是一场悲剧（吴晓东，2003）。

依据自然资源没有价值的前提，按照线性非循环思维思考，工业生产导致自然价值的严重透支，严重的"公有地悲剧"。 工业文明生产方式的还原论分析思维、线性非循环思维，主要表现在如下三个方面。

1. 采用线性非循的生产工艺

工业社会的物质生产遵循现代哲学还原论分析思维，采取线性非循环的生产工艺，发展线性非循环经济。 它之所以可能并变为现实，是因为社会公认自然资源是没有价值的，它的使用无须付费。

工业生产为了取得最高额利润，实现财富最大化，需要采用最简便，因而最"经济"的生产工艺。 它不仅最"省"，而且有最高的效率。 但是，它必须有一个前提：自然资源没有价值，它进入生产过程可以不计算成本，无须付费，才能做到"省"。 如果使用资源需要计算成本和付费，那么这是一笔极大的支出，就不能做到"省"了。

依据这种价值观和思维方式，现代工业生产的组织原则和技术原则是线性和非循环的。 它的工艺模式是："原料—产品—废料。"这是一种线性的非循环的生产。 虽然它很"省"又有很高的效率，但是，它以排放大量废料为特征。 这种生产大量消耗自然资源、大量排放废弃物。 这是一种原料高投入、产品低产出、环境高污染的生产。 但是，环境污染治理、生态保护和资源再生产，这是需要高投入的。 因而，它是不"省"的，是不经济的。

科学家报告说："社会生产从自然界取得的物质中，被利用的仅占 3% ～ 4%，而其余 96% 则以有毒物质和废物的形式被重新抛回自然界。 工业发达国家每人每年要消耗大约 30 吨物资，其中仅有 1% ～ 1.5% 变为消费品，而剩下的则成为对整个自然界极其有害的废物。 所有这一切造成了人与自然之间紧张的、而在多数情况下甚至是危险的情景；这种情景对于未来的人类文明无疑是一个

巨大的威胁。"（弗罗洛夫，1989）

工业文明生产方式的运行，投入物质生产过程的资源，只有不到 10% 转化为产品，90% 以上以废弃物的形式排放到环境。这是建立在耗尽资源、不讲效益和环境破坏的基础上进行产品生产。它的生产工艺是一种浪费型工艺。它的物质生产是污染环境和损害资源的生产。在生产规模不大时它可以持续运行。但是当发展到全球工业化时，环境和资源无力支持，成为不可持续的。地球没有能力支持这种生产方式和技术形式的无限发展。

2. 追求单一生产过程和单一产品最优化

工业文明时代的工业生产，只有一个目标，或最终目标，这就是实现利润最大化。第一，它排除社会目标，可以全然不顾社会，不顾他人，不顾后代，为了利润最大化，甚至可以以损害社会和后代的利益为代价。第二，它排除环境和资源保护的目标，完全没有环境和资源保护的考虑。为了利润最大化，甚至可以以损害环境和资源为代价，以公共环境和大多数人的生活质量恶化为代价。

这样，它的生产工艺，遵循还原论分析思维，追求单一生产过程和单一产品最优化。这是有很高效率的。但是大家知道，大多数原料具有多种性质和多种成分，因而是有多种功用的。在工业生产线上，为了单一生产过程和单一产品最优化，只能利用原料的极小的部分，而把绝大部分"多余的"作为废弃物排放到环境中。因为这种生产的前提是，自然资源没有价值，它的使用不要计算成本、无须付费，单一生产过程和单一产品最优化的生产，是最简便的生产，对于企业来说这是"最省"的。但它把损害转嫁给社会和环境。这是不公正的。

矿产开发利用也是这样。大多数矿产都是多种化学元素共生的。但是在工业文明的生产方式中，它的开发和利用只要一种元素。为了追求单一生产过程和单一产品最优化，只好把它的绝大部分作为废弃物排放到环境中。

例如我国攀枝花铁矿，探明铁矿石储量 8.98 亿吨，是大矿。其中主要伴生矿物有氧化钛 5462 万吨，钒 274 万吨。伴生矿占比例：铬占 0.13%，铜占 0.04%，钴占 0.02%，镍占 0.018%，还有其他化学元素。开始的时候,攀枝花钢铁厂只用铁一种元素,把其他元素作为废渣排放。世界大多数钢铁厂，为了单一生产过程和单一产品最优化，都是这样做的。据说，当年日本人曾出大价钱，要买攀枝花钢厂的废渣，说是买回去用来铺路。其实不是用以铺路，铺路的材料日本有的是，而是用来提炼其中的钛。钛是重要的军事和战略材料。全球 80% 以上的钛储量在中国。日本买我们的矿渣是提炼钛，转卖给美国，支持美国对钛资源的战略需求。钛的价格高于铁几千倍。但我们没有掌握它的复杂的提炼技术。当然我们就是用它自己铺路也不卖。现在，攀枝花钢铁厂的综合利用，包括矿产元素综合利用、固体废物综合利用、余热综合利用产生了极大的经济效益和生态效益。

3. 分工精细化和生产与产品专门化

生态文明的工业生产，分工提高生产力和生产率。但依据还原论分析思维，走向分工精细化和生产与产品专门化的极致，一个巨型大企业，一个巨大生产流水线，专门生产一种产品，甚至是专门生产一种产品的一个零配件。也许它有利于提高生产率，有利于实现利润最大化。但是，工人在流水线上成天只重复一个动作，导致工人的"异化劳动"。由于把大部分资源以废弃物的形式排放，导致环境污染和资源浪费。它有问题需要转变是显然的。

三、工业文明的生产方式是不可持续的

工业文明生产方式在人统治自然的思想指导下，按照只有人有价值，自然界没有价值的观点，遵循还原论分析思维，线性非循环生产工艺发展。这是当代生态危机和社会危机的直接根源。它的问题存在于它的社会属性和经济-技术属性本身。正如马克思所说，它本身"包含着现代的一切冲突的萌芽"。

1. 工业文明的生产方式是人类社会不可持续发展的根源

工业文明的生产方式，在资本主义条件下发展，实行资本专制主义，为了实现资本最大利润原则，它本身存在许多问题。

第一，它的价值目标是错误的。为了实现资本利润最大化，工业文明的生产方式实行两种剥削：一是对工人的剥削，资方付给工人低工资，仅够维持自身的再生产。在工厂流水线，重复单一繁重的劳动。这是一种苦役。二是对自然的剥削，不惜掠夺、滥用、浪费和破坏自然。问题的严重性在于，这两种剥削同时存在，同时进行，彼此加强，埋下社会危机和自然危机的种子，并使危机不断积累，最后导致全面总危机。

第二，它的前提是错误的。工业文明的生产方式有两个主要前提：一是认为自然资源是无限的，取之不尽用之不竭；自然资源没有价值和没有主人，可以无偿使用和谁采谁有；开发利用自然资源是大自然的恩赐，多多开发利用是天经地义的。二是认为大自然消纳废物的能力是无限的，可以随意把自己不需要的东西扔到自然界，这也是天经地义的。

第三，它的思维方式是片面的。依据错误的价值观，按照还原论分析思维，工业文明的生产方式采用线性非循环工艺，把大量资源作为废弃物排放到环境中，造成极大的浪费和破坏。

第四，社会物质生产的两个主要行动是过分的：一是把自然界作为可以随意索取资源的仓库，在发展经济的过程中，向大自然索取数量越来越大、种类越来越多的资源，实现经济按指数增长。二是把自然界当作可以任意排污的垃

圾桶，向它排放数量越来越大、性质越来越复杂、对人和地球生态系统有毒有害的废弃物。

因此，这是一种粗放型、浪费型和低效率的生产方式，具有"反自然"的性质，表现了对大自然的掠夺性和破坏性。虽然，在一定的历史条件下是现实的和合理的，在一定的时间内是成功的，为社会创造了巨大财富。但是，它是不可持久的。

因为，第一，它是不公正的。人类和其他生物共同生存于同一个地球上。我们必须与其他生物共同分享共有的地球。工业文明的生产方式，采用滥用资源和污染环境的行为，只为了资本的最大利润，一是对他人不公正，损害了他人的利益；二是对后代不公正，损害了后代资源开发利用的可能性；三是对其他生命和自然界不公正，破坏生物栖息地，减少生物多样性，损害了生命和生态系统的持续生存。

第二，它是不能长期维持的。地球的自然条件和自然资源没有能力支持这种生产过程的发展。它是不可持续的。

第三，它不仅损害生命和自然界，而且损害了人类自身。由于它损害了文明持续发展的自然基础，从而使人类生存和发展处于一种威胁之中，处于一种危险之中。

2. 遵循工业文明的生产方式不能解决当今的环境问题

为了摆脱人类生存的威胁和危险，半个世纪以来，世界花费了数万亿美元，调动最优秀科学技术人员、最新的科学技术成果和强大的经济，建设庞大的环保产业用于废弃物的净化处理。虽然人类作出了巨大努力，但是并没有扭转环境问题继续恶化的趋势，或者说"局部有所改善，整体继续恶化"。

所谓"局部有所改善"，指发达国家环境质量有所好转。因为第一，他们进行严格的环境保护立法和执法，依靠强大的科学技术和经济力量，以巨大的资金和科学技术投入建设先进的环保产业，对废物进行净化处理，取得了一定的改善环境的效果。第二，在产业升级过程中将污染严重的产业和有害有毒垃圾转移到发展中国家。但是，环境问题，它以环境污染、生态破坏和资源短缺表现出来，大多是全球性问题，依靠少数国家或地区，仅采取局部行动，这是不可能得到根本解决的。现在，无论是全球环境污染，还是二氧化碳排放导致地球增温、臭氧层变薄和生物多样性减少，或者资源能源短缺等问题，都在继续恶化。这种恶化在大多数国家和地区表现出来。2007年10月25日，联合国发表《全球环境展望》报告说，人类正在逼近环境恶化的"引爆点"。

为什么人类作出了巨大努力，但世界环境仍然在继续恶化？

一个根本原因是，虽然环境保护是生态文明的事业，但是用工业文明的模式解决环境问题，以现代工业之线性思维处理环境污染。这是不可能解决问题的。

现在环境保护的主要行动，上面我们指出，依靠发展强大的环保产业，开发、建设和利用废弃物净化设施，对废弃物进行净化处理。但是实践表明，安装在生产过程末端的净化设施，只能处理点源污染的问题，对大量面源污染的解决毫无办法。而且，这种末端的净化设施存在很大的局限性：第一，净化设施的生产、建设和运转需要巨大的投资，有的甚至占 30%～50% 的生产投资。它不仅影响经济发展，而且造成资源能源二次消耗和二次环境污染。第二，净化废弃物在实验室或小范围内可以实现，但在大生产的情况下，废弃物的数量非常大性质非常复杂，净化设施不可能根本解决问题，达不到净化环境的目标。第三，所有被净化的"废物"都是有价值的，为什么不是利用它，而是花这样大的代价"净化"它？这是非常不经济，且是劳而无功的。

自诩为"鲜明高举环境大旗"的西方发达国家，它们拥有强大的经济和先进的科技，发展了最为先进和强大的环保产业，足够重视，足够努力。但是，环境保护的目标还是遥遥无期。

中国和其他发展中国家的情况也大体上是这样。《参考消息》2010 年 2 月 7 日转载日本《读卖新闻》的报道，以"先进和环保技术与停滞的环境改善"为题解说中国的环境保护工作。这就是我们现在所面临的困境。

为什么会产生这样的局面？

我们认为，这里问题的实质在于，环境保护是全新的事物。它是工业文明发展积累的问题，是线性经济结出的果子。但是，人们却仍然按照现代工业模式的线性、非循环思维对待环境污染问题。在这里，把本应统一的生产过程分割为相对独立的两部分：一部分设备进行产品生产，一部分设备进行废弃物净化处理。同时，统一的生产过程由两部分人完成：产品生产者和环境保护工作者。这是违背生产过程的整体性和辩证法的。它既不经济又不科学，既不能解决问题，又浪费了大量资源。那是必然的。也许某些地方某些部门，它使环境问题有所缓解，但这是不可能根本解决问题的。从长远来看，它可能会加剧环境问题。这样的环境保护是没有出路的。

从生态学的观点来看，我们想一想，在生物圈的物质生产中，有哪一种生物不排放废弃物？但是有哪一种生物仅仅进行废弃物净化处理？没有。生态系统中，所有生物既是生产者，又是"废物"的利用者。一种生物的废物，是另一种生物的资源。一种生物的生存，总是利用另一种生物的废弃物。生物圈的物质生产是循环的，一种生物利用地球资源后，它的废弃物是另一种生物生存所必需的。所有生物性资源在生物物质循环中被利用。这是一种物质循环利用的生产，一种无废料生产。因而，生物圈的物质运动已经运行 30 多亿年，至今仍然呈繁荣和进化发展的趋势，并没有持续发展的危机。

看来，人类活动带来的环境问题，它的解决需要新思维和新行动，关键是生产方式转变。新的生产方式，生态文明的生产方式，是模仿生物圈物质生产（仿圈学）的过程，设计工业生产新工艺——生态工艺，用生态工艺代替传统工艺。这是解决工业污染控制问题的根本出路。

3. 节约资源不能实现可持续发展的目标

节约是中华民族的美德和优良传统，所谓"强本而节用，则天不能贫"。现在，建设节约型社会是我们的战略选择。"增产节约"是一个正确的口号。我们必须永远坚持节约资源的美德和传统。

但是，靠"节约资源"能解决资源短缺的问题吗？在生产领域，日本和其他发达国家有最高的资源利用效率。这是节约型的生产。在生活领域，中华民族有勤俭节约的美德，至今除了一些富人过高消费的生活，绝大多数人的生活仍然是非常节俭的。但是，现在全世界都同样面临资源短缺的挑战。按工业文明线性非循环思维，把大量资源以废物的形式丢掉，过"用后即扔"的生活，那是不可能有持续发展的。

从生态学的观点来看，在生物圈的物质生产中，大多数物种是不实行节约的，有些还是很浪费的。但是，只要自然生态规律不受过度干扰，生物圈物质运动并没有资源危机之虑。因为生物圈的物质在循环中不断被再生利用。人类社会出现资源危机，因为人类的资源利用是线性的而不是循环的。

大家知道，地球资源特别是不可再生的矿产资源是有限的，即使是可再生的生物资源也是有限的。在现有的社会物质生产的情况下，节约只能推迟某些资源枯竭的年限，并不能根本解决资源短缺的问题。对于资源短缺的问题我们要有新的思考。

18 世纪工业革命以来，人类对不可再生的矿产资源和可再生的生物资源开采迅速发展。现在资源开采的广度和深度都已经达到极限，人类已处于不可持续发展的形势。矿产资源方面，科学家报告了各种金属、石油、天然气和煤的估计可采储量使用期限，主要矿产将于 21 世纪内开采完毕，许多矿产最终耗竭的时刻正在迫近，将出现基本上无矿可采的局面。

科学家报告说，全球石油、天然气产量已经达到高峰，可采储量约 55 年；煤炭多些，约两个半世纪；主要金属可供开采的年限，铜 53 年，铅 21 年，锌 23 年，锡 41 年，镍 79 年，钴 67 年，钨 42 年；稀有金属,例如铟顶多还能用 10 年，白金则在 15 年内消耗殆尽。物以稀为贵，资源价格上涨是必然的趋势。

美国《福布斯》报告说："2100 年，有些城市可能沦为'鬼城'"，美国名城底特律，英国的利物浦和曼彻斯特，列在名单中。底特律自 1950 年以来人口已经减少 1/3，而且还在减少；它在不断萎缩中，成为"美国最痛苦的城市"。①全世界所有矿城和重工业城市都面临这样的命运。例如，有 100 年历史的世界钢都美国匹兹堡的钢铁业已永久停产。它造就了一个几百平方公里的"钢铁坟墓"。

最近报道，美国国防部制造了"世界最大的飞机坟墓"。谷歌地球高分辨率卫星图片曝光了这个世界最大的飞机坟墓。这就是绰号"骨院"的"飞机墓"。它位于亚利桑那州图森市，美军戴维斯—蒙森空军基地，占地面积 2600 英亩，是美国退役飞机安置场。在这里"安息"的退役飞机超过 4000 架，几乎囊括了二战以来美军所有飞机机型。

"钢铁坟墓""飞机坟墓"和其他废弃设备的"坟墓"，遍布世界各地。这是按工业文明模式发展的结果，按线性非循环思维思考，得出这样的结果也是必然的。如果我们按照另一种思维方式思考，这种命运是可以改变的。矿产可持续利用并不是没有出路的。

科学家报告说："城市是可回收金属的仓库。"日本东北大学选矿精炼研究所教授南条道夫提出"城市矿山"概念。他们指出，城市里积累的电子电器、机电设备产品和废料中的可回收金属是"城市矿山"。日本国内黄金的可回收量为 6800 吨，占现有总储量 42000 吨的 16%，超过世界黄金储量最多的南非。银的可回收量达 6000 吨，占全世界总储量的 23%，超过储量世界第一的波兰。稀有金属铟是制造液晶显示器和发光二极管的原料，目前面临资源枯竭，日本藏量占世界储量的 38%，位居世界首位。日本虽然是一个资源贫乏国，但在工业发展中它大量使用世界金属资源，现在大部分积蓄在产品或废弃物中。这种积蓄的数量是巨大的，已经成为"城市矿山"。它比真正的矿山更具价值。因而，从"资源再生"的角度，日本可以成为资源大国（冯之浚，2009）。

这种可能性有哲学理论支持。依据物质不灭原理，人们开采出来和已被利用的矿产并没有消失，而是以产品的形式，或主要以废弃物的形式，堆积在地球表面。也就是说，世界上已探明的主要矿产已经从地下转移到地上。它的不可再生的性质，由于人类活动已经具有可再生的性质。

例如，石油除燃烧过程消耗一部分，有一大部分转变为塑料，它可重新变为石油。各种金属转移到制成品或废弃物中，它可以在产品完成它的使用周期后重新利用。据报道，地球上已堆积的废旧物资以万亿吨计，每年新增 100 多亿吨。发达国家的金属蓄积量超过 1000 多亿吨，其中大部分处于闲置和报废状态。但是，所有废旧物都是非常宝贵的资源。已有实践表明，废旧物资的再生利用，无论是拆解其元器件翻修再利用，或废旧物资提纯再利用，它比矿产开

---

① 2100 年，有些城市可能沦为鬼城[N]. 参考消息，2007-6-18.

采、选矿、运输、冶炼的效率（经济效益）高得多。而且它比矿产开采、选矿、运输、冶炼过程所消耗的能源、水源和环境质量低得多，所排放的废弃物和造成环境污染又少得多。英国《经济学家》杂志发表《循环利用的真相》一文说："从矿石中提取金属尤其耗费能源。例如，铝的循环利用最多能将能源消耗减少95%；塑料的循环利用可以将能源消耗减少70%；钢铁、纸张和玻璃分别可以减少60%、40%和30%的能源消耗。循环利用还可以减少引起烟雾、酸雨和河道污染的废弃物排放。"科学家说："如果能利用循环再生的原材料，就不用再花这么大的力气采矿、伐树或钻井了。"

报道说，澳大利亚矿产巨头投资数百亿美元，是用以满足中国对铁矿石的巨大需求。但每年铁矿石的价格都要经过艰辛的谈判。2010年，中国打算最多只接受20%的提价。但是，经过谈判，2月12日，中国五大钢铁企业与澳大利亚必和必拓就中国进口铁矿石提价40%达成一致。法国《世界报》以《中国被攥在对手手里》为题报道了这件事。

每每听到铁矿石的价格涨了再涨的报道，我们就想，中国铁矿资源少而且又多是品位低的矿，作为发展中国家又必须发展钢铁事业，这样，受制于人就是必然的吗？是的，如果按照工业文明的生产方式，必须用铁矿砂炼钢，那是必然的。如果换个位思考呢？世界上堆积了数千万亿吨废弃的钢铁，主要在发达国家。它的闲置占用大片土地或丢弃于海洋，污染了环境，成为一个大难题。它们是可以回收利用的，但是由于那里劳动力昂贵，拆解回收是不经济的，难题只好放在那里。我们有丰富和廉价的劳动力，如果改用进口废旧钢铁炼钢，是不是可以改变局面？

为了保护环境，现在把废钢铁定义为"洋垃圾"限制进口。我们设想，如果我们把废钢铁作为"可再生资源"，由国家组织进口，不是一家而是许多家，不是几十万吨，而是几百万，几千万吨，或者在沿海一个合适的地方，建设"再生资源"开发利用基地，用现代科学技术组织废旧钢铁拆解、分类、冶炼和配送生产线。这样，既可以安排大量劳动力就业，又可以解决资源短缺的问题，而且有利于环境保护。

如果我们的钢铁厂，包括一部分大型钢铁企业，使用废钢铁再生资源，我们就会解决铁矿石短缺的问题。也许，这里存在技术改造及其他问题。但这是不难解决的，问题主要难在思维方式转变。但是，这一步是非走不可的，铁矿是有限的，无矿可采的时候很快就会到来。如果我们先走这一步，会对人类文明作出巨大的贡献。

也就是说，现在的资源短缺或枯竭的形势，可能需要提出"资源利用模式"转变的问题。工业文明的发展中，矿产资源的不可再生性，工业生产采用"矿产—产品—废弃物"的线性生产模式，它不可能是持续的。生态化生产，通过"资源再生"，采用"矿产—产品—资源再生—产品……"的循环生产模式，它是可持续的。也就是说，按新的思维方式，资源开发从"资源开采型"到"资源再生型"转变，这是现实的需要。"资源再生"是资源开发的新途径，将为人类矿产资源利用提供无限的可能性。可再生资源开发利用的情况也大致是这样。它是一种同时实现经济发展和环境保护的可持续发展的新模式。

第二节　创造生态文明的生产方式

生态文明的生产方式，与工业文明的线性非循环经济相区别，它的组织原则和技术原则是非线性和循环的。它创造生态工艺，以生态技术（绿色技术）改造现代工业生产，发展生态经济、循环经济和低碳经济。它的主要特点是：①以确认自然价值为前提，对自然资源消耗和环境损害，进行经济统计与生态补偿；②遵循生态整体性思维，对自然资源进行分层次的综合利用；③重视资源再生和循环利用，发展无废料生产。美国著名学者布朗提出有两种经济模式，"A 模式"和"B 模式"。他认为，现在的经济——工业文明的生产方式，称"A 模式"：它"以化石燃料为基础、以汽车为中心的用后即弃型经济"。未来的经济，称"B 模式"：它"是太阳/氢能源经济，城市交通则以公共轨道系统为中心，多用自行车少用汽车，再加上广泛的再使用/再循环利用的经济"（布朗，2002，2003）。我们把生态文明的生产方式表述为生态经济、循环经济和低碳经济。它的科学基础是"仿圈学"。它的工艺形式是生态工艺。

一、生态文明的经济形态，生态经济—循环经济—低碳经济

人类走上不可持续发展的道路，最集中表现在经济活动上。它以经济增长为唯一目标。第一，它没有社会目标，只有资本增值的目标，排除社会考虑，从而使财富只为少数人所拥有。第二，它没有环境目标，排除生态考虑，从而导致环境污染和生态破坏。这种经济的模式被称为"用后即弃"的。它的技术路线和组织路线是线性的、非循环的：原料—产品—废料；它的前提是自然界没有价值；它的后果是对资源和环境造成严重损害，导致发展的不可持续性。改变这种趋势，追求可持续发展，需要经济转变。党的十七大报告就提出了"加快经济发展方式转变"的重要任务。经济转变，主要是在价值观和思维方式的转变的基础上，改变经济发展方式，发展生态经济、循环经济和低碳经济。

1. 发展生态经济

20 世纪中叶，在环境污染、生态破坏和资源短缺成为全球性问题，人类持

续生存受到严峻挑战的形势下，人们探讨新的谋生范式。1980年，中国著名经济学家许涤新教授提出建立生态经济学（许涤新，1987），受到经济学界的广泛响应。

生态经济学是经济学与生态学相结合，或经济学原则与生态学原则相结合。它的主要特征是，人类的经济活动，不仅仅以经济增长为目标，而且必须有改善环境质量、实现环境保护和资源保护的目标，实现经济效益、环境效益和社会效益的统一。

发展生态经济是经济的重大转变。从技术和工艺的角度，需要发展新型产业，如生态工业、生态农业、生态林业、生态畜牧业、生态渔业、生态旅游业等。它以生态工艺或生态技术的应用为特征，以改变高消耗、低效益、高污染的生产形式，实现原料低消耗、产品高产出、环境低污染的生产。从区域经济的角度，用生态学的观点对区域经济开发进行生态设计，如海南生态省建设、青海生态省建设、威海以发展高新技术为主的生态化海滨城市、珠海建设现代化花园式生态市、大连园林化生态市建设等。

这种经济转变的关键词是"自然价值"，以"自然价值"概念为基础重新设计人类经济活动，重新建构国民经济体系的理论和实践。

实现这种转变，发展可持续的经济，既保证生产足够多的社会财富，以及财富的公正分配，不断改善人的生活质量；又保证有较好的环境质量，维护生态潜力，既不对后代的发展造成损害，又不对生态安全造成损害。因而它是可持续发展的必由之路。

发展生态经济的主要原则是：

（1）遵从生态经济规律，实践经济规律与生态规律统一。

运用科学的生态学思维，我们要遵从生产关系适应生产力发展水平的规律，生产力结构与地理结构相适应。根据生态资源的特点设计生产力布局。经济发展中不断调整生产关系以及人与自然的关系。

遵从经济再生产要遵从物质循环、转化和再生规律。经济再生产与自然再生产是交织在一起的。而且，经济再生产以自然再生产为基础。因而，经济发展不能损害自然再生产过程，对可更新资源的开发不能超过它的再生能力，使物质循环概念成为社会目标，通常意义上的废物重新进入经济过程，降低资源消耗速度，减少废料排放，实现资源充分和合理利用。

遵从生态平衡、经济与生态平衡发展规律。它的原则是：一定的生态潜力是一定经济潜力的基础，两者相互依存互为条件的，人对自然的需要不能"取走的比送回的多"。保持生态潜力的积蓄速度超过经济增长速度，随着每一次大量使用资源，社会必须投入用于资源保护的资金，对资源消耗进行补偿，以维持利用和保护之间的平衡。这里，以社会劳动和自然潜力的最小消耗，取得最好的生态经济效益是经济发展的基本规律。

（2）实现生态效益、经济效益和社会效益统一的原则。

生态效益、经济效益、社会效益，是生态经济最重要的概念，实现三者统一是发展生态经济的目标。它们之间是有矛盾的。为了处理这种矛盾，主要做法是：第一，在力求取得经济效益的同时，注意改善生态状况，取得生态效益；第二，在力求取得生态效益的同时，注意经济效益；第三，通过经济效益提高，增强改善生态效益的力量；第四，通过建立对我们建设更加有利的生态关系，来促进经济效益的提高。这是解决经济效益与生态效益矛盾的主要途径。

为了有利于实现生态效益、经济效益和社会效益的统一，需要修改传统经济模式中有关财富、利润、效率等概念。财富，不仅仅是经济财富，更重要的是社会财富（人）和自然财富（环境和资源）。不仅社会物质生产（人类劳动）创造价值，自然界物质生产（生态过程）也创造价值，要承认生命和自然界的价值。利润，要用"利益"概念来替代，例如"企业最大利益原则"，不仅仅是企业的利润，而且包括社会利益、生命和自然界利益，是企业的经济效益、社会效益和生态效益的统一。不能以损害社会效益和生态效益为代价去实现企业的最大利润。效率，要看它是为什么服务的？如果只是以企业实现多少利润计算，那是不全面的。在现行经济模式中，自然资源和环境质量被认为是没有价值的，它们免费使用，没有计入生产成本。这样计算效率是扭曲的。

例如在世界范围内，1997年5月14日路透社以《研究发现，我们每年欠地球33万亿美元》为题报道说，美国国立生态分析和综合研究中心，一个由生态学家和经济学家组成的研究小组，估算了地球的生态价值，包括空气、海洋、河流和岩石的价值，比如，森林为人类提供新鲜空气每年每公顷的价值141美元，气候、气流、水、土壤形成与营养物质循环，以及垃圾处理、生物控制、粮食生产、原材料、消遣与文化娱乐每年每公顷的价值969美元。

这个研究小组在英国《自然》杂志发表文章说："就整个生物圈来说，每年它向人类提供物质的价值估计在16万亿至54万亿美元之间，平均每年为33万亿美元。这肯定是个最低估计。这些物质大多数是市场上买不到的。"

生态价值33万亿美元。这是一个什么数字？全世界一年的国民生产总值为70万亿美元，生态价值为全球GDP的50%以上。上述研究小组的文章说："如果没有生态学生命保障系统的贡献，地球的经济就将停滞。因此在某种意义上，地球对经济贡献的总价值是无限的。"

但是现在的世界经济，是在没有考虑地球的生态价值的情况下计算效率的，它没有准备为使用自然价值付款。如果真正按照生态系统对全球经济贡献的价值计算效率，并付出代价，那么全球价格体制将与现行的体制迥然不同。随着自然资本和生态贡献在将来越来越受重视和变得更加"匮乏"，我们估计其价值只会不断增加。这样，如果其他因素不变，它的经济效率便会大大降低。现行经济，它的效率以刨除资源和环境质量的价格计算。这种效率是扭曲的，这种挥霍我们的未来的做法是不能持久的。

发展生态经济，实现经济发展的生态效益、经济效益、社会效益统一，人类可持续发展才是可能的。

2. 发展循环经济

生物圈的物质生产是物质循环的无废料生产。1982 年，笔者提出"仿圈学"概念（余谋昌，1982a）主张模仿生物圈的物质生产，创造"生态工艺"，发展"生态工业"，实现循环经济的生产和生活。它的实质是，用生态学观点进行社会物质生产和人民生活的生态设计，实现经济-社会发展"生态化"。这就是现在说的，发展循环经济。

（1）什么是循环经济？

循环经济，是 20 世纪末 21 世纪初由日本、德国等发达国家提出的一种新的经济形式。1997 年，日本通产省产业结构协会提出"循环经济构想"，要求到 2010 年，发展循环经济将使日本新的环境保护产业创造约 37 万亿日元产值，提供 1400 个就业机会。2000 年 6 月，日本制定《促进循环型社会形成基本法》，目的是脱离"大量生产、大量消费、大量废弃"的经济模式，建设循环型社会，促进生产、流通和消费中物资的有效利用或循环利用，以限制资源浪费和降低环境负担。依据这一"基本法"又相继出台《家电循环法》《汽车循环法》《建设循环法》等，并将废弃物零排放作为企业经营理念，逐步实现以清洁生产和资源节约为目标的产业结构。

1996 年，德国颁布实施《循环经济与垃圾处理法》，随后又制定《包装条例》《限制废车条例》和《循环经济法》等法律，成立专门组织对包装等废弃物进行分类收集和回收利用，试图将生产和消费改造成统一的循环经济系统。

（2）循环经济成为我国政府行为。

新世纪，发展循环经济成为我国政府行为。党的十六大就已经有"走新型工业化道路"设想，通过循环经济建设，走向科技含量高、经济效益好、资源消耗低、环境污染少、人力资源优势得到充分发挥的，经济发展与环境保护统一、人与自然双赢的道路。它成为我国经济持续发展的重要途径。

循环经济与传统经济模式比较，具有三个重要特点和优势：①循环经济可以充分提高资源和能源的利用效率，最大程度地减少废弃物排放，保护生态环境。②循环经济可以实现社会、经济和环境的"共赢"发展。③循环经济在不同层面上，将生产和消费纳入到一个有机的可持续发展框架中，包括企业内通过清洁生产实现资源循环利用，企业和产业之间通过生态工业网络的资源循环利用，以及社区和整个社会通过废弃物回收和再利用体系实现资源循环利用。

这是我们在经济建设中，解决资源供给与需求之间的矛盾，经济发展与环境保护之间的矛盾，统筹社会经济与环境资源的关系，实现两者的协调平衡发展的重要途径（解振华，2003）。

据报道，我国已在上述三个层次开展循环经济实践：①2002 年我国颁布《清洁生产促进法》，目前在 20 多个省（自治区、直辖市）的 20 多个行业、400 多家企业开展清洁生产审计，建立了 20 个行业或地方的清洁生产中心，有 5000 多家企业通过 ISO14000 环境管理体系认证，几百个产品获得环境标志。②在企业相对集中的地区或开发区建立了 10 个生态工业园区，园区内上游企业的"废料"成为下游企业的原料，实现资源最佳配置和综合利用。③城市和省区之间，如辽宁和贵阳等省市，开始探索区域层次的循环经济发展模式（解振华，2003）。

3. 发展低碳经济

2009 年世界环境日主题："转变传统观念，推行低碳经济"。

低碳经济提出的背景是，工业社会的生产和生活，大量消耗自然资源，特别是大量燃烧煤炭和石油，向大气排放二氧化碳，产生地球"温室效应"，导致地球增温，对经济-社会发展造成严重威胁。

工业化以前，大气中二氧化碳含量为 0.028%，20 世纪下半叶以来，每年进入大气的二氧化碳有 1500 亿吨以上，使大气中二氧化碳含量从 0.033%增长为 0.0379%，2000～2006 年二氧化碳年排放量达 2340 亿吨，大气中二氧化碳含量达到 0.0500%。大气中二氧化碳浓度增加，导致地球增温，地球冰川融化，两极冰山融化，海平面上升，一些岛国和沿海地带将成为泽国。科学家报告说，如果不减少二氧化碳排放，21 世纪内全球气温升高 1.5～4℃，水平面上升 0.8～1.8 米，菲律宾的马尼拉的大部分可能位于 1 米深的水下，雅加达、湄公河三角洲、孟加拉国等地将撤离大多数居民，出现全球难民潮。地球增温导致气候带改变，灾害性天气增加，将严重损害人类经济-社会利益，严重损害生命和自然界利益。

面对这样严峻的形势，人们认识到，时间已经十分紧迫，必须立即改变高碳经济模式，发展低碳经济。冯之浚教授指出，"低碳经济"概念，最早出现于 2003 年英国能源白皮书《我们能源的未来：创造低碳经济》。前世界银行首席经济学家尼古拉斯·斯特恩爵士领导编写的《斯特恩回顾：气候变化经济学》评估报告，全面分析全球变暖可能造成的经济影响，认为如果在未来几十年内不能及时采取行动，全球变暖带来的经济和社会危机将堪比两次世界大战和大萧条，全球每年将损失 5%～20%的 GDP。如果全球立即采取行动，将大气中温室气体的浓度稳定在 0.0500%～0.0520%，其成本可以控制在每年全球 GDP 的 1%左右。全球呼吁向低碳经济转型（冯之浚等，2009）。

冯之浚教授认为，所谓低碳经济，是低碳发展、低碳产业、低碳技术、低碳生活等一类经济形态的总称。它的基本特征是低能耗、低排放、低污染，基本要求是应对碳基能源对于气候变化的影响，基本目标是实现经济社会的可持续发展。它的实质在于提升能源的高效利用、推行区域的清洁发展、促进产品的低碳开发和维持全球生态平衡，是从高碳能源时代向低碳能源时代演化的一种经济发展模式。

发展低碳经济的主要措施是：

（1）调整经济结构，转变发展方式。

（2）积极开发低碳技术，加强科技储备。

（3）优化能源结构，大力发展低碳能源，如太阳能和核能，生物质能、水能、风能、地热能、潮汐能等。

（4）改善土地利用，扩大碳汇潜力，提高森林、耕地和草地对温室气体吸收和减少排放，并保持或增加它们的碳库存量。

（5）大力节约能源使用，提高能源使用效率（冯之浚等，2009）。

我国作为最大的新兴发展中国家，是能源消耗大国，又是二氧化碳排放大户，为了自己的可持续发展，同时承担保护全球环境的责任，需要大力发展低碳经济。

我国把应对气候变化作为国家经济社会发展的重大战略，制定发展低碳经济的国家政策规定、规划、方案和具体指标，描绘了国家发展"低碳经济路线图"（冯之浚等，2009）。

——国家"十一五"规划提出单位国内生产总值能耗降低20%，主要污染物排放总量减少10%的约束性指标。这是推动经济发展方式转变，应对气候变化的重要措施。

——2006年12月，科技部、中国气象局、国家发展改革委、环境保护部等六部委联合发布我国第一部《气候变化国家评估报告》。

——2007年6月，国务院发布和实施《应对气候变化国家方案》，明确到2010年应对气候变化的具体目标、基本原则、重点领域和政策措施；成立国家应对气候变化及节能减排工作领导小组，部署全国范围内应对气候变化的工作。

——2007年12月，国务院新闻办发表《中国的能源状况与政策》白皮书，提出能源多元化发展，将可再生能源发展正式列为国家能源发展战略的重要组成部分，不再以煤炭为主。

——2009年8月，全国人大常委会通过《关于积极应对气候变化的决议》，强调立足国情发展绿色经济、低碳经济，把积极应对气候变化作为实现可持续发展战略的长期任务纳入国民经济和社会发展规划。

——2009 年 11 月，国务院常务会议提出，2020 年我国单位 GDP 的二氧化碳排放比 2005 年下降 40%～45%，并作为约束性指标纳入国民经济和社会发展中长期规划。会议还指出，通过大力发展可再生能源、积极推进核电建设等行动，到 2020 年非化石能源占一次能源消费的比重达到 15%左右；通过植树造林和加强森林管理，森林面积比 2005 年增加 4000 万公顷，森林蓄积量比 2005 年增加 13 亿立方米。这是发展低碳经济的重大行动。国家制定和实施发展低碳经济路线图，表明我国正在走上低碳经济发展的轨道，实现低碳经济发展和低碳社会，向生态文明社会前进。

二、生态文明的技术形态、生态技术和生态工艺

生态经济、循环经济和低碳经济的主要特性，是资源综合利用和分层利用，减少废弃物排放，因而它是有利于节约资源和环境保护的生产。与现代工业经济的线性、非循环生产的主要区别，它是非线性的、循环的生产。这是生产方式转型，创造新的生产方式的突出表现。在这里，经济转变和生产方式转型，最重要的因素，或革命因素，是生产工具革命，是生产技术和工艺变革。生态文明的科学技术，当然包括现代高科技，例如信息和网络技术，生物工程和转基因技术，航空和航天技术，原子核裂变和聚变技术，现代医学包括生殖技术和临终关怀，环境保护技术，以及新能源和新材料技术，等等。但是，我们认为，现在的所谓高科技，仍然是为建设工业文明服务的，是工业文明的高科技。建设生态文明，需要科学技术的生态转型，主要是它的发展目标、组织路线和技术路线的转型。这种转型我们将在第七章讨论。这里主要从生产方式转型的角度，讨论生态文明的生产技术和生产工艺。我们从学习自然界智慧，对生物圈的物质生产与人类社会物质生产的比较，提出"生态工艺"的生产技术和生产工艺。这是创造生态文明的生产方式的一种思考。

1. 关于"仿圈学"研究

大家知道，自然界的物质生产没有环境问题，生物圈的生存发展没有生态危机。但是，人类工业生产只有 300 年，产生这样严重的环境问题，这样严重的生态危机。这是为什么？ 为了认识环境问题，我们对人类社会的物质生产与自然物质生产进行比较，结果发现生物圈的物质生产远远优越于人类社会的物质生产。

生物圈是地球物质进化的产物，已经有 30 多亿年的历史。经过漫长历史进化形成的生态系统，在进化过程中经历了各种考验，形成了各自的优点，它的功能和结构具有自动调节和自动控制的性质，因而使系统的物质和能量输入输出保持动态平衡状态，既有最佳生产能力，又能避免危及系统存在的恶果。

生物圈作为地球生命维持系统，起着物质和能量转换器的作用。它从绿色

植物的光合作用开始，物质和能量通过生物链转移实现的。植物通过光合作用，利用太阳能把水和二氧化碳转化为碳水化合物，并制造氧气。这是把太阳辐射能转变为地球生物可以直接利用的有效能量的过程。地球上包括人在内的全部生命都要依靠植物转换的太阳能维持。在这里，植物是生产者有机体，它制造地球全部有机物质；动物是消费者有机体，它消费植物生产的有机物；微生物是转化者有机体，它把动物和植物的死体转化为有机物重新为植物利用。例如，植物的光合作用生产有机物质释放的氧气，是它的生产过程的废气，又是动物呼吸所必需的；动物生产过程的全部废物则是微生物所必需的。生态系统生产形成物质循环和能量转换过程，是地球生命维持系统的生命过程。

自然生态系统，只要它正常运转，所有输入系统的物质都在循环中运动转化，在一种有机体利用之后，转化为另一种有机体可以再利用的形式，几乎所有物质都在循环中被利用。这是一种废物还原和废物利用的过程，一种无废料生产过程。

但是，人类社会的物质生产则是线性的非循环过程，它以排放大量废物为特征。面对环境污染和资源短缺的挑战，人类能否模仿生物圈的物质生产过程，设计人类社会新的物质生产方式？

1982年依据生态学思维，笔者提出的"仿圈学"概念，是仿照生物圈的整个生命过程，模仿生物圈的物质生产，设计人类社会物质生产的工艺体系（余谋昌，1982a）。

"仿圈学"的基本思想是，运用生物圈的发展规律，模拟生物圈物质运动过程，设计人类新的生产和生活装置，以整体最优化的形式，实现社会物质生产无废料生产过程。这可能有助于我们走出环境危机，实现经济发展与环境保护双赢。

产生"仿圈学"这种想法，首先是受宇宙飞船的人工环境研究的启发。那时（1954年）称这一研究为"环境科学"，是美国科学家提出的。他们认为，为了能够对更远的天体作宇宙飞行，并保持宇宙飞船里的环境，必须设计废物还原和废物利用的宇宙飞船装置，以便把起飞时所携带的食物、水和空气在使用后，通过废物还原过程而不断地循环重复使用。它包括这样一些装置：用化学过滤器把宇航员们呼出的二氧化碳和水蒸气收集起来；用蒸馏或其他办法从人的粪便中回收尿素、盐和水分；用消毒以后的干粪以及收集的二氧化碳和水喂养生长在水箱中的海藻；海藻通过光合作用，把二氧化碳、水和粪便中的含氮化合物转变为有机物和氧气，供宇航员们食用和呼吸。这一装置唯一需要从系统外输入的东西是进行这些过程（包括植物光合作用）所需要的能量，它可以从太阳那里得到不断的供给。据计算，只要在起飞时给每个宇航员事先准备110千克海藻，这个系统的运转就能无限地满足宇航员们生存所需要的食物和氧。

实际上，这是仿圈学思想的应用，是一种循环经济实验。后来，美国"生物圈 II 号"的设计和运转；英国建造"人工生物圈"，模拟气候变化对生态系统的影响；日本建造"小地球"实验楼，研究放射性物质和二氧化碳等对植物生长的影响，等等，就是不同形式的仿圈学研究。

仿圈学的研究和实践，有助于人类设计新的生产工艺和创造新的技术形式，生态工艺和生态技术思想就是这样提出的。虽然，据报道"生物圈 II 号"实验大多失败了；但是我们认为，它对于工业范式转变和整个经济转变，发展生态工业、生态建筑、生态林业、生态牧业、生态渔业和水产业，以及建设生态城市和生态农村，都是有重大意义的。实际上，生态经济、循环经济和低碳经济的发展，也是符合仿圈学思想的。

2."生态工艺"的生产方式

1982 年，我们在仿圈学研究的基础上，依据生态观和生态方法，提出"生态工艺"概念。我们认为，模仿生物圈物质生产过程设计工业生产新工艺——生态工艺，用生态工艺代替现代工业生产工艺，这是解决工业污染控制问题，解决资源短缺问题的根本出路（余谋昌，1982b）。

所谓"生态工艺"，是把大自然的法则应用于社会物质生产，模拟生物圈物质运动过程（仿圈学），设计无废料的生产，以闭路循环的形式，实现资源充分合理的利用，使生产过程保持生态学上的洁净。它应用生态学观点，主要是生态学中物种共生和物质循环、转化和再生的原理，系统工程优化方法，以及其他现代科学技术成果，设计物质和能量多层次分级利用的产业技术体系。在这样的生产过程中，输入生产系统的物质，在第一次使用生产第一种产品以后，其剩余物是第二次使用，生产第二种产品的原料；如果仍有剩余物是生产第三种产品的原料，直到全部用完或循环使用；最后不可避免的剩余物，以对生物和环境无毒无害的形式排放，能为环境中的生物吸收利用。

著名生态学家马世骏教授（1983）把这种工艺称为"生态工程"。

生态工艺或生态工程思想的应用，开发生态技术，建设生态化产业。它的特点同现代技术比较是优越的。

第一，在价值观上，它不以经济增长为唯一目标，还包含环境保护目标。它不是以当代人的利益为唯一尺度，而是既满足人的需要又有益于生态平衡。也就是说，它的应用要兼顾当代人的利益、子孙后代的利益以及地球上其他生命的利益。因而它不是"反自然"的，而是"尊重自然"的。

第二，它的科学观是整体论的。传统工业技术依据分析性思维，追求单一生产过程和单一产品生产最优化，以排放大量废物为特征。生态工艺运用整体性思维，通过生态学与其他基础科学的结合，通过跨科学的综合研究创造综合性技术，并朝着信息化和智能化的方向发展。

第三，它的组织原则是非线性的和循环的。因为它不再以单项过程和生产单一产品的最优化为目标，而是追求人与自然和谐，以整个生产过程的综合性生产，以及多种产品产出的最优化为目标。改变传统工艺的运行模式："原料—产品—废料"，这是线性的和非循环的模式，它以排放大量废弃物为特征；生态工艺的运行模式是："原料—产品—剩余物—产品……"这是非线性的和循环的模式，它以资源分层利用或循环利用为特征。

第四，在社会功能上，由于实现资源的多层次分级利用，社会物质生产中，物质从一种形式转变为另一种形式，在工业生态系统中循环，进入系统的物质都是有用的，以多种产品输出和废物最少化的方式完成生产过程。在这样的生产中，污染被认为是设计上的缺陷，即未能充分利用某种可利用的资源，一旦出现污染将在生产中被排除。因而它是环境安全的生产。

这种经济形式现在称为循环经济，或生态经济和低碳经济，是生态文明时代生产方式的主要方面。生态文明社会的中心产业是生态产业，以生态产业为基础的生产方式决定社会形态，决定社会经济基础、社会的性质和结构，向生态文明的社会形态、结构和经济基础转变，向生态文明的科学技术基础和文化转变。因而它的转型是社会全面转型的基础。

发明和应用生态技术和生态工艺，推动生态经济、循环经济和低碳经济的发展，创造生态文明的生产方式，是中国建设生态文明的顶层设计。党的十八大指出："坚持节约资源和保护环境的基本国策，坚持节约优先、保护优先、自然恢复为主的方针，着力推进绿色发展、循环发展、低碳发展，形成节约资源和保护环境的空间格局、产业结构、生产方式、生活方式，从源头上扭转生态环境恶化趋势，为人民创造良好生产生活环境，为全球生态安全作出贡献。"

习近平总书记在党的十九大上强调，"加快生态文明体制改革，建设美丽中国，推进绿色发展，加快建立绿色生产和消费的法律制度和政策导向，建立健全绿色低碳循环发展的经济体系。构建市场导向的绿色技术创新体系，发展绿色金融，壮大节能环保产业、清洁生产产业、清洁能源产业。推进能源生产和消费革命，构建清洁低碳、安全高效的能源体系。推进资源全面节约和循环利用，实施国家节水行动，降低能耗、物耗，实现生产系统和生活系统循环链接。倡导简约适度、绿色低碳的生活方式，反对奢侈浪费和不合理消费，开展创建节约型机关、绿色家庭、绿色学校、绿色社区和绿色出行等行动。"

遵循习近平中国特色社会主义思想，贯彻创新、协调、绿色、开放、共享的新发展理念，通过科技创新和体制机制创新，实施优化产业结构、构建低碳能源体系、发展绿色建筑和低碳交通、建立全国碳排放交易市场等一系列政策措施，形成人和自然和谐发展现代化建设新格局，为中国开启更高的发展阶段，建设生态文明，实现中华民族伟大复兴中国梦。

第五章

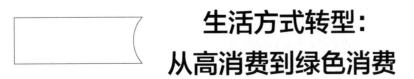

生活方式转型：
从高消费到绿色消费

　　人类生活，衣食住行，主要是由自然环境和社会生产决定的，又是历史地发展的。燧人氏以前的100多万年，人群逐水草而居，过着茹毛饮血的生活。就像鸟儿一样，不耕不织，不愁吃穿，不忘歌唱。就像花儿一样，不用劳作，自然美丽。像鸟儿一样，在树上筑巢或洞穴而居。那是一种自然而然的生活。燧人氏发明火，是人类的一种最伟大的发明。150万年前，火的利用完全改变了人类的生活方式。恩格斯说："就世界性的解放作用而言，摩擦生火还是超过了蒸汽机，因为摩擦生火第一次使人支配了一种自然力，从而最终把人同动物界分开。"①有巢氏发明房屋，纺织娘发明纺织机，神农氏发明农业，那是很晚的时候——农业文明时代开始的。那时是自种自食，自耕自织，自产自用的，以血缘关系结群或以家庭为单位的生活。这种生活取之于自然又还给自然，基本上是一种物质循环和没有污染的生活。300年前工业革命以来，机械化、电器化和自动化的工厂大生产，以及农业的工业化，生产了非常丰富的产品，人类的衣食住行才完全改变了面貌，开始真正的现代化生活。这是一种高消费、高浪费、高污染的生活。它从自然取走的多，还给自然的少；而且取自自然的是"有序"，还给自然的是"无序"，因而是一种"反自然"的生活。300年下来，地球不堪重负，资源难以为继。现在，为了人类在地球上持续生存，人类必须改变自己的生活方式，从高消费的生活向绿色生活转变。

---

　　①　马克思恩格斯全集(第20卷)[M]. 北京:人民出版社,1971,p126.

第一节　超越工业文明的生活方式

"生活方式"是人类的消费物质资料的方式，包括物质生活、文化生活和精神生活。它主要由社会物质生产发展决定。随着科学技术进步和生产力迅速发展，财富有了极大增长，物质有极大的丰富性，不少人有了富足方便安全舒适的生活。同时，世界经济全球化，物质生产和精神生产、交通运输和信息流通全球化，人的生活方式也越来越国际化。这是工业文明社会生活方式的主要特点。但是，不同社会阶层由于占有财富不同，不同的地理环境，不同民族的历史传统，不同的文化和信仰，不同的风俗习惯，具有不同的生活方式，表现它的显著的差异性。

一、现代生活方式的主要特点

现代消费生活有巨大财富、先进的科学技术和丰富充足的产品支撑。我们不必列出每年 GDP 的庞大数字，不必列出每年煤炭、石油和天然气的产出和消费，宽体客机、高速火车和各种汽车的产出和消费，电子计算机和网络高速公路，高楼大厦、别墅和公寓竣工和投入使用，各种食品、生活日用消费品、衣食住行的各种商品的产出和消费，各种形式的大学、中学、小学和幼儿园的开办，各种形式的医院和诊所开办，各种各样的药材的生产和消费，电影、电视和书刊发行……不必列出如此种种的庞大数字，只要我们走进大型超市琳琅满目的商品，走进电脑网络繁荣无比的世界，看看我们周围的生活景象，就会知道我们今天过的是什么日子，一派繁荣兴旺的景象。

我们以美国为例分析工业文明的生活方式。工业化大生产制造了非常丰富的物质，通过国际化市场向全世界销售，满足人民过好日子的欲望，兴起高消费的浪潮，被称为消费生活革命。美国大多数人民的生活，有无比的富裕、舒适、方便、安全和幸福。这是尽人皆知的，是好的一面。此外，还有另一面，它对环境造成巨大压力，一种不可持续的生活方式的方面。

1. 美国高消费生活

美国以占世界 6% 的人口，消费掉占世界 30% 的资源，一种高消费的生活，最典型的特点就是高能源消耗。首先是汽车消费，发展了以汽车为中心的消费文化。20 世纪中叶，洛杉矶市 250 万辆汽车制造了著名的公害事件——"洛杉矶光化学烟雾事件"。"汽车文化"发展，美国每户家庭至少一部汽车，但通常在两部以上，一部小轿车、一部家庭旅行车，或者还有一部小卡车，平均一人一车，2 亿多辆车跑在四通八达的高速公路上。美国人不怎么关心油耗问题，美国市场上的汽车一般不会标排气量。但你如果仔细研究，会发现事实上你几乎不可能找到排量在 2.0 升以下的车。美国消耗了全球 1/4 的原油，而美国的汽车用油就消耗了全球 1/10 的石油供应。其次，高功率烘干机烤干衣物，即便是在阳光灿烂的加州，你也看不到人们利用太阳光晾干衣物的景象。高功率空调机、洗碗机和各种各样的电器化，谁也不曾考虑节电节水的问题。

美国高消费的又一个特点是胖人多。由于每天摄入的热量过多，甚至暴食暴饮和运动不足，有 65% 的人超重，或患肥胖症。身体超重导致美国每年要支付 930 亿～1170 亿美元的医疗账单，还不算胖人多消费的食物、衣物和其他费用。

生产过剩，物资大丰富，生产厂家和广告公司推销消费主义。人们购物又不用考虑节约的问题，纷纷扬扬竞相购物，推动了一种真正高消费和过量消费的生活。追求高档商品，"为能买进名牌货而工作"。购买昂贵商品表示尊严，奢侈挥霍成为时尚。

2. 美国人"为地位而消费"

美国人的独栋住房、家庭装饰和汽车，越来越豪华高贵，服装、化妆品乃至日常用品，品种不断更新，样式不断多样化，质量越来越高档豪华，价格越来越昂贵，生活不断向高级奢侈的方向发展。显然，这不只是为了基本需要，超越了生活基本需求。它表现高收入的高支付能力，表现更阔气、更有体面和更有声望。因而它成为一种身份、能力、地位和成功的象征。

有一句名言"告诉我你消费了多少，我就能说出你身价几何"。人们互相攀比着，高消费者似乎有无上荣耀，低消费却有不能满足占有欲的羞耻感，"如果你一无所有，你就会认为自己低人一等一无是处。"

这样，正常的生理需求变成了消费竞赛。人异化为一种消费动物。人们疯狂地、辛苦地工作，就是为了享受那种所谓消费的欢愉。只有消费者才是成功者。你比别人消费得多，就比别人更成功。你比别人消费得少，就是一个失败者。人们争相住大房子高级别墅、开大汽车豪华轿车、用高档名牌商品。高消费成了地位的显示。互相攀比又刺激它不断膨胀，生活消费成了"异化消费"，正常的人成了"异化"的人（文佳筠，2009）。

经济学家索尔斯坦·凡勃伦在《有闲阶级论》一书把这种消费称为"炫耀性消费"。他指出，人们通过炫耀性消费追求地位。这种消费的意义不在于商品的内在价值，而在于它能让人们试图区别于其他人。随着经济增长，人们越来越多地选择购买身份象征产品。后来人们把这种"身份象征产品"称为"凡勃伦商品"，而不是其他商品。

3. 美国"能买就买"的消费文化

美国生产力和科技发达，产品非常丰富，生产商不断地生产新产品，生产过剩催生了许多大超市。它通过广告鼓励人们购物。因为只有把丰富的商品消费掉，生产厂家和商家的生产才能继续运转下去。从而形成美国高消费文化的又一个特点：人们热衷于购物，喜欢购物，迷恋购物，乐此不疲地买进，好像购物本身就是目的，发展了"能买就买"的消费文化。

美国各地的大型仓储式超市，人们不是用菜篮子或口袋购物，而是用汽车购物，一车一车的各种各样物品往家里送。商品品种多、数量大、品牌高级质量好，价格昂贵。但人们购买常常不是为了需要，或者当时认为是需要，后来又不要它了，"丢弃"就成为不可避免的。

有人说，在美国可以捡到一个家庭全部现代化的耐用消费品。这是真的。美国垃圾分类，按规定时间丢弃哪一种废弃物。只要你需要，可以捡到完好的各种日常用品，如席梦思床、大型写字台、轮椅、藤椅；各种家用电器，电视机、音响；皮箱、座椅；各种厨房用具和其他东西。这些都还是很好的，只是它不再时髦，或不再喜欢而被扔掉的。

4. 美国举债消费文化

美国真的富裕到这种程度吗？

美国是高消费低储蓄的国家，储蓄率为-1.7%。在生产过剩的情况下，银行不断向消费者提出贷款建议，主要以信用卡的形式，甚至允许在无担保的情况下借钱。它的利率比大部分抵押贷款的利率高一倍以上，其利率一般10%以上。这与银行支付给储蓄者的利率（3%左右）高很多，银行可以获得巨额利润。许多美国家庭买公寓和汽车要贷款，甚至送孩子上学、为汽车加油和上医院看病也要贷款，去超市购物贷款，从而积欠下大量债务。

2016年，美国总负债（包括政府、企业及私人）达19.56万亿美元，已经超过全年GDP 18.45万亿美元（2016），其中个人信用卡欠账达9517亿美元，形成独特的"举债消费文化"。

这种消费文化，消费与储蓄不平衡导致美国金融危机，并影响全球形成世界金融危机。它对世界经济和社会安全提出严重挑战。

二、"美国梦"，高消费有榜样作用

所有人都希望有美好的人生和美好的生活。美国是科学技术和社会生产力最发达的国家。那里有许多岗位，有许多选择机会，可以展现自己的智慧和才能，成就自己的人生。美国又是世界上最富裕的国家，人均GDP世界第一，达5.7万美元（2016）。美国生产出非常丰富的商品，还有能力购买全世界的商品，是高消费发育得最完备、有最高消费水平、可以充分享受人生的地方。同时，美国又向全世界推销"美国梦"。它的榜样作用吸引了全世界，许多人不远万里跑到美国寻找"美国梦"，或者以美国为榜样，在自己的国家寻找"美国梦"。

1. 什么是"美国梦"

所谓的美国梦（American Dream），美国人认为，它植根于美国立国的最根本的文化之中。从早期的总统富兰克林、林肯到现任的总统特朗普，他们一致认为，只要有更好生活的理想，认真努力就可以从社会的底层奋斗到较高的地位和优厚的待遇；通过自己的勤奋工作、勇气、创意和决心，便能获致更好生活，就会迈向繁荣。这样，美国就是一片梦想的热土。早年，许多欧洲移民都是抱持着美国梦的理想前往美国的。后来，美国吸引世界各地的人移民寻找美国梦。美国成为移民国家。

什么是美国梦？一位基督教长老（华裔教授）在一次布道会上回答这个问题时说：华人来美国寻梦，来美国几十年，经历种种艰辛挫折困难辛苦寻找"美国梦"。所以，美国梦，当然是指美好的生活和成就自己的人生。具体地说是"五子"，即享受有位子（教授）、妻子、票子、房子、车子的生活。现在这"五子"都有了，是不是就是寻找到了"美国梦"了？问一位美国朋友：我来寻美国梦，什么是美国梦？有了上述"五子"，还缺什么？朋友说，缺一条狗。

"五子"是不是我们的"梦"？从生态文明的角度，"美国梦"的生活方式，有需要深思的地方。

"位子"，社会岗位。不同的社会阶层，表示不同的社会角色。所有人都有自己的位子。他们有不同的社会地位，不同的收入，有不同的生活方式。这里的"位子"，作为寻求的"梦"，是比较高级的岗位。例如，科学技术专家、教授、主任医生、律师、作家和艺术家等。成就人生应该有这种志气。但是，"位子"要靠自己的才能、智慧和能力，需要经历种种艰辛挫折困难辛苦才会寻到和坚持。"位子"表示有较高的收入和较好的生活。"位子"表示承担了重要的社会责任，要在这个位子上出色地工作，为人民和社会服务。

高级的位子有较高的收入，过富裕、舒适和快乐的生活，那是应当的。但是奢侈、挥霍和浪费是不应当的。如果说"位子"不是通过正当的途径，而是靠跑官卖官买到的，或钦定的；如果在这个位子上，不是尽忠责守为国服务为人民服务；而是利用这个位子为自己谋取私利，利用这个位子以权谋私贪污受贿；利用这些不正当的途径取得高收入，享受高消费生活方式，或者腐朽的生活，那是违背生态文明观念，是远离生态文明要求的。

"票子"，较高的收入。钱当然得有，衣食住行都得花钱。有了位子表示有较高的收入。通过正当的途径，用自己的智慧和劳动赚得的钱，当然可以自主消费，支撑自己生存、享受和发展的生活。

但是，当今社会，位子不同收入差距过大。例如，大富豪靠资本赚取巨额利润，企业老板数百万上千万的年薪，官员以权谋私积聚亿万家财，大把票子支持高消费和过量消费的生活，与失业半失业者被迫消费不足的生活，形成强烈反差的畸形消费。它有失公平，不利于社会和谐稳定，不是生态文明的生活方式。

"妻子"，一个完整的家。这对于实现"美国梦"是必须有的。一个完整的家庭，夫妻和孩子，构成社会最基本的单元，实现生活方式的最基本单位，主要消费生活在这里完成。家是人的庇护所，在这里享受天伦之乐，在这里形成、完善和成就人的一生。家，世界上最重要的地方。中国语云"勤俭持家久，家和万事兴"。一个人只有一个家，大的是国家，小的是家庭。如果有人利用自己的权势或财富在自己的家外，再建一个家或几个家，在那里包二奶养情人，那样的生活方式是远离生态文明的。

"房子"，人的生活必有的居所。美国多数家庭拥有独立的住房，大多是二层楼房，一层是会客厅、厨房和餐厅；二楼是多间卧室，多个洗手间；旁边有一间车库；门前屋后有花园和草地；草地外围有许多大树；住房掩映在森林和草地之中。有的家庭有私家游泳池；有柏油小马路相通，马路两边有许多大树和灌木，盛开着各种各样的鲜花，红的绿的黄的，一个非常美丽的庇护所。

美国人少地大，发达起来后，人民有条件住这样的居所，以享受生活。这是美国的生活方式。它具有榜样作用。中国年人均 GDP 不足 1 万美元，不及美国的五分之一，又是人多地少的国家。以美国为榜样，从南到北从东到西，如果都是几百万元的、几千万元的、上亿元的美国式的住房，不仅占用大量土地，而且使贫富差距具体化。面对无房者"蚁族"，面对棚户区居民，中国社会没有这种能力；面对粮食安全问题，中国的自然环境没有这种能力。这种巨大反差形成社会和生态的巨大压力，不利于社会的持续稳定的发展。它不是生态文明的生活方式。

"车子"，高级方便的出行工具。美国高速公路四通八达，家家户户有车库，库中有多辆汽车，平均一人有一辆轿车，出行非常便利。美国的消费文化称为"汽车文化"。有一辆汽车以方便出行是"美国梦"。

中国现在同美国一样，把汽车制造业作为社会中心产业，发展汽车文化。2009 年，中国汽车产销量突破 1360 万和 1300 万辆，居世界第一位。有的人不是为了需要买车，而是为了显示地位买车。但是，对于"汽车文化"，我们既没有足够的能源支持力，也没有足够的环境支持力。这种潮流不符合建设生态文明的需要。

"狗"，"五子"外加的一种宠物。人来自动物，天生地对动物有一种喜爱和亲近的感觉。狗是人类驯服的第一个动物，据说，狗是最能领会人的意图的动物，又很"听话"，深得人们的喜爱。美国 62% 的家庭饲养宠物，不少人把饲养狗作为一种生活方式，狗有很高的地位，每月花费约 460 美元。而且，社会地位不同，狗的名贵程度有区别，饲养的方式有区别。狗成为"五子美国梦"之外的第六种梦。

据说养狗有许多好处，比如得到乐趣，排解孤单和寂寞，经训练后还可以帮助老人，等等。但是狗儿狂吠和打斗影响宁静，随处便溺影响卫生，还传播狂犬病，也使得许多人讨厌它。

养狗有久远的历史。早期用来看家护院，后来才成为家庭宠物。狗成为人的宠物后开始有了"消费"。例如，专门生产狗食的企业和狗食专卖店；狗服饰设计师和服饰专卖店；宠物医生和管理专门店，等等，成为一个巨大的市场。这样，狗儿就渐渐地变了。人们说到事物本性难改时常说"狗改不了吃屎"，早期虽然人们养狗但它无须消费，它自找食物或吃人的剩余东西，骨头是它的高级食物。现在狗成为社会服务的对象，狗食越来越高级精致，听说它越来越挑食了；狗的穿着服饰越来越光鲜时髦。实际上，这不是狗儿变了，而是人的消费观念变了，导致狗"异化"了。

从"消费文化"的角度，狗的"异化"折射了人的"消费异化"。狗有厚厚的皮毛可以抵抗寒冷，哪需要衣服？食物也同样，人吃剩的食物和骨头它足矣，哪要这样精致的食品？

2. "美国梦"对中国和其他发展中国家的榜样作用

中国在短短的一代人的时间里，从农业经济到工业经济的发展，从消费品短缺到物资非常丰富的时代。我们的儿时，大多数中国人过自给自足的农业经济生活；青年时期经历的是"洋货"时代，洋铁洋钉洋火洋油洋布，市场上充斥外国产品，那是消费不足的时代。后来，主要消费品实行配给制的时代，小小的商店里空荡荡的，每人一个月30斤粮几尺布半斤油半斤肉，有时有半斤糖和半斤点心。几个"五年计划"下来，工业生产发展产品丰富起来，消费生活才有迅速的变化。以生活"三大件"为例，20世纪70年代是收音机、手表和自行车；80年代的"三大件"是缝纫机、电冰箱和电视机；新世纪，国民生活已经从稀缺走向富足，走进城市甚至有的乡村的超市，商品要啥有啥，"三大件"已是电脑、汽车和住宅。经济繁荣发展，中国人民的生活改善已今非昔比。

现在，"中国制造"（产品）流行全世界。在世界首富美国，质高价廉的中国商品改善美国许多家庭的生活，不仅使消费者每年节省数千亿美元，甚至美国人的生活已经离不开"中国制造"。而且"中国制造"已经不仅是衣服玩具等一般消费品，大部分是机器制造或高科技产品，有不少是世界一流的。据报道，改革开放初期1980年，我国技术出口额在世界各国中排名第99位，到2005年几乎与世界第一大技术出口国美国平起平坐，中国技术出口额已占全球技术出口总额的12.4%，成为技术出口的世界大国。2009年，中国成为全球第一出口大国，第二大经济体，中国成为钢铁产销世界第一的国家，汽车产销世界第一的国家，大多数工业品产销世界第一的国家。

随着中国经济快速发展，人民生活水平有了提高，国外评论为"占世界五分之一人口的 13 亿中国人民出现消费革命，大步迈向消费时代。它对中国和世界经济起了重大的推动作用"。

生活方式主要由生产力水平，以及社会财富分配决定，当然也受人的价值观指导和制约。实际上，中国人民的生活现在有两种趋势：第一，大多数人勤劳俭朴甚至消费不足；第二，少数人的高消费和过量消费。这两种情况都不符合生态文明生活方式的要求。从建设生态文明的角度，生活方式转型，当前有两项主要任务：一是解决贫困者消费不足的问题，满足人民的基本需要；二是抑制"异化消费"和过量消费，提倡绿色消费。

这是由我们的现实决定的。世界通常把日生活支出 1.25 美元划为赤贫线，2 美元划为贫困线。按这个标准，中国在赤贫线及以下的人口占全国总人口的20%，在贫困线及以下的人口占全国总人口的 49%。中国在世界属于贫穷国家。据报道，中国 10%的富裕家庭占城市居民全部财产的 45%。值得注意的是这样一些数字：中国最低年收入为 6120 元，不到世界平均值的 15%，排在 158位，倒数第 26 位；世界 134 个国家吉尼系数平均为 0.40，中国为 0.42，在 134个国家中排名第 83 位（2005 年）；世界平均家庭消费占人均 GDP 的 61%，中国这一数字为 34%，约是世界水平的一半（2007 年）。

在这里，我们的主要问题是，在"物质主义－消费主义－享乐主义"的榜样示范作用下，各种各样广告轰炸和忽悠，各种各样打折广告的引诱，各种消费卡提供方便，出现了高消费生活方式浪潮。从建设生态文明的使命，这是值得我们注意的。

高消费之风。十年前外电说，中国由节俭年代进入高消费年代，被认为是"2009 年世界最大的变化"，是全球金融危机的福音，改变发达国家经济不景气的形势。的确，一小部分人的高消费是令人震惊的，但这不是正常消费，而是"异化消费"。

中国游客海外高消费。2010 年，中国"千人旅游团"去美国过年掀起消费狂潮，在纽约的主要活动是购物和享受美食。在美国的花费金额人均超过 6000美元。中国游客在欧盟成为"购物之王"，英国第一大退税购物群体，在法国购买免税商品达 1.5 亿欧元，并成为瑞士最大的旅游购物群体。在日本，中国游客出手大方，平均购物单价 4 万～5 万日元，远远高于日本人。媒体报道说，中国游客在海外大把花钱，主要购买奢侈品，很多国际认可的一线大品牌，令世界奢侈品生产商和经销商不胜欣喜。

中国建设大量五星级以上的高级宾馆和豪华商厦，引进大量高级豪华轿车，高档名牌的消费品、服饰、化妆品、名贵首饰和名酒，并一再创造销售名贵首饰和名酒的世界纪录，那是一掷千金呀！　中国成为世界第一奢侈品市场。

实际上，中国仍然不富裕，没有高消费的条件。　大吃大喝之风盛行，城市高级宾馆和高档餐馆长年宾客满棚，餐桌上摆满各种高级美食、名酒和饮料。　一桌豪门宴从几千元、几万元至几十万元，如数万元一道菜的黄金宴，菜上撒上黄金薄膜。"古法龟鹿二仙"一套菜 8 万多元。　宴客不是一席而是五六席十几席，地方的红白喜事甚至一二百席。

宾馆和餐厅老板支持这种生活，用广告和打折之类的营销手段，希望这种风气继续，引诱人们大吃大喝，甚至以大吃野生珍稀动物为乐。　新富们穿貂皮大衣喝燕窝。　那是远离生态文明的。

摆阔气之风。　结婚庆典必须在星级大酒店举行，几百辆高级轿车车队迎亲，高级烟花鸣放，几百桌高级食品宴客，著名影星到场主持，著名记者报道，发给记者的红包高达万元，大讲排场，摆阔气，比豪华，极尽挥霍和奢华。

各种各样的纪念日大典，各种各样的颁奖大会，各种各样开业剪彩，各种各样奠基仪式庆典，好像都要大把花钱轰轰烈烈地大办，才足以彰显重视、尊贵和诚意。

金钱至上之风。　工业文明社会，资本有最高的权威，资本决定一切，金钱代表地位和成功，金钱意味着全部生活，话说"有钱能使鬼推磨"。　金钱至上那是自然的。

国外媒体曾经有一项民意调查报告说，中国成为世界第一"拜金"国，金钱至上成为主流意识。　在全世界 23 个国家中，中国、日本和韩国三国的民众最相信"金钱万能"，并列成为世界第一"拜金主义"国家。　美国媒体 2010 年 1 月 22 日公布的一项民调显示，在全世界 23 个国家中，中国、日本和韩国三国的民众最相信"金钱万能"，80% 的受访网民承认中国是第一"拜金主义"国家。（《环球时报》2010 年 2 月 25 日）

虽然这种调查及其结论的可靠性有疑问，但金钱至上之风值得我们注意，它背离生态文明的生活方式，应该抑制这种风气。

中国的"汽车文化"，有美国汽车文化重演的势头。　例如，北京，祖国的首都，世界政治文化名城，以汽车制造作为支柱产业，2018 年年末，北京汽车保有量已达 608.4 万辆。　北京的环境承载能力，北京的能源支撑能力，能够支持这种"汽车文化"的发展吗？　2018 年，中国汽车产量 2780.9 万辆，汽车销量突破 2808 万辆，双双位居世界第一，还在迅速发展。　中国的能源和环境有能力支持这种"汽车文化"的发展吗？　多年前，鉴于美国汽车文化带来的问题，美国科学院院士、化工学会主席丹那奥斯廷说："美国经济被牢牢绑在汽车轮子和石油的基础上，已经没有希望了。"我们还需要学习美国吗？　也许新能源汽车的发展能帮助我们解除它的捆绑，但愿。

三、地球没有能力支持 70 亿人口高消费的生活

美国总统和议员先生认为，美国的价值观和生活方式是世界上最好的，全世界的人都要像美国人那样生活，不然的话就不仅要反对你，还要打压你。但是，地球没有能力支持这种生活。

1."生态足迹"问题

工业文明的生产方式和生活方式，具有资源高消耗和环境高污染的性质。自然价值严重的透支，导致人类社会不可持续发展的严重形势。学术界提出"生态足迹"的理论警示人们。

"生态足迹"概念最早于 1992 年，由加拿大生态学家 W·雷斯提出，1996 由 M·魏克内格进一步完善。生态足迹是指一定数量人群，按照某一种生活方式，生产和消费所需的物质资料，以及吸纳相应的废弃物，所需要的具有生物生产力的地域空间。它表示地球的生态承载力。一定区域生态足迹如果超过了区域所能提供的生态承载力，就出现生态赤字。如果小于区域的生态承载力，则表现为生态盈余。世界自然保护基金会《2002 年生命地球报告》指出，人类对自然资源的消耗已经大大超出地球的再生能力，用"生态足迹"即地球上人类用于生产和生活，如农业、放牧、木材生产、海洋渔业、基础建设用地、吸收温室气体和消解废物等必需的土地面积表示，地球上除冰川覆盖的地面、沙漠和公海等不可用的区域，有 110 亿公顷可用土地，按世界 60 亿人口计算，人均只有 1.9 公顷。但是，1999 年，人均生态足迹已经达到 2.3 公顷，已经超出地球再生能力的 20%。如果这种趋势继续下去，50 年内，人类生态足迹，或可开采的再生资源总量的需要将相当于两个地球。显然，这是无法达到的，是不可维持的。

据报道，以现在全球人均生态足迹 2.3 公顷为标准，阿联酋以其高水平的物质生活，人均生态足迹 9.9 公顷，是全球平均水平的 4.5 倍。美国、科威特人均生态足迹 9.5 公顷位居第二。阿富汗以人均 0.3 公顷生态足迹位居最后。中国排名第 75 位，人均生态足迹为 1.5 公顷，低于全球平均水平。但是，中国人口数量大，人均生态承载能力（自然条件）只有 0.8 公顷，生态赤字达 0.7 公顷，高于全球的平均生态赤字（0.4 公顷）。美国、日本、德国、英国、意大利、法国、韩国、西班牙、印度是生态赤字很大的国家；巴西、加拿大、印度尼西亚、阿根廷、刚果、秘鲁、安哥拉、巴布亚新几内亚、俄罗斯、新西兰等，由于国土面积辽阔、人口相对稀少，是生态盈余的国家。

生态足迹大于生态承载能力，生态赤字的地区，发展是不可持续的。生态

足迹小于生态承载能力，生态盈余的地区，是可持续发展的地区。科学家报告说，依据生态足迹理论，如果全世界居民都达到美国生活水平，按照美国的生活方式生活，那么人类生存将需要 5 个地球。这是不可能的。

2. 人体健康，食品安全和"公害病"问题

人类安康面临严重威胁，主要表现在社会和自然两个方面：社会方面，资本专制主义盛行，企业追求利润最大化，不惜偷工减料，伪劣假冒以增加利润，导致食品安全问题；自然方面，企业追求利润最大化，以损害环境和资源为代价发展经济，导致人群"公害病"。它要求改变我们的生活方式。

（1）食品安全问题。

食品安全是世界性问题。日本是食品安全声誉较好的国家，也频发食品安全事件。据报道，一种原料为魔芋的果冻，自 1995 年这种果冻进入市场以来，已致 17 人窒息死亡，死者多为儿童和老人。2008 年，"水银大米"曝光的同时，又爆发"问题大米事件"。"水银大米"是东京大学农学院生命研究所附属农场，生产和出售使用违禁农药（含水银的醋酸苯汞农药）生产的大米，有 3.6 吨水银残留超标的大米在市场销售。"问题大米"是"污染大米倒卖事件"，大阪市三笠食品公司，将限用于工业用途的发霉或农药残留超标的大米，伪装成食用大米在市场销售转卖以牟利，流入的单位已从早前公布的 375 家扩大到 390 家。记者报道说："问题大米"正在挑战食品安全底线。

中国食品安全问题。2008 年，"三鹿奶粉事件"震惊中国和世界。6 月 28 日，兰州市的解放军第一医院，收治首例患"肾结石"病症的婴幼儿，家长们反映，孩子从出生起就一直食用三鹿集团生产的三鹿婴幼儿奶粉。随后短短两个多月，该医院收治的患婴人数就迅速扩大到 14 名。9 月 11 日，除甘肃省外，陕西、宁夏、湖南、湖北、山东、安徽、江西、江苏等地都有类似案例发生。9 月 13 日，卫生部在"三鹿牌婴幼儿配方奶粉重大安全事故"情况发布会上指出，这是一起重大的食品安全事故。三鹿牌奶粉中检出含有的三聚氰胺，是为了保证原料奶或奶粉的蛋白含量而人为添加的。这是一种有害有毒的化合物。截至 9 月 15 日 8 时，全国医疗机构共接诊、筛查食用三鹿牌婴幼儿奶粉的婴幼儿近万名，临床诊断患儿 1253 名，其中 6 名已死亡；最后普查受到奶粉影响的儿童达到 3000 万，国家损失 20 亿元。

三鹿奶粉事件，它不是个案。例如：

——日本毒饺子事件。2008 年初，中国出口日本的"毒饺子"事件引发了中国的食品安全危机。

——2004 年 4 月 30 日，安徽省阜阳市，由于被喂食几乎完全没有营养的劣质奶粉，13 名婴儿夭折，近 200 名婴儿患上严重营养不良症。

——2001 年 3～9 月，广东河源一个饲料公司，购买和使用"瘦肉精"（盐酸克伦特罗），生产猪用混合饲料，生产瘦肉猪投放市场，导致河源 484 名市民因食肉中毒。2006 年 9 月，一批来自浙江海盐县瘦肉精超标猪肉和内脏导致上海 9 个区 336 人次中毒。

——食品工厂化生产，大型养猪场，混合饲料添加各种化学催长剂，出产的猪四个月就催大了。养鸡的工厂，用混合饲料添加各种化学催长剂，三十多天后就可以出栏售卖或生蛋。塑料大棚蔬菜，或反季节蔬菜，使用过量化肥、农药和催长剂生产，西红柿为了长途运输利于保存，没有成熟就采摘，为了它有鲜红亮丽的色彩是使用化学试剂的。如此等等，人们对肉蛋奶和各种蔬菜的安全性有疑虑，这是自然的。

我们还记得，2003 年，"非典"（SARS）病毒的祸害流行。学者报告说，这是由于人们食用野生动物果子狸的结果。2009 年，猪流感（H1N1）流行震惊全球，著名专家钟南山院士在 2010 年全国人大会议上说："最近 30 多年来，大概有 60%～80% 的人类新的传染病是来自于动物。这是因为人与自然的生态平衡受到过度开发，才会导致这个结果。"

人类健康和安全与生活方式相关。值得注意的是，不仅有毒食品和环境污染引起人们健康和安全问题，机器制造产品的质量缺陷也产生安全问题。2010 年初，日本"丰田汽车召回事件"震惊世界。为了追求最大利润降低技术质量要求，丰田汽车刹车系统有致命缺陷，丰田公司被迫在全球召回 1000 万辆汽车，仅美国已召回 600 万辆。报道说，仅它的油门存在问题导致车祸，已经造成 52 人丧生。加利福尼亚州奥兰治县检察当局对丰田公司提起诉讼，指控它故意销售数十万辆加速踏板存在缺陷的汽车。

（2）环境污染导致"公害病"

20 世纪中叶，震惊世界的"八大公害事件"，有三项是环境污染导致食品安全问题的事件。

——"水俣病"，1953—1956 年发生于日本熊本县水俣湾。由于含甲基汞废水污染水体，鱼类甲基汞积累超标，人吃鱼中毒致病，破坏人体的神经系统，一万多人致病，近百人死亡。

——痛痛病，1955—1972 年发生在日本富山县神通川流域，企业排放含重金属镉，造成神通川水质污染。居民用河水灌溉农田，稻米镉含量超标，居民食用含镉稻米和饮用含镉水中毒致病。痛痛病，又称骨痛病，病人骨骼软化（骨质疏松症）及肾功能衰竭，在衰弱和疼痛中死去，死亡 200 多人。

——米糠油事件，1968 年 3 月发生于日本九州、四国等地，食用油加工厂生产米糠油时，为了降低成本，在脱臭工艺中用多氯联苯做热载体。但因管理不善，这种毒物混进米糠油中。有毒的米糠油销售各地，造成许多人生病或死亡。生产米糠油的副产品黑油做家禽饲料，又造成几十万只鸡死亡。

类似由环境污染导致食品安全问题的事件，那时在西方国家多有发生。

新世纪，在中国工业化发展高潮中，这类问题在中国重演，成为"环境污染事故多发期"。

湖南"浏阳镉污染事件"。湘和化工厂 2004 年 12 月建设铟生产线，第二年 3 月便发现厂区重金属铅、镉、汞严重超标，但继续扩大生产，2008 年出现严重的环境污染事故，2008 年 3 月厂区附近二村民死亡，经检测体内镉严重超标。2009 年 7 月 31 日，污染区检测 2888 人中有 509 人体内镉严重超标，250 人住院治疗，又有二人不治身亡。

陕西"凤翔血铅事件"。东岭冶炼公司，一个年产铅锌 20 万吨的冶炼厂，2006 年投产，污染排放超过"人居标准"，导致厂区附近三个村子严重铅污染。2009 年 8 月 13 日，首次发布 731 名 14 岁以下儿童检测结果，615 名血铅超标，163 名中度铅中毒，3 名重度铅中毒。8 月 18 日，血铅超标儿童增至 851 人，154 名血铅中毒儿童住院治疗。同时，湖南省武冈市政府组织 1958 名儿童检测血铅，其中 1354 人疑似血铅超标，确诊轻度铅中毒儿童 28 名，中度铅中毒儿童 17 名。

人在生态系统中处于食物链的顶端，环境污染物质通过食物链进入人体，并在体内积累，导致生病或死亡，成为人体健康的大问题。

3. 人类安全问题

这不是指人的个体的健康和安全问题，而是人类物种的安全问题。

人类工业生产制造几十亿吨纯金属，这是自然过程所没有的。它的生产和使用，许多重金属元素释放到环境中，经呼吸和食物链进入人体，并在体内积累和起作用。化学工业合成的化学物质已有 700 多万种，正在使用的有 6 万 ~ 8 万种，每年有数千种新的化学物质投放市场。它们也是自然过程所没有的。这些元素和化合物的生产和使用，参与生物地球化学循环，极大地改变生物地球化学平衡，并形成人类—生物地球化学过程。它可能改变人和生命在地球上生存至关重要的化学平衡，如地球的氧平衡、碳平衡、硫和其他化学元素的平衡。

问题在于，200 多年的时间里发生的、改变生物地球化学平衡的这种变化，与几十亿年形成的生物地球化学平衡相比较，是一种极大的变化。许多化学元素和新的化合物，通过食物链或呼吸和饮水进入人体内，在人体内积累，但是，人不能适应这种变化，导致人的体质下降，人的健康指数下降，产生各种各样的"公害病"。这是有关人类个体安全的问题。

另一类问题，人类作为一个物种的安全问题，人的生育能力下降。科学家报告说，男性精子数呈大幅度减少和质量下降的趋势。精子数量下降超出想象，10 年减少近三分之一，同时畸形劣质精子比例增大。它引起全球关注。这是生物物种退化的自然过程吗？ 英国科学家的研究结论是：20 世纪 40 年代，成年男性每毫升精液中平均含精子 1.3 亿个；90 年代初，下降到 8700 万个；21 世纪初，这个平均数又下降了 29%，降至 6200 万个，少于 2000 万个的男性比例多达 15%。 男性每毫升精液中精子个数应该超过 6000 万个以上方可使卵子受精，拿此杠杠划条线，意味着 15% 的成年男性成了"废人"。 世界自然保护基金会顾问 G·黎央斯看了报告后说："环境保护运动的每个成员都倒抽一口气说：'我的上帝，万一这样怎么办？'"我们到了要保护人种安全的时候了吗？

2010 年 3 月 1 日，美国发表一份研究报告称，一种最常见的除草剂——莠去津，使青蛙遭到化学阉割，雄性青蛙 90% 睾丸激素水平偏低，繁殖器官偏小，发育雌性化，精子数量减少，繁殖能力降低；其余 10% 雄性青蛙发育成雌性，与雌性交配并产卵，这些卵发育成的幼子都是雄性的。 此前的研究发现，莠去津会使斑马鱼和豹皮蛙雌性化，导致雄性大马哈鱼和凯门鳄的精子量大量减少。 研究报告指出："莠去津污染与人类的精子数量少、质量差以及生育能力减弱有着极为密切的关系。"①

大家知道，恐龙曾经统治地球达 2 亿年之久，6000 万年前它突然灭绝了。 关于它灭绝的原因，现在还没有一致的看法。 有一种情况，现在发现的恐龙蛋化石在一个一个地方的密集的存在。 这是由于恐龙物种自然退化，它的蛋已经不能孵化出小恐龙而导致它的灭绝的吗？

人的生育能力下降，这是"人类—生物地球化学循环"带来的新问题。 它对人类安全提出严重挑战。

第二节　创造生态文明的生活方式，可持续发展的生活

工业文明的生活方式，以物质主义—经济主义—享乐主义为主要特征。 它是一种高消费的生活。 为了满足人的无止境的物质需要的欲望，不断地掠夺、滥用、挥霍和浪费地球资源。 人类生态足迹已经超越地球的生态承载能力，出现 25% 的生态赤字。 地球没有能力支持这样的生活。 生活方式转变，创造生态文明的生活方式，是人类一项非常紧迫的使命。 留美学者文佳筠指出："人类改变现行的消费方式和生活方式，刻不容缓。 但是追逐消费的观念和资本主导一切的逻辑，却如天罗地网般阻碍绿色生活方式的生存更甬提普及。 必须实现从生产到生活到社会关系的全面转型，和谐社会、生态文明才有可能成功构建。"（文佳筠,2000）

---

① 《参考消息》2010 年 3 月 3 日。

一、从高消费的生活向绿色生活转型

"绿色生活"是一种象征的说法。因为"绿色"表示生命。原始地球是一种无氧的环境。原始生命 36 亿年前在海洋中产生，依靠原始有机物为生。20 亿年前，一种具有叶绿素的细菌产生。它的光合作用为早期大气充氧，无氧大气逐渐改变为有氧大气。它促使地球生物的大爆发，形成完整的地球生态系统，是生物进化的突变。有了绿色植物，它的光合作用把水和二氧化碳转变为有机物，太阳能转变为地球的有效能量，供地球生物利用。有了绿色，地球生命才是可持续的。损害"绿色"就是损害生命的可持续性。"绿色"成为一种象征。农业文明是人类最早的文明，农业发展过度利用土地，水土流失使河水变成黄色的，人们把农业文明称为"黄色文明"。工业文明以煤炭、石油开发利用为主要特征，工业发展使城市的天空、树干和树上的昆虫变成黑色的，人们把工业文明称为"黑色文明"。人类未来的发展，以自然保护维护生物多样性为主要特征，追求人类和地球生命的持续发展，共建绿色地球。因而把人类新文明称为"生态文明"或"绿色文明"。生态文明的生活是"绿色生活"。

1. 什么是绿色生活

绿色生活是一种遵循大自然法则，有利于人类可持续发展的生活方式。北京地球村主任廖晓义女士把它概括为五个方面：①节约资源、减少污染；②绿色消费、环保选购；③重复使用、多次利用；④分类回收、循环再生；⑤保护自然、万物共存。通过自己的努力，过一种安全健康、无公害、无污染的平安生活。

绿色生活以绿色消费为主要特征。它以过简朴和健康的生活为目标。在物质消费中，偏爱绿色产品。享受方面，在满足生命基本需求的基础上，重视精神和社会需求的满足。

绿色产品是指它的生产和消费对人体健康和自然生态无害，符合生态保护要求的产品。例如绿色食品，是无污染、安全和富有营养的食品。它的环境标准包括：食品原料产地具有良好的未受污染的生态环境；食品原料作物的生产过程，以及水、肥、土等条件符合无公害（无污染）的标准；产品的生产、加工、包装、储藏、运送的全过程符合食品卫生法规。因而它是高质量的食品。此外，如生态时装，绿色汽车，绿色电器，生态房屋，绿色家庭，生态饭店，生态旅游，生态银行，等等。绿色消费成为生活新时尚，引导一个新兴市场——绿色市场。在绿色市场上，商品以贴有"环境标志"或"绿色标签"表示它是绿色产品。

现在，绿色生活并不仅仅是一种定义，它已经是人们的生活要求，生活目标，生活实践，一种新的生活方式。一种亲近自然，注重环保，尊重生命，关爱社会，分享快乐，身心健康的有机生活。

北京市政府曾制定、公布和实施《绿色北京行动计划（2010—2012）》，重点围绕能源、建筑、交通、大气、固体废物、水、生态等领域，实施九大绿色工程，建构生产、消费、环境三大绿色体系，建设绿色北京。

（1）清洁能源利用。大力发展风力发电和太阳能利用，扩大天然气使用范围，推进中心城区大型锅炉清洁能源改造和11个新城集中供热。

（2）推广绿色建筑。现有建筑进行包括对墙体、供热系统和耗电设备系统节能改造，新的公共建筑和居民住宅按绿色建筑评价标准建设。

（3）绿色交通出行。发展轨道交通，2012年它的总里程达420公里；公共交通使用清洁能源，鼓励使用自行车，为公众提供实时、便捷和个性化的交通信息服务。

（4）推广节能减排的新技术和新产品，节能电器，高效照明和绿色照明。

（5）废弃物资源综合利用。生活垃圾和餐厨垃圾分类收集，建设垃圾综合利用、循环经济园区和生活垃圾处理设施。

（6）大气污染综合防治。锅炉节能减排，建设"绿色车队"，加大工业废气和扬尘的治理力度。

（7）加强水源保护。节约用水，提升污水处理水平，2012年污水日处理能力达到350万吨，扩大循环用水和再生水利用，每个城区都有高品质的再生水厂。

（8）城乡绿化美化。建设山区绿色屏障，2012年森林覆盖率达到38%，城市绿化覆盖率达到45.5%，建设绿色景观走廊、绿色缓冲带和滨河森林公园。

（9）建设绿色社区和低碳示范园区，循环经济试点区。

"绿色北京行动计划"实施后，北京大气质量已经有明显改善。

2. 绿色生活是人类生活目标

人类生存的第一个前提，一切历史的第一个前提是：人类为了能够生存和创造历史必须能够生活。为了生活，首先需要衣食住行和其他生活物质资料。因此，人类第一个历史活动是生产满足这些资料的生产，以及物质资料的消费。人类的目标是生存、享受和发展。只有绿色生活才符合这种目标。实现这种目标是经济-社会发展的动力。

现代社会认为，高消费是生活目标，是经济发展的主要动力。它鼓励高消费，在"物质主义-经济主义-享乐主义"思想指导下，在高新技术支持下，实行大量生产、过量消费和大量废弃的生活。但地球没有能力支持这种生活。它是不可持续的。我们对"消费是经济发展动力"要有全面的理解。

人类需要是经济发展的动力。虽然需要通过消费实现，但是现实生活表明，什么样的"需要"，从而什么样的"消费"都是正确和合理的？比如我们上面分析的，高消费和过量消费，摆阔气和为显示地位的消费，随便丢弃、随意浪费和挥霍的消费。它作为需要是普遍发生的，以政策的形式发布消费命令，各种广告大声忽悠和诱惑，引导大家竞相仿效，成为一种时尚和潮流。生态文明的生活方式不要这样的动力。

绿色生活的目标是，人民生活更加幸福，更有尊严；社会关系更加公平正义，共同富裕，更加和谐平安；自然结构更加有序，更富生机和活力，建设"人－社会－自然"复合生态系统的稳定、健全和繁荣。

3. 绿色生活符合人对美和幸福的追求

什么是美？什么是快乐和幸福？现代社会的消费价值观认为，"消费更多的物质是好事""增加、拥有和消费更多的物质财富就多一分幸福""充分享受更丰富的物质即为美"的价值观。它的口号是"更多、更大、更好"。它的实践是高消费。

实际上，高消费或过度消费并不能给人带来更多的幸福。或者说，幸福感并不随着消费的增加而增加。留美学者文佳筠举例说："一个刚毕业不久的小姑娘，每月挣两千块，舍不得吃，舍不得租好房子，跟好几个人挤在一个房间里，辛辛苦苦省下钱来干吗了？花三千多去买新型的诺基亚手机，花几千块钱买高档的手提包。攀比无止境，面对花上万元买更贵皮包者，虚荣心的满足往往立刻变成沮丧……花几百甚至几千元钱买一套高级护肤品，以图达到美容养颜的目的。其实，各式各样的化妆品，不管是产自巴黎，还是产自北京，它们的差别并不大，都是一些化工产品而已。它们对人的容颜的呵护微乎其微，有的甚至因含有铅化物而有相当的副作用。"

同样，钱多了也不一定幸福，或者怕偷怕抢提心吊胆过日子。或者，如一位富豪所说，从生活的角度，有上亿元的身家与没有钱的人没有什么不同，钱到一定的数量就是数字游戏了。

美国加利福尼亚大学心理学家总结了 51 项心理试验，提出"幸福五大法则"：第一，学会感恩，感谢所有帮助了你的人。第二，学会乐观，有一种乐观思维。第三，经常回忆日常生活中美好的事情，会给自己带来满足感。第四，找到自己最大的优点，并尽量发挥它们。第五，学会帮助他人，帮助别人就是帮助自己，宽容他人就是宽容自己。

英国经济学家指出：炫耀性消费降低民众的幸福感。柯蒂斯·伊顿和穆凯什·埃斯瓦兰依据他们创建的数学模型提出一种理论：一个国家的生活水平一旦达到某一合理标准，财富的继续增加非但不会给其人民带来更多的益处，相反还可能会让民众感到更不幸。他们说："炫耀性消费不仅会影响人们的幸福，还会损害经济发展的前景。"现在，发达国家对财富的痴迷没有任何消退的迹象。他们预言："炫耀性消费可能会随着时间推移而变本加厉。"①社会公平正义才会有幸福，平等是幸福的基础。

中国话说"知足常乐""事能知足心常惬，人到无求品自高"。生活消费品足够就可以了，不必更多、更大。清朝李密庵写了"半字歌"，认为幸福恰到好处的底线是"半"，"看破浮生过半，半之受用无边，半中岁月尽幽闲，半里乾坤宽展……半少却饶滋味，半多反厌纠缠，百年苦乐半相参，会占便宜只半。"

继承中华民族的优秀传统，绿色生活是我们需要的简单宽容的生活；健康、舒适和安全的生活；幸福和美的生活；和谐平安的生活。

二、新的生活方式：简朴生活，低碳生活，公正生活

工业文明的消费生活，以高消费为主要特征，是一种过度消费。它大大超过人的基本需要，成为"异化消费"。它不仅没有为人类带来快乐、幸福和安康；而且对地球生态系统造成严重损害，是不可持续的。新的生活方式，超越过度消费是一种简朴生活；超越浪费型消费是一种低碳生活；超越它的不公正性是一种公正生活。

1. 简朴的生活方式

简朴生活，以获得基本需要的满足为目标，以提高生活质量为中心的适度消费的生活。"生活质量"是指"人的生活舒适、便利的程度，精神上所得到的享受和乐趣。"在这里，"简朴"是与豪华、奢侈和挥霍相比较，豪华和奢侈并不舒适和便利，而是辛苦和不自在。简朴生活拒绝高消费，抑制贪欲和浪费，反对豪华、奢侈和挥霍；以节约为本。随着经济水平的提高，改善生活质量那是自然的，主要表现在提高消费品的质量，以及消费需求的多样化，商品和服务的种类、质量和数量的多样化。它适应消费者利于自己生存、享受和发展的多种多样的要求，有利于个人全面自由发展。

勤劳俭朴是中华民族的优秀传统，是中国人民的生活方式。古代哲人老子，主张"约养持生""崇俭抑奢"，以自然无为的原则，行为要单纯，心地要纯正，生活要俭朴，过一种淳厚质朴、淡漠内心、同自然完美统一的生活。他说：

"见素抱朴，少私寡欲"；（《老子》第19章）

"治人事天莫若啬"；（《老子》第59章）

"是以圣人去甚，去奢，去泰。"（《老子》第29章）

"执大象，天下往，往而不害，平安泰。乐与饵，过客止。道之出口，淡

---

① 《参考消息》2010年3月16日。

乎其味，视之不足见，听之不足闻，用之不足既。"（《老子》第 35 章）

"我恒有三宝，持而保之：一曰慈，二曰俭，三曰不敢为天下先。夫慈，故能勇；俭，故能广；不敢为天下先，故能为成器长。今舍其慈，且勇；舍其俭，且广；舍其后，且先；死矣。夫慈，以战则胜，以守则固。天将求之，如以慈卫之。"（《老子》第 67 章）

一种宁静祥和的"安平泰"的生活，要抑制各种享乐的诱惑，就同"道"一样平淡又无穷。为此要实施三原则：慈、俭、不为天下先，舍弃哪一个原则都不可以。这也是庄子所说"平为福"的生活。他说："平为福，有余为害者物莫不然，则财其甚者也。"多余的东西，特别是多余的钱财是祸害。道家认为，欲壑难填，天下之至害。人世间有没有最大的快乐？什么是最大的快乐？怎样去追求快乐？庄子说："夫天下之所尊者，富贵寿善也；所乐者，身安厚味美服好色音声也；所下者，贫贱夭恶也；所苦者，身不得安逸，口不得厚味，形不得美服，目不得好色，耳不得音声。若不得者，则大忧以惧。其为形也亦愚哉！"（《庄子·至乐》）庄子认为，这样以追求物质欲望为乐，望享尽天下之美，权势、珠宝、声色、安逸、奢华等，这是愚蠢的。

老子说："五色令人目盲，五音令人耳聋，五味令人口爽，驰骋畋猎令人心发狂，难得之货令人行妨。是以圣人为腹不为目。故去彼取此。"（《老子》第 12 章）

庄子认为，"六者天下之至害"：①耳听钟鼓之乐，口品佳肴美酒，满足享乐情趣，这是"迷"；②沉溺于盛气，如负重爬山，这是"苦"；③贪财、集权，使精神疲竭，这是"病"；④求富贵积财，贪求不舍，这是"耻"；⑤积财不用，贪求不止，这是"忧"；⑥权贵和财货多了，害怕盗贼伤害，这是"惧"。这六者（名和利）都是身外之物，劳心伤体去争夺，这不是糊涂吗？（《庄子·盗跖》）庄子认为，去除这些祸害，达到无欲，"知足常乐""知足不争"。这才是快乐，这才会有幸福。

道家主张，平为福，约养持生。但是，他们关于"无欲""知足寡欲"的说法主要是针对统治者的。对于百姓，基本生活需要都难以满足，他们的理想是，"甘其食，美其服，安其居，乐其俗。"为此，公平的生活是非常重要的。因而他们认为，以"道"的原则，以满足基本生存需要为标准，需要公平。

庄子说："必持其名，苦体绝甘，约养以持生，则亦犹久病长厄而不死者也。"（《庄子·盗跖》）为此，他提出生活的五项要求：①"不侈于后世，不靡于万物"，不奢侈、挥霍和浪费；②"不累于俗，不饰于物，不苟于人，不忮于众，愿天下之安宁以活民命，人我之养毕足而止。"不为世俗所累，以温饱满足为标准；③"公而不党，易而无私……齐万物以为首。"公正而不结党，平易而不偏私，齐同万物；④"以本为精，以物为粗，以有积为不足，澹然独与神明居。"以道为精髓，过恬淡自然的生活；⑤"芴漠无形，变化无常，死与生与，天地并与，神明往与！"不沉湎物俗，不拘泥于一端，与天地和谐相处。（《庄子·天下》）

因此，道家主张"重生轻利"，过一种纯朴的生活，在满足生存的基本需要的基础上，重视满足文化精神上的需要。庄子说："道之真以治身…今世俗之君子，多危身弃生以殉物，岂不悲哉！"（《庄子·让王》）"能尊生者，虽宝贵不以养伤身，虽贫贱不以利累形。今世之人，居高官尊爵者皆重失之，见利忘其身，岂不惑哉……故养志者忘形，养形者忘利，致道者忘心矣……知足者不以利自累也，审自得者失之而不惧，行修于内者无位而不怍……重生，重生则利轻。"（《庄子·让王》）

"道"的真谛是用以养身，舍性（生命）追逐身外之物，是可悲的；尊重生命的人，富贵也不能伤害身心，贫困也不能伤害身体，不顾生命追求物欲，是糊涂的；得道的人，要忘却利禄，忘却物欲，尊重生命，淡泊名利。"修之身，其德乃真"，保持自然德性的充实完善，获得生命充分发展，才是真正的"厚德"之人。

2. 低碳的生活方式

地球变暖威胁的严重性，人们重新审视自己的生活方式，提出"低碳经济"和"低碳生活方式"，需要从高消费的生活走向简朴生活。温家宝总理在2003年人大政府工作报告中指出："积极应对气候变化，大力开发低碳技术，推广高效节能技术，积极发展新能源和可再生能源"，转变观念发展低碳经济，低碳产业和低碳生产。低碳化成为一种生活方式。

"低碳生活"是一种简朴的生活，低消耗和低能耗，低排放和低污染的生活。它作为一种新的生活方式，不是以消费多少钱表示，而是减少能量消耗，从而降低二氧化碳排放量表示。它一方面需要靠提高人的道德素质，自觉承担社会责任和自然责任实施。另一方面，它以税收的形式加以驱动。消费生活支付一定的赋税是有理论支持的。因为自然资源和环境质量是公有财产，它们是有价值的。生活消费自然资源，消耗环境质量（碳排放增加），是自然价值消耗，支付相应的赋税，这是完全合理的。低碳生活将引起生活方式的巨大变化。

个人和家庭生活以"碳消费"表示，可以用碳排放计算我们的生活吗？二氧化碳排放量可以精确计算吗？一种特殊的二氧化碳排放量计算器这样告诉我们，包括搭电梯，洗热水澡，喝瓶装饮料这样的事，也有办法算出碳排放。例如，使用1千瓦时电的碳排放为0.79千克，消费1立方米天然气排放217千克碳；又如，某人某日，开车25.6公里（4.72千克）+搭电梯24层（5.232千克）+用电脑10小时（0.18千克）+外食三餐（1.44千克）+热水澡15分钟

（0.42 千克）+洗衣机 40 分钟（0.117 千克）+开电风扇 10 小时人均（0.25 千克）。此人这一天的碳排放总量为 14.104 千克。如果你用了 100 千瓦时电，那么你就排放了 78.5 千克二氧化碳。为此，你需要植一棵树；如果你自驾车消耗了 100 升汽油，那么你就排放了 270 千克二氧化碳，为此，需要植三棵树。

联合国环境规划署 2008 年 6 月发表报告说，实行低碳生活"普通民众拥有改变未来的力量"，对个人采取低碳生活方式提出了具体意见：用传统的发条式闹钟替代电子钟，每天减少二氧化碳排放 48 克；把电动跑步机上的锻炼改为到附近公园慢跑可以减少近 1 公斤的二氧化碳排放；不用洗衣机甩干衣服，而是自然晾干，可以减少 2.3 公斤的二氧化碳排放；在午餐休息时间和下班后关闭电脑和显示器，可以减少三分之一的二氧化碳排放；改用节水型沐浴喷头，不仅节水还可以减少一半的二氧化碳排放量。

低碳生活是简朴生活，它成为生活新时尚。

3. 公正的生活方式

从建设生态文明的角度，生活方式转型主要有两个方面的任务：一是解决大多数人消费不足的问题，满足他们的基本生活需要；二是解决"异化消费"的问题，抑制高消费和过度消费。

现代消费生活，高消费与消费不足，豪华别墅与"蜗居"，两种生活同时存在，有极大的反差。这是由收入差距决定的。世界最富的 20% 的群体收入平均占社会总收入的 47%，世界最穷的 20% 的群体的收入占社会总收入的 6%。

中国是世界上贫富差距很大的国家。10% 的富裕家庭占城市居民全部财产的 45%，据《远东经济评论》2007 年第 4 期报道：至 2006 年 3 月底，内地私人拥有财产（不包括在境外、外国的财产）超过 5000 万元以上的有 27310 人，超过 1 亿元以上的有 3220 人。他们拥有资产 20450 亿元人民币，平均每人 6.7 亿元。如果放大一些他们的社会基础，家有千万元人民币以上的人数约有 500 万人。

如下的数字反映中国贫富差距问题：

——世界用基尼系数来描述贫富差距，2005 年，世界 134 个国家吉尼系数平均为 0.40，中国为 0.42。

——中国最低工资是人均 GDP 的 25%，世界平均值为 58%。

——中国劳动工资占 GDP 的比例，1989 年为 16%，2003 年为 12%。

——中国劳动报酬的份额占国民净产值的 25%～30%；资本报酬的份额占国民净产值的 70%。

这里的问题是：劳动者创造了经济价值，但没有财富；有钱人（资本家）依靠资本，占有巨大财富；辛勤劳动的工人建造了高楼大厦，自己只有"蜗居"；劳动者创造了繁荣的经济，生产者创造了丰富的产品，为有钱人的高消费和过度消费创造了条件，而自己却买不起产品，常常消费不足。两者反差非常突出。这是不公正的。当然，不是要求均贫富，而是要求公正，按照社会主义的分配原则，多劳多得，少劳少得，这才是公正的。

因此，生活方式公正是道德问题，社会责任的问题。在社会生产领域，企业追求最大利润，以牺牲环境为代价；或者以牺牲劳动者的利益为代价增殖利润，这是不符合道德的，违背了社会责任，违背了自然责任。在社会生活领域，有钱人的高消费和过度消费，这也是不符合道德的，违背了社会责任，违背了自然责任。社会主义的基本原则是共同富裕，节制资本，对劳动者和自然环境进行补偿，实行简朴生活、绿色生活、低碳生活和公正生活。

三、可持续的生活方式，一种更高级的生活结构

简朴生活、低碳生活和公正生活，是一种可持续的生活方式。它的目标是可持续发展。它是一种有意义的生活，道德高尚的生活。它主要意义是：对于个人是简单、方便和舒适；对于社会是高尚、公正和平等；对于后代是爱、责任和希望；对于自然是热爱、尊重和奉献。可持续的生活，既要满足人（现代人和子孙后代）的基本需要，人的生存、享受和发展的需要；又要满足保护地球生态系统，保护生物多样性的需要，人类消耗自然资源的速度和深度要维持在地球生态系统可承受的范围内，为现代人的幸福生活，为子孙后代的福利，为地球上千百万物种，共存共荣共享地球资源，为千秋万代开太平。可持续的生活方式是一种更高级的生活结构。

1. 人类可持续生活的路线图

人类可持续生活需要社会的强力支持，在生态文明价值观的指导下，确立公正平等的社会关系，发明创造绿色的高新技术，发明创造绿色的生产工艺，壮大绿色企业，进行绿色制造和绿色生产，开发绿色市场，动员绿色消费。反过来，绿色消费推动绿色市场，绿色市场以绿色消费为动力，推动绿色制造和绿色生产的发展，绿色制造和绿色生产推动绿色科技的发展。它们推动生态文明价值观和社会关系的巩固和发展。

这是从人类消费开始的一场革命。它从绿色消费开始，通过绿色贸易（绿色市场），推动绿色科学技术发展，推动绿色生产和绿色制造，形成绿色消费的浪潮。绿色生活建构的路线图是：绿色消费—绿色技术—绿色制造—绿色产品—绿色市场—绿色采购—绿色消费；反之，绿色消费—绿色采购—绿色市场—绿色产品—绿色制造—绿色技术—绿色消费。这是相互联系、相互作用、相互依赖、循环良性发展的绿色生活的完整体系，形成新的生活方式。

绿色科技。创造生态工艺，实现能量分层利用、物质循环利用的循环经济的生产；创造低碳技术，如生物工程技术创造彩色棉，新材料技术，发明替代

钢材和其他金属的材料；创造绿色能源和节能的生产和工艺，如太阳能、风能和核聚变能等；增加碳汇的技术，提高二氧化碳吸收（森林、草地和农田吸收二氧化碳的量）、储存和利用二氧化碳；等等。

绿色制造和绿色生产，政府和公众支持、鼓励和奖赏企业进行绿色制造，生产绿色产品，发展循环经济。

绿色市场，通过绿色消费，鼓励和支持绿色营销和绿色采购，包含有机食品、天然化妆品、服饰、住宅、家具、酒店设备等。

从科学技术到产品生产，从产品到市场，从市场到生活消费，形成绿色生活的完整结构，推动可持续发展的生活方式从低级向高级不断发展。

2. 可持续的生活方式是一种更高级的生活结构

关于"可持续消费"，联合国环境规划署 1994 年《可持续消费的政策因素》报告提出的定义是："提供服务以及相关的产品以满足人类的基本需求，提高生活质量，同时使自然资源和有毒材料的使用量减少，使服务或产品的生命周期中产生的废物和污染物最少，从而不危及后代的需要。"作为一种新的生活方式，它强调人的基本需要和生活质量，以及后代的利益。

温家宝总理在 2010 年人大政府工作报告中指出，巩固和扩大传统消费，积极培育信息、旅游、文化、健身、培训、养老、家庭服务等消费热点，促进消费结构优化升级。

可持续的生活方式的主要特征是：简朴生活、低碳生活和公正生活。

（1）它以知识和智慧的价值代替物质主义的价值。

工业文明的消费生活，推崇物质财富和过度的物质享受，以高消费体现社会地位和事业成功。生态文明消费生活，物质需求以满足基本生活需要为标准，足够就可以了，不必最高最大最好。社会生活和精神生活是更加重要的。它的价值观是：拥有、利用和消费知识和智慧高的商品是符合时代的行为；创造知识和智慧高的商品成为经济增长的重要动力；发明、制造和销售知识和智慧高的商品的企业大行其道蓬勃发展；知识和智慧高的商品成为更受消费者欢迎的畅销商品，成为真正的名牌；发明、制造和销售知识和智慧高的商品的人受到社会的尊敬，成为体面的人。

（2）以适度消费取代过度消费，以简朴生活取代奢侈浪费。"简朴"以满足基本生活需要为标准，青睐绿色产品。它口号是："小的是美。不浪费，不要"；格言是"回收利用、重复利用、更新"。

（3）以多样性取代单一性。不同地区、不同社会层次的人，有不同的生活方式，不同的消费需求。厂家和商家要生产和销售多样性的商品，以满足消费需求多样化，商品和服务种类、质量和数量多样化，适应消费者个人兴趣和爱好，人们有更多的选择消费的自由，有利于发挥消费者个性自由和全面发展。

但是，现代社会"多样性是效益的敌人，单一性统治一切。大规模的批量生产在世界各地规定着消费尺度。这种强制统一的独裁统治比任何一种独裁统治都更具横扫千军的力量。它迫使整个世界奉行同一种生活模式，这种生活模式像复制模范消费者一样再造人类。"这已经不合时宜了（爱德华多·加莱亚诺，2009）。

（4）消费生活从崇尚物质转向崇尚社会和精神需求。

简朴的物质生活和丰富的精神生活。它超越物质主义和享乐主义，崇尚社会、心理、精神、审美的需求；参加科学和艺术活动，旅游、娱乐和艺术欣赏；一定的社会生活、道德生活和信仰生活。这是更符合人的本性，更符合自然本性，更适应时代的潮流，是有更高生活质量的新生活。

习近平主席说："绿色是永续发展的必要条件和人民对美好生活追求的重要体现。绿色是转向高质量发展的应有之义。满足人民日益增长的美好生活需要是发展的出发点和落脚点。绿色发展是我国经济转向高质量发展阶段的应有之义，是永续发展的必要条件和人民对美好生活追求的重要体现。"绿色生活，是简朴生活、低碳生活和公正生活。这是更高级的生活结构，是可持续发展的生活方式。这是新的生活，生态文明的生活。以这种生活方式生活，使新生活成为潮流。这是建设生态文明的需要，是人类社会转型的一个重要方面。

第六章

文化转型，
伦理道德的生态转向

　　伦理道德是社会的一种伟大力量。道德缺失会造成许多社会问题，所有社会都重视利用道德的力量。现代伦理是社会伦理，它以一定的道德原则和行为规范，调节人与人之间、人与社会之间的利益关系，调节人类社会的种种矛盾、对立和冲突，起了社会稳定与和解的作用。它用是非、善恶、公正、平等概念评价人的言行，以一定的道德责任规范人类行为，提倡崇高的道德境界，抑制损人利己和损害社会利益的行为，促进社会进步和人类文化的健康发展。所有社会都需要道德的力量，重视道德的力量。但是，现实社会有两类基本矛盾：一是人与社会关系矛盾，它可以由社会伦理加以调节；二是人与自然生态关系矛盾，它需要新的伦理——环境伦理加以调节；建设生态文明需要伦理道德的生态转向，从社会伦理到环境伦理的转变，运用环境伦理的伟大力量，建设人与自然和谐的社会。

第一节　从社会伦理到环境伦理的发展

　　现代伦理学是社会伦理，关于人与人、人与社会关系的道德研究。它不涉及人与生命和自然界的关系。因为生命和自然界被认为是没有价值的，它只是人类利用的对象，人无须对生命和自然界承担责任，无须尊重生命和自然界，无须对自然讲道德。它认为，世界上只有人有价值，因而只对人讲道德。工业文明的发展，遵循"人统治自然"的哲学，用科学技术的伟大力量向大自然进攻，在对自然取得伟大胜利的同时，严重损害生命和自然界的利益，自然价值的严重透支，以环境污染、生态破坏和资源短缺表现的全球性生态危机，对人类在地球上持续生存提出严重挑战。西方眼光敏锐的思想家认识到，这是人类行为过度损害生命和自然界的结果，需要有新的伦理观念约束人对生命和自然界的行为，调节人与自然的关系，提出环境伦理学问题。

一、环境伦理学的主要特点和基本问题

环境伦理学是关于人与自然关系的伦理信念、道德态度和行为规范的理论思想和实践，是一门尊重自然价值和自然权利的新的伦理学。它根据现代科学所揭示的人与自然相互作用的规律性，以道德手段从整体上协调人与人的社会关系、人与自然的生态关系，建设和谐社会。

1. 环境伦理学的主要特点

环境伦理学主要特点是道德对象范围的扩大，从人与人、人与社会关系的领域，扩展到人与自然关系的领域。因而，它认为需要改变两个决定性的概念和规范：①伦理学正当行为的概念，必须从人和社会扩大到生命和自然界，要求对生命和自然界本身的关心，尊重所有生命和自然界，"当一种事情趋向于保护生物群落的完整、稳定和美丽时，它是正确的；否则它就是错误的。"②道德权利概念，必须从人和社会的利益，扩大到生命和自然界的利益，确认生命和自然界的实体和过程，在一种自然状态中持续存在的权利。而且，随着道德对象范围扩大，人的道德活动范围的扩大，人的道德基本原则和道德规范，道德标准和道德目标也随之变化，发展一种新的伦理学——环境伦理学。

环境伦理是一种责任伦理，它提出人对生命和自然界的恰当尊重和责任。从时间—空间的角度，从现在扩展到未来，顾及遥远的人类子孙后代与世界的未来；从区域扩展到全球，顾及全球范围的人类生存条件；从人际关系扩展到生命和自然界。它关心未来，关心自然，关心后代，关心整个生命世界。德国哲学家尤纳斯说："人的行为已经涉及整个地球，其后果影响到未来。因此，人类应当承担的义务亦应有同步的增长。我们大家都是人类集体行为的参与者，都是这一集体行为所带来的成果的受益者。现在，义务则要求我们自觉地节制自己的权力，减少我们的享受，为了那个未来的我们的眼睛看不到的人类负责。"其目标不仅是使现在及未来的人类生活得好，而且是保护整个地球上人与其他生命生存的基础，保护人类、生命和自然界。它从对生命和自然界价值的确认，到人类的新的责任的确认。它是一种新的伦理学。它的产生是人类道德境界的提升，是人类道德进步、道德完善和道德成熟的表现。这是人类新生活的需要。

2. 环境伦理学的基本问题

环境伦理学的基本问题表现在理论和实践两个基本点上。

（1）确立生命和自然界价值的理论——自然价值论。这是环境伦理学的基础理论。它认为，不仅人有价值，生命和自然界也有价值的，包括它的外在价值和内在价值。生命和自然界的外在价值是，在文化的层次，它对人具有商品性和非商品性价值，即作为人的工具为人利用的价值。内在价值是，在生命和自然界自身作为生存主体的层次，生命在地球上按生态规律生存，这种生存是合理的有意义的，因而是具有内在价值的。

（2）确立生命和自然界权利的理论——自然权利论。这是从自然价值的确认，到自然权利的确认：生命和自然界是有内在价值的，因而是需要尊重从而有存在权利的。

道德权利概念，从人扩大到生命和自然界，确认生命和自然界在一种自然状态中持续存在的权利，称自然权利。它有两个方面的内容：一是生命和自然界的生存利益，它的生存权利应当受到尊重。二是生命和自然界的权利，对侵犯它们权利的行为提出挑战。环境污染和生态破坏，是生命和自然界对侵犯它们权利的行为提出挑战，以自然规律的盲目破坏作用的形式，对人类进行报复。

自然权利概念的内容和特点：

（1）自然权利的自然性。所有生物物种在一定的自然条件下，与其他生命一起共享地球的生态资源，参与基本生态过程，成为地球生命维持系统的一部分。它拥有维持生存所必须的条件的权利。这是当然如此，是自然而然的。

（2）权利与义务的一致性。这是由它的权利的自然性表现的。所有生物生存，一方面是自己的生存（权利），同时是为其他生物生存服务（义务），两者是统一的。例如，植物—动物—微生物，通过食物链表现自己生存同时为他物生存的一致性。

（3）权利平等性。生物进化形成无数生命组织层次，物种具有无限多样性，组成生命形态序列。它具有进化意义，但没有高低贵贱之分，自然权利具有平等性。各种生物在生态系统中占有特定的位置，利用特定的空间和资源，在生态系统的物质循环、能量交换和信息传输中起着特定的作用。它们都是不可缺少的。它们的生存都应当受到尊重。

在实践上，环境伦理学的实践要求，或者它的意义是：保护地球上生命和自然界。它的主要目标是：①保护地球上基本生态过程和生命维持系统的稳定、健全和完整。②保持生物遗传基因、生物物种和生态系统的多样性。③保证人类对生态系统和生物物种的持续利用。

3. 环境伦理学是一门新的伦理学

环境伦理学作为科学的伦理学，它不是人际关系伦理的推广，不是简单地把人际伦理应用到环境保护和资源开发中去；它也不是环境保护伦理学，或资源开发利用的伦理学，虽然它们在环境伦理学中占有重要地位，但这仍是属于环境和资源从属于人的利益的方面。它作为新的伦理学，是伦理学范式转变。它提出了新的伦理学范式，包括基本理论、道德原则、道德标准和行为规范等，因而它不是传统伦理学向自然和环境领域的简单扩展，而是人类反思环境问题的基础上产生的一门新的伦理学。

美国著名学者罗尔斯顿指出："旧伦理学只强调一个物种的福利。新伦理学必须关注构成地球进化着的生命几百万物种的福利。过去，人类是唯一得到道德待遇的物种。他只依照自身的利益行动，并以自身的利益对待其他事物。新伦理学，增加了对所有物种的尊重。"例如，"一棵植物的活动是一种宝贵的状态，它从事着对它自身和同类生物的保护。杀死一棵植物是停止一个几年的生命；灭绝一个物种则是停止一个几千年的历史。"因而，如果一个物种仅仅认为自己是至高无上的，对待其他任何事物都依照自己的用途而对待之，那么在这种框架中生活，是一种"道德的天真"。他指出，新伦理学实际上要处理的是，人们对这个世界和与他们相关的各种生命抱持什么态度的问题，尊重生命的伦理学是一种理论突破。他说："对生命的尊重需要一种新伦理学。它不仅是关心人的幸福，而且关心其他事物和环境的福利。环境伦理学对生命的尊重进一步提出是否有对非人类对象的责任。我们需要一种关于自然界的伦理学。它是和文化结合在一起的，甚至需要关于野生自然的伦理学。"（余谋昌，1994）

二、西方环境伦理学的主要理论派别

西方环境伦理学有两种主要观点、四种主要派别。两种主要观点：其一是传统的泛道德主义，它试图将以人为中心的伦理学向外延伸，及至子孙后代、非人类的动物、所有有感知能力的生命，甚至对整个自然界给予道德承认和保护。但是，这种对非人类的生命和自然界的关心和道德承认，完全是因为这样做对人类自己有好处。这种观点认为，如果不涉及评价主体，那自然界没有价值可言，因为只是人有价值。其二是基于生态科学的、以生态为中心的环境整体主义。这种观点依据生态学关于所有生命形式具有相对性，它们之间相互关联和相互依赖，以及它们对光合作用等基本过程的依赖性，认为非人类的生物和自然界具有内在价值，人类与生态规律的联合已成为头条戒律，生态学是一种伦理学。西方环境伦理学的这两种观点又有四个主要派别：新人类中心主义、动物解放论、生物中心主义和生态中心主义。

1. 新人类中心主义环境伦理

面对学术界关于人类中心主义是环境污染根源的批评，美国学者诺顿和墨特等人，提出新人类中心主义的观点。他们认为，环境危机的根源不是人类中心主义，它是一种文化危机。我们信仰人类的价值和人的伟大的创造潜力，这是完全正确的。人们提出人类对环境问题负有道德责任的问题，主要是由于对人类生存和社会发展的关心，对子孙后代利益的关心。因为人类生存必须依靠自然界。这是一种事实。我们保护自然是为了保护自己的利益。环境危机的后果表明，人对自然做了什么，就是对自己做了什么。人类中心主义，以人类利益和需要为基础，但是并不是所有人的利益和需要都是合理的。

诺顿（Bryan G. Norton，美国哲学家）提出区分两种人类中心主义：强式和弱式人类中心主义伦理理论。他认为，一种价值理论，如果一切价值仅以个人感性意愿（felt preference）的满足为标准，这是强式人类中心主义的。如果一切价值以理性意愿（considered preference）的满足为标准，这是弱式人类中心主义，或温和的人类中心主义。

所谓感性意愿，是一个人的希望和需要，以感觉或体验表现的心理定向活动。它关注单一的、直线式的需要和供给的对应关系，不考虑伴生的后果。它以人的直接需要为价值导向，以感性意愿为价值尺度，感觉决定行动，需要就是命令。

所谓理性意愿，是一个人的希望和需要，以经过谨慎的理性思考后才表达的心理定向活动。这种思考的目的是，要判断这样的希望和需要，是否得到一种合理的世界观、价值观、美学和道德观的支持，使人的意愿与合理的观念相符合。虽然这种意愿的完善是一个过程，需要不断重新审视；但是人的所有感性意愿付诸实现，必须有依据合理世界观的理性意愿的支持。

诺顿认为，主张人的所有感性意愿都应得到满足的理论，是一种强式人类中心论。它只关心人的感性意愿，以及这些意愿怎样得到满足，但是却不问这些意愿是否合理，是否应加以限制，因而一味放纵和姑息人们，把大自然视为满足人的感性意愿的原料仓库，鼓励了对自然的掠夺态度。他反对这种强式人类中心主义，赞成弱式人类中心主义。因为对人的感性意愿缺乏必要的反思和限制的理论是不完善的。弱式人类中心主义，它不仅区分了人的感性意愿和理性意愿，肯定满足人的意愿的合理性，而且还能依据合理的世界观和价值观对这种意愿的合理性进行评价，从而防止人对自然界的随意破坏。他认为，一切仅仅根据个人感性意愿产生的破坏自然、破坏人与自然协调的行为，是不道德的行为，这种行为应在道德上遭到拒斥。

诺顿的人类中心论，承认自然客体具有满足人的需要的价值，或"转换价值"。所谓转换价值，是自然事物可以转换为人类的需要，客体自然提供人体验和改变人的感性意愿的价值。但是，他不承认自然界的固有价值，拒斥把内在价值赋予非人类客体。人类的道德关心，之所以要延伸到子孙后代和自然界，这是由于人类幸福取决于环境质量，自然环境是人类实现自己的目的和价值的手段。也就是说，人对人以外的生物和整个自然界给予道德关心、承认和保护，对生命和自然界承担道德责任，这是因为保护生命和自然界就是保护我们自己，是为了对人类自身包括子孙后代利益的关心。

墨特（William H. Murdy，美国植物学家）从生物进化论、文化人类学、哲学认识论和本体论的角度展开他的现代人类中心主义的伦理观点。主要观点如下。

第一，人类评价自身的利益高于其他非人类事物，这是自然的。他说："物种的存在，以其自身为目的。若是完全为了其他物种的利益，它们就不能生存。从生物学意义上说，物种的目的是持续再生。他还引用这样的观点："一切成功的生物有机体，都为了它自己或它们种类的生存而有目的地活动。"在他看来，所有物种都是以自我为中心的。

但是，人类不同于其他生物，除了具有生物本能外，还具有特殊的文化本能，这决定了人与其他生物有重大的差别。人类为了生存，开发自然和利用其他生物，这是自然的。问题在于要区别，哪些开发方式是进步的，能促进人类价值的正当目的；哪些开发方式是退步的，是毁灭人类价值的不正当目的的。

第二，人具有特殊的文化、知识和创造能力，这只表示人对自然肩负更大的责任。人类依据这种能力，使自己成为地球上占统治地位的物种。在地球进化中，这是第一次一个物种在总体上控制其他物种。这样，既发挥人的优势，又使人类陷入困境。但是，人征服和主宰自然，从根本上说，这种征服和主宰无益于人类利益和价值的实现。人类文化进步的副作用之一是，人对自然的物质需要超过自然生态系统的承受能力。我们要关注这种负作用，修正这种负作用。

第三，完善人类中心主义，需要揭示自然事物的内在价值。我们的生存依赖地球生态系统的正常功能，需要保护生命支持系统的持续性。所谓现代人类中心主义，"这种人类中心主义的基础，是在于个人的健康既取决于社会组织，也取决于对生态支持系统健康的认识。"一种有效的人类中心主义伦理，使自然保护有坚实的基础，就必须承认自然事物的内在价值，因为自然事物不是为了人的目的而存在的。他说："一种对待自然界的人类中心主义态度，并不需要把人看成是价值的源泉，更不排除自然界的事物有内在价值的信念。"因为，人类"自我利益的膨胀，不可能为生态的良性运转提供足够的动力。即使这个陈述能根据相应的工具价值而得到解释。但是，更重要的是，人类应该承认事物的内在价值，否则，人们不会有足够的动力保存包括人的个性和人的物种属性在内的生存生态。"

第四，信仰人类的伟大潜力。墨特指出，环境危机在认识论上的原因是，"我们没有认识到一切事物在本质上是互相联系的。"在人类进化过程中，人的认识有两次飞跃：一是认识人与自然的区别，人与自然并不是同一的；二是认识人类行为的选择自由是有限度的，它被自然界整体动态结构的生态极限所束缚，人类活动必须保持在自然系统价值的限度内。

人类中心主义的理论结构，把非人类的生命和自然界包括在内，这是人类认识重要进展。这导致人类对自然的责任的发现，人类对生命和自然界道德态度的承认。这是环境哲学的重要成果。

2. 动物解放或动物权利论环境伦理

它又称尊重感觉的伦理学，主要代表人物是澳大利亚哲学家辛格（P. Singer），他主张解放动物，给予动物平等的权利。1975 年，辛格著《动物解放：我们对待动物的一种新伦理学》一书。他认为，道德界线应当画在有感觉能力的存在物那里，凡是有苦乐感受能力的存在物都有资格成为道德权利的客体。

辛格把尊重动物的权利，保护动物的利益与当代尊重和捍卫妇女、黑人和同性恋者的权利，以及没有认知能力的婴儿和功能不健全的成人的利益和权利联系起来。他认为，如果以一种导致痛苦和难受的方式对待这些人在道德上是错误的，那么，以同样的方式对待动物也是错误的。他主张平等地考虑人和动物的利益，两者的利益是同等重要的。如果主张，为了人类的利益可以牺牲动物的基本利益，实际上这是犯了一种与种族歧视和性别歧视相类似的错误。因而他提出"动物解放"的口号，认为当代解放运动要求我们扩展自己的道德视野和道德应用的范围，实行一种新的伦理学。他说："我所倡导的是，我们在态度和实践方面的精神转变应朝向一个更大的存在物群体：一个其成员比我们人类更多的物种，即我们所蔑视的动物。换言之，我认为，我们应当把大多数人都承认的那种适用于我们这个物种所有成员的平等原则扩展到其他物种上去。"

辛格的动物解放的伦理学的主要观点如下：

（1）所有动物都是平等的。

平等的基本原则是"关心的平等"。辛格以利益来解说动物的道德地位。他说："毫无疑问，每一种有感觉能力的存在物都有能力过一种较为幸福或较不痛苦的生活，因而也拥有某种人类应予关心的权益。在这方面，人类与非人类动物之间并不存在一条泾渭分明的分界线。"但是，他认为，动物权利的道德基础，是动物具有感受痛苦、愉快和幸福的能力，因而这才是判断道德与否的尺度。他说："感受痛苦和享受愉快的能力是拥有利益的前提，是我们在谈论真实的利益时所必须满足的条件。说一个小学生踢路边的石头是忽视了石头的利益，这是荒谬的，一颗石头确实没有利益，因为它不能感受苦乐。我们对它所做的一切不会给它的福利带来任何影响。相反，一只老鼠却拥有不遭受折磨的利益，因为如果遭受折磨，它就会感到痛苦。"如果一个存在物能够感受苦乐，那么拒绝关心它的苦乐就没有道德上的合理性。不管一个存在物的本性如何，平等原则都要求我们把它的苦乐看得和其他存在物的苦乐同样重要。如果一个存在物不能感受苦乐，那么它就没有什么需要我们加以考虑的了。这就是为什么感觉能力是关心其他生存物的利益的唯一可靠界线的原因。用诸如智力或理性这类特征来划定这一界线，是一种很武断的做法。感受苦乐的能力，是一个存在物获得道德权利的根本特征；平等地关心利益的原则作为基本的道德原则，是平等地关心所有能感受苦乐的动物。他说："如果较高的智力不是一个人把他人作为实现其目的和工具的理由，那么它又如何能成为人类剥削非人类动物的根据呢？"

（2）承认人的权利和动物的权利是有差别的。

赋予动物权利，但并不是说人和动物拥有完全相同的权利。辛格反对"一刀切"地对待人和动物的权利。他说："把平等的原则从一个团体（人的团体）扩展到另一个团体（动物的团体）并不意味着，我们必须以一刀切的方式来对待这两个团体，或假定二者拥有完全相同的权利。我们是否这样做取决于这两个团体的成员的本性。我将证明，平等的基本原则是关心的平等，而对不同存在物的平等关心，可以导致区别对待和不同的权利。"

他认为，人与动物的权利是有差别的，但是这种差别并不拒斥两者具有平等的权利。就是对人而言，对于平等的要求并不依赖于智力、道德天赋、体力或类似的事实。平等是一种道德理想，而不是对事实的一种简单维护。我们找不到可以令人信服的逻辑理由来假定：两个人在能力上的差异可以证明在满足其需要和利益时重此轻彼的合理性。人类的平等原则并不是对人们之间所谓事实平等的一种描述，而是我们应如何对待他人的一种道德规范。这种规范是："每个人的利益都应考虑进去，决不能重此轻彼。"种族歧视主义者，在其利益与其他种族成员的利益发生冲突时，过分强调自己种族成员的利益，这违背了平等原则。同样，物种歧视主义者，为了他自己这一物种的利益而牺牲其他物种成员的利益，这也违背了平等的原则。

辛格强调所有动物个体都有平等的权利，因而他的观点称为个体主义的观点，也可纳入生物中心主义伦理学。

3. 生物中心主义环境伦理

这是一种认为有机体有其自身的"善"，因而主张把道德对象的范围扩展到人以外的生物的环境伦理理论，包括施韦兹"尊重生命的伦理学"；泰勒"生物平等主义伦理学"。它的主要观点是：①所有生物都内在地抵御增熵过程，以保持自己的组织性，维护自身生存，生命具有同一性。②维护自己的生存，是所有有机体的生命目的中心，这是有机体的内在价值，是有机体的"善"。③虽然不同的有机体，有不同的自组织方式，它们以自身的方式维护生存，但具有同等的内在价值。因而具有平等的道德权利，应当得到道德承认、关心和保护。

（1）施韦兹尊重生命的伦理学。

1923 年，施韦兹出版《文明的哲学：文化与伦理学》一书，提出尊重生命，即敬畏生命的伦理学，为现代西方生态伦理学奠定了理论基础。他认为，我们的伦理应从"敬畏生命"开始。所谓"敬畏"，是敬畏每个想生存下去的生命，如同敬畏他自己的生命一样。敬畏生命伦理的主要观点有如下几个方面。

尊重生命的伦理学的性质。过去的伦理学认为，道德只涉及人对人的行为，只对人讲道德，是人际关系的伦理学。这种伦理学是不完整的。他说："实际上，伦理与人对所有存在于他的范围之内的生命行为有关，只有当人认为所有生命，包括人的生命和一切生物的生命都是神圣的时候，他才是道德的。"虽然涉及人对同类行为的伦理会很深刻和富有活力，但它仍然是不完整的。一种完整的伦理，要求对所有生物行善。这符合有思想的人的天然的对生命的尊重。因而，"这种根本上完整的伦理学具有完全不同于只涉及人的伦理学的深度、活力和功能。"它促使所有的人，关怀他周围的所有人和所有生物的生命，给予需要它的人以真正人道的帮助，给予所有生物以道德关心。

他说："在本质上，敬畏生命所命令的是与爱的伦理原则一致的。只是敬畏生命本身就包含着爱的命令和根据，并要求同情所有生物。"因此，尊重生命的伦理学，不仅是伦理范围的扩大，而且是伦理学性质的转变。它是一种新的伦理学。

尊重生命的伦理学的功能。为了摆脱文化危机，要"把肯定人生与道德融为一体。它的目标是：实现进步和创造有益于个人和人类的物质、精神、伦理的高度发展的各种价值"。因而，尊重生命的伦理学的功能，首先要建立肯定世界的世界观，抛弃否定世界的世界观。只有尊重生命的世界观，"对世界采取肯定的态度，它认为这一世界中生存都是有意义的；但是，也存在着一种轻视世界的世界观，它提倡对与世界相关的一切采取冷漠的态度。"他还说："伦理就其本性而言是肯定世界的。它要在善的意义上活动并发挥作用。由此可见，肯定世界的世界观对伦理的不断发展具有有益的影响，而否定世界的世界观则会给它带来麻烦。在第一种状况下，伦理能按其本性得到发展，而在第二种状况下，它将变得反常。"因而，只有"与我们的天然感受性相符的是这种肯定世界的世界观，它促使我们感到这个世界就是'家园'，并在其中活动。而否定世界的世界观则相反，它要求我们在这个我们也是其中一员的世界中作为一个陌生人来生活，否认在这一世界中活动的意义，显然，这是与我们的天然感受性相矛盾的。"尊重生命的伦理学可以使我们避免这种矛盾。通过对所有生物的伦理行为，我们与宇宙建立了一种有教养的关系。

"把爱的原则扩展到动物，这对伦理学是一种革命。"他说："如果只承认爱人的伦理，人们就可能无视这一事实：由于承认爱的原则，伦理就不可能规则化。但是，如果把爱的原则扩展到一切动物，就会承认伦理的范围是无限的。从而，人们就会认识到，伦理就其全部本质而言是无限的，它使我们承担起无限的责任和义务。"但是，一般地宣传这种伦理比较容易，但要提出具体的行为规则，特别是实践这种规则，那是困难的。因而，"要教导我们敬畏一切生命和爱一切生命的伦理学，必须同时断然使我们明白：我们一直处于毁灭和伤害生命的必然性中，如果我们敢于，并不由于无思想而麻木不仁的话，我们就会陷于多么尖锐的冲突啊！"

为了避免这种冲突，我们必须真正认识到，生命是神圣的，所有生命是休戚与共的整体；所有生命具有生存的愿望，我们要尊重这种愿望。这是尊重生命的伦理学的根据。我们要把保护、繁荣和增进生命的价值看作是道德的根据，是尊重生命的伦理学的出发点。他说："只有当一个人把植物和动物的生命看得与他的同胞的生命同样重要的时候，他才是一个真正有道德的人。"这是一场伦理学的革命。

尊重生命的伦理学的原则。施韦兹认为，伦理的善是：维持生命，改善生命，培养生命能发展的最大价值。伦理的恶是：毁灭生命，伤害生命，压抑生命的发展。1919年在第一次阐述"敬畏生命的原则"时，他说："善是保存和促进生命，恶是阻碍和毁灭生命。"1963年作了进一步的表述："善是保持生命、促进生命，使可发展的生命实现其最高价值。恶则是毁灭生命、伤害生命，压制生命的发展。这是必然的、普遍的、绝对的伦理原则。"敬畏生命的伦理的基本原则是绝对的。

一切生命都是神圣的，没有高低贵贱的等级之分。他说："敬畏生命的伦理否认高级和低级的、富有价值和缺少价值的生命之间的区分。"人们通常作这样的区分，是依据人的感受性。这是一个完全主观的尺度。作这样区分的结果是，似乎有毫无价值的生命，伤害和毁灭它没有什么关系。这是错误的。"真正伦理的（即有道德的）的人认为，一切生命都是神圣的，包括那些从人的立场来看显得低级的生命也是如此，只是具体情况和必然性的强制下，他才会作出区别。即他处于这种境况，为了保存其生命，他必须决定牺牲哪些生命。在这种具体决定中，他意识到自己行为的主观和随意性，并承担起对被牺牲的生命的责任。"

尊重生命的伦理学，是一种肯定世界的新的世界观，"只有（这种）伦理世界观才具有使人在行动（建设新文化的行动）中放弃利己主义利益的力量，并在任何时候促使人把实现个人的精神和道德完善作为文化的根本目标。与此相关，思考肯定世界、人生和伦理，也就是思考真正的、完整的文化理想和把它付诸实现。"

（2） 泰勒生物平等主义伦理学。

1986 年，美国环境哲学家泰勒（P. Taylor）著《尊重自然：一种环境伦理学理论》一书，建构了一种完整的生物中心论的伦理学体系，主要包括三部分（杨通进,1998）。

第一，生物中心论世界观。

这种世界观看待世界的信念是：人是地球生物共同体的成员，人和其他生物起源于共同的生物进化过程，共享地球生态资源。 自然界是一个相互依赖的系统，人和其他物种是这个系统的有机构成要素。 所有有机体都是生命目的中心，它的内部功能和活动的目的，是维持自己的生存，并以自己特殊的方式保持自身并实现它的"善"。 人并非天生就比其他生物优越，每一个物种拥有同等的天赋价值，有机体的内在价值，没有谁比谁更优越，应当接受"物种平等"的原理。

第二，依据生物中心论世界观，人类的道德态度是尊重大自然。

所有生命有其自身的善，因而具有内在价值。 具有固有价值的事物，应当受到道德的关注。 它成为人的责任的客体，所有道德主体有责任尊重它们自身的善。 他说："一种行为是否正确，一种品质在道德上是否善良，取决于它们是否展现或体现尊重大自然这一终极性的道德态度。" 因为所有生物都是生命目的的中心，都拥有自己的"善"。

第三，生物中心论环境伦理规范。

从尊重生命出发，泰勒提出尊重生命的伦理的四原则。

一是不作恶的原则。 不伤害自然环境中所有拥有自己"善"的实体，包括不做严重危害有机体、种群和生命共同体的利益的事，不杀害有机体，不毁灭种群或生命共同体。

二是不干涉的原则。 不限制有机体追求它的"善"、追求它的利益的自由，不限制自然界中自发地发生的生态过程。 大自然中发生的一切都没有错，应以"自然之手"控制和管理一切，采取"袖手旁观"的政策。 他说："我们不应试图去操纵、控制、修改或管理自然生态系统，亦不应干预它的正常运行。"

三是忠诚的原则。 要求我们不要打破野生动物对我们的"信任"，不要让动物对我们的希望落空，反对有意欺诈、欺骗动物的行为。 他说："违背忠诚原则最明显、最通常的例子是打猎、设陷阱捕捉和垂钓行为。" 这是有意欺诈动物的不忠诚行为。

四是补偿正义的原则。 要求伤害了有机体的人要对这些有机体作出补偿，使它们得到"补偿利益"，以恢复正义的平衡。 人们常常以牺牲其他生命的利益为代价实现自己的福利，为此人有对其他生命的"补偿正义"的义务，并承担保护和恢复生态平衡所需的费用。

4. 生态中心主义环境伦理理论

生态中心论与生物中心论以生命个体为标准不同，它认为，物种和生态系统整体比个体更重要，具有道德优先性，提倡一种整体主义的环境伦理思想。主要代表人物有利奥波德和罗尔斯顿。

(1) 利奥波德的大地伦理学。

利奥波德（A. Leopold，1887-1948），美国思想家，著名生态学家。1933年，他发表《大地伦理》这一被评价为"拓宽道德研究的范围，实现伦理观念的变革"的著作，因而被誉为环境伦理学的创始人。他的主要观点如下。

大地伦理学扩大伦理学的边界。

利奥波德认为，"大地伦理学只是扩大了共同体的边界，把土地、水、植物和动物包括在其中，或把这些看作是一个完整的集合：大地。"他提出"大地共同体"概念。他说："大地是一个共同体。这是生态学的基本概念。大地是可爱的且应受到尊重。这是伦理学的一种扩展。"他主张，伦理学的道德规范，需要从调节人与人之间的关系，或者人与社会之间的关系，扩展到调节人与大地（自然界）之间的关系，把道德权利扩大到动物、植物、土壤、水域和其他自然界的实体，确认它们在一种自然状态中持续存在的权利。这是生物和自然界应该有的权利。

大地伦理学改变人在自然中的地位。

在"大地共同体"概念中，人是这个共同体的一员。他说："事实上，人只是生物队伍中的一个成员的事实，已由对历史的生态学上的认识所证实了。很多历史事件，至今还都只以人类活动的角度去认识，而事实上，它们都是人类和大地之间相互作用的结果。"因而人类必须重新考虑他们作为自然界的成员和公民的角色，人在自然界的恰当的地位，不是一个征服者的角色，也不是一个根据个人利益或经济利己主义，作出有关环境决定的经济企业主的角色，也不是人类家庭成本利益计算者的角色，而应当是大地（自然界）共同体中一个好公民的角色。他说："大地伦理学改变人类的地位。从他是大地—社会的征服者，转变为他是其中的普通一员和公民。这意味着人类应当尊重他的生物同伴，而且也以同样的态度尊重大地社会。"

大地伦理学需要确立新的伦理价值尺度。

利奥波德认为，为了建立新的伦理学，需要改变流行的价值哲学，用全新的价值观重建人类理性的大厦。他说：现在"大地利用的伦理学，还是由经济私利完全统治着"。它总是强调大地经济利用的可行性，并且认为永远具有经济利用的可行性。人们只是从经济学的尺度对自然进行价值评价，只是从经济学的尺度采取利用和保护自然的措施。现在，"自然保护系统，完全以经济价值为基础。这是它的一个最基本的弱点。"因为在这种保护系统中，大地共同体中的大部分成员是不具有经济价值的。但是，这种完全以经济私利为基础的大地利用是难以奏效和持久的。他说："一个孤立的以经济的个人利益为基础的保护主义体系，是绝对片面性的。它趋向于忽视，从而也就最终要灭绝很多在土地共同体中缺乏商业价值，但却是（就如我们所能知道的程度）它得以运转的基础成分。我认为，它错误地设想，生物链中有经济价值的部分，将会在无经济价值的部分的情况下运转。"也就是说，排除了无经济价值的生物，经济的健全运转是不可能的。

利奥波德曾指出，缺少经济价值不仅是许多生物种群的特征，而且是许多生物群落的特征。例如有些树种，它们生长慢或木质差，作为原木收获商业价值不高。又如，沼泽、泥塘、荒地等生物群落，虽然它们对人类而言没有什么经济价值，但是，这是许多野生动物和植物赖以生存和繁殖的地方。如果只从经济利益考虑，排干沼泽地，把它改为农田，可增加谷物的收获，但可能导致生物资源的不可逆转的破坏。现在保护"沼泽的财富"越来越受到人们的重视，它已列为人类的课题。

如果以单一经济私利为目标，任意毁掉那些没有商业价值的物种和生物群落，那就恰恰毁掉了大地系统的完整性，毁掉大地维持生命的完善功能。上述认为没有生命过程的参与，经济过程的机制能够正常地运行，这种观点是一种主观想象，实际上是不可能的。为了确立新的伦理学，人类必须抛弃那种合理的土地利用只是经济利用的观点，要尊重生命和自然界，既要承认它们永续生存的权利，又要承担保护大地的责任和义务。

大地伦理学的基本道德原则。

利奥波德说："从什么是道德的以及什么是道德权利，同时什么是经济上的应付手段的角度，去检验每一个问题。当一个事物有助于保护生物共同体的和谐、稳定和美丽的时候，它就是正确的，当它走向反面时，就是错误的。"这是大地伦理学的根本道德原则。他认为，这种道德原则，"从生态学的角度来看，是对生存竞争中行动自由的限制；从哲学观点来看，则是对社会和反社会行为的鉴别。"

为了实施这一道德原则，他主张采取多种措施，控制完全为了经济私利而利用大地和破坏公有资源的行为：一是用法律措施制止私利的扩张。二是运用利益调节，制定相应的行政和经济措施与人的利益挂钩，以限制私利膨胀。三是运用伦理调节，制定相应的道德规范，用公众舆论限制私利。他说："没有生态意识，私利以外的义务就是一句空话。所以，我们面对的问题，是把社会意识的尺度从人类扩展到大地。"

总之，大地伦理学依据生态学的整体性观点，以及人类道德的进化，主张把道德对象的范围从人际关系的领域，扩展到人与自然关系的领域。这是人类道德的进步。

（2）罗尔斯顿的自然价值论。

罗尔斯顿，美国科罗拉多大学教授，著名哲学家，国际环境伦理学学会前主席。主要著作有：《哲学走向荒野》（1986）、《环境伦理学：大自然的价值以及人对大自然的义务》（1988）、《保护自然价值》（1994）等。他的著作建立了现代环境伦理学的科学体系，对生态伦理学作出了非常重要的贡献。

《哲学走向荒野》被评价为"生态伦理学的划时代文献之一"。它从生态规律转换为道德义务的必要性，论证了生态伦理学的合理性；阐述了自然界的价值，它的内在价值和外在价值，自然价值的客观性和主观性的统一以及自然界的权利等问题，建构了生态伦理学的基本理论；提倡重视生态伦理学实践，它对保护地球的意义；提出全球环境伦理学，关于有价值的地球的理论框架。

《哲学走向荒野》提出"荒野转向"，这是一个非常重要的概念。它是指哲学中的"荒野转向"，或关于荒野的哲学观念转向，因而是"哲学转向"。他指出："荒野独立于我们人类。它是价值的王国。荒野自然界具有完整性。这种完整性是荒野的功能。如果我们不认识它的完整性就去享用它，那么这是我们的道德浅薄。"

《保护自然界价值》主要论证自然价值和文化价值、自然价值的多样性和复杂性、生态系统完整性和健康的价值、人类和野生生物的价值、自然界的内在价值等。他认为，文化高于自然，但文化又不能离开自然，地球自然界的价值、地球上生命和生态系统的价值，是生命和自然界长期进化的结果。我们必须尊重和保护自然，传播"遵循自然"的伦理思想，以道德的方式完善人对自然的适应。

《环境伦理学：自然界的价值和对自然界的义务》，提出环境伦理学完整的科学体系，系统地阐述了以自然价值为基础的生态中心论的环境伦理学。他说："人际伦理学已经花了2000年时间来唤醒人的尊严。在我们走向新的1000年之际，环境伦理学要求人们意识到地球上那个更为伟大的生命进化过程，人只是这个过程的一个最重要的部分。"在这里，"我们这里并不是简单地把人际伦理应用到环境事务中去。从终极的意义上说，环境伦理学既不是关于资源使用的伦理学，也不是关于利益和代价以及它们的公正分配的伦理学；也不是关于危险、污染程度、权力与侵权、后代的需要以及其他问题——尽管它们在环境伦理学中占有重要地位——的伦理学。在这种伦理学看来，环境是工具性的和辅助性的，尽管它同时也是根本的必要的。只有当人们不只是提出对自然的审慎利用，而是提出对它的恰当尊重和义务问题时，人们才接近自然主义上的原发型环境伦理学。"人类与非人类存在物的一个真正具有意义的区别是，动物和植物只关心（维护）自己的生命、后代及其同类；而人类却能以更为宽广的胸襟关心（维护）所有生命和非人类存在物。这就是环境伦理学的主题。人类生存是以对生命的爱为原则，尊重生命，它要求人类超越那种只把地球作为资源来使用的观点，而把它看作是人和其他生命的共同家园。人类在生态系统中的位置，位于食物链和生命金字塔的顶端，但是"人类具有完美性，他们展示这种完美性的一个途径是，看护地球"。

环境伦理学以上各种派别的观点，在本质上是超越工业文明的，是生态文明的伦理观念，是我们创建中国环境伦理学要借鉴和吸纳的。

第二节 创建中国的环境伦理学

中国环境伦理学从介绍西方环境伦理学起步，1980 年发表希腊哲学家 W.T·布拉克斯顿《生态学与伦理学》（1980）一文，这是中国第一篇介绍环境伦理学论文。20 多年来，中国学术界翻译、出版了西方环境伦理学的一系列论文和专著，并在介绍、分析和评价的基础上，继承中国思想和文化传统，结合中国实际开展自己的研究，在大学开设环境伦理学课程，设置学士、硕士和博士学位，形成一支环境伦理学的专业学术团队，发表一系列专题论文，出版了许多专门著作，形成中国环境伦理学研究的特色。罗尔斯顿在他的《环境伦理学》中文版前言指出，中国的环境保护与可持续发展面临许多重大问题，人们需要环境哲学的指导，"对于中国建立自己的环境哲学、对于自己的自然辩证法而言，所有这些都既是挑战又是机遇。除非（且直到）中国确立了某种环境伦理学，否则，世界上不会有地球伦理学，也不会有人类与地球家园的和谐相处；对此我深信不疑。"这是中国环境哲学研究的光荣使命。

一、承传中国古代环境伦理思想

中国环境伦理学在中国土地上诞生和发展，继承中国思想传统。这是中国环境伦理学的特点和优点。虽然，环境伦理学是现代新伦理学，古代没有环境伦理学。但是，中国古代思想家，依据整体论自然观，关注宇宙，关注生命，关注人生。"生"的问题是中国哲学的核心问题，构建和发展了"生的哲学"。它有丰富深刻的关于人与生命，关于人与自然关系的思想，有人与自然和谐发展的深刻论述。这是古代形态的环境伦理思想。中国传统文化具有高度的包容性、稳定性和继承性。它的历史悠久和丰富深刻，它能包容世界各种先进思想。这在人类思想史上是罕见的，受到世界学术界的广泛关注。西方环境伦理学创始人之一罗尔斯顿指出，环境伦理学正在把伦理学带到一个突破口，但在这个突破口上，西方在思想上有许多困难，东方则很有前途。他说："传统西方伦理学未曾考虑过人类主体之外的事物的价值。环境伦理学必须考虑生物学客体。它是非人类中心主义的。过去西方强调科学和伦理学的分离，现在需要改革一种关于自然界没有价值的科学，并且改革只是人才是重要的伦理学……显然，这在观念上是困难的。因为西方在科学与伦理学、在事实与价值之间，也就是说，在是什么和应该是什么之间有一条界线。生命存在是一个无可争辩的生物学事实，不仅仅人而且千百万其他物种都生活在地球上。人应该尊重生命。这是一个无可争辩的伦理学命令。但是，怎样从生物学发展到伦理学呢？为什么我们要尊重其他千百万物种呢？我们怎样把这种尊重分配给人类、动物和植物等物种和生态系统呢？当西方试图形成一种环境伦理学时，我们遇到了思想上的困难……在这方面似乎东方很有前途。佛教禅宗有一种值得羡慕的对生命的尊重。东方的这种思想没有事实和价值之间，或者人与自然之间的界限。在西方，自然界被剥夺了它固有的价值，它只有作为工具的价值。"（余谋昌，1994）

中国古代环境伦理思想，是我国环境伦理思想之根。它对建构中国现代环境伦理学是有重要现实意义的。

1. "天人合一"，儒学环境伦理思想

孔子以仁学为他的思想的核心，"仁者安仁，知者利仁"。什么是"仁"？他认为"仁者，爱人"，仁的基本含义是"爱人"，"泛爱众"，以"己欲立而立人，己欲达而达人"的原则做人，这是对人的基本道德要求。虽然"仁学"是关于人际道德的理论，"子曰：己所不欲，勿施于人。"这是儒学伦理的又一基本原则。但是，儒家学者从"天人合一"的观点出发，高扬"天道生生"的哲学，认为需要从爱人扩展到爱物（生物），把"己所不欲，勿施于人"的原则，推广到适用于人与自然的关系，成为一种普世伦理原则。

《周易》最基本的思想是："生生之谓易""天地之大德曰生"。"易"就是生生，"生生"二字，第一个"生"是动词，即创生和生产。第二个"生"是名词，即生命和万物。"天"创造世界万物，万物生而又生，生生不息。这就是"易"，就是最高的"德"。《周易》说"日新之谓盛德，生生之谓易"，因而"圣人之情见乎辞，天地之大德曰生。"

儒家学者认为，人对生命和自然的尊重和敬畏是必要的。同时，从生物和自然对人有用的观点出发，认为对它给予关爱也是必要的。《周易·系辞上》说："安土敦乎仁，故能爱。"人们从各自的处境，以敦厚仁爱的本性，便能博爱万物。因而它提倡"仁爱万物"，又主张从"仁民"而"爱物"，阐述了古代环境伦理思想，对环境保护具有重要意义。

"仁者，义之本也。"（《礼记·礼运》）仁构成儒学的道德体系，所谓"父子亲(仁)，然后义生；义生，然后礼作；礼作，然后万物安。"（《礼记·郊特牲》）实行仁、孝、义、礼等伦理规范，达到"万物安"的伦理目标。儒者对此有不同的解说。

孟子说："仁者人也；合而言之，道也。"（《孟子·尽心下》）因而，他主张"仁民爱物"。他说："君子之于物也，爱之而弗仁，仁之而弗亲。亲亲而仁民，仁民而爱物。"（《孟子·尽心上》）在孟子看来，爱与仁是有区别的。人虽然要爱护生命，但对生物不必讲仁。爱对于人谓之仁，对于物不谓之仁，而是一种"仁术"。物(主要是指六畜牛羊之类)由于它们可以养人，因而爱育之。这里爱物是为了人，即"仁民爱物"也。孟子基于生命和自然界对人有价值，因而要讲仁，要爱育之。

儒学发展到董仲舒，就其生命哲学而言，把仁直接扩展到动物，完成了仁从"爱人"到"爱物"的转变。他说："质于爱民，以下至鸟兽昆虫莫不爱。不爱，奚足以谓仁？"他把仁这一道德范畴从人扩展到鸟兽鱼虫。这是有重要的环境保护意义的。

宋代以后儒学的生命哲学又有很大的发展，把生看成是宇宙的本体，把仁与整个宇宙的本质和原则相联系，把仁直接解释为生，即解释为一种生命精神和生长之道。朱熹说："盖仁之为道，乃天地生物之心，即物而在；情之未发而此体已具，情之既发而其用无穷。诚能体而存之，则众善之源，百行之本，莫不在是。"（《仁说》）他认为，天地之心是万物生长化育。它赋予万物生的本质，从而生生不息。这种统一的生命就是仁，而且是"众善之源""百行之本"。

清代戴震进一步提出"生生之德"就是仁。他说："仁者，生生之德也……所以生生者，一人遂其生，推之而与天下共遂其生，仁也。"（《孟子字义疏正·仁义礼智》）也就是说，人人遂其生，而且不仅人类遂其生，推之以天下万物，使天下万物共遂其生，这才是仁。不仅人类生存，天下万物也要生存，因而他高扬赞助天地万物的"生生之德"的道德哲学。

此外，儒学把一些道德范畴从人扩展到物，也有重要的环境保护意义。

例如，孝是伦理范畴，孔子扩展了孝的范围。曾子引述孔子的话说："树木以时伐焉，禽兽以时杀焉。夫子曰：'断一树，杀一兽，不以其时，非孝也。'"（《礼记·祭义》）这是遵循夏朝制定的古训："春三月，山林不登斧斤，以成草木之长；川泽不入网罟，以成鱼鳖之长。"孔子宣扬"国君春田不围泽，大夫不掩群，士不取麛卵。"（《礼记·曲礼下》）他把保护自然提到道德孝的高度。

又如义这一伦理范畴。《史记·孔子》世家记载，孔子听说晋国两位有才德的大夫被杀，大发感慨："丘闻之也，刳胎杀夭则麒麟不至郊，竭泽涸渔则蛟龙不合阴阳。何则？君子讳伤其类也。夫鸟兽之于不义尚知辟之，而况乎丘哉！"他把杀人和刳杀动物都看作不义行为。

又如礼这一伦理范畴。"礼也者，合于天时，设于地财，顺乎鬼神，合于人心，理万物者也。"（《礼记·礼器》）儒家礼的范围是包括天、地、生、人万物的。荀子说："礼有三本：天地者，生生之本也；先祖者，类之本也；君师者，治之本。尊先祖而隆君师，是礼之三本也。"（《荀子·礼运》）把"礼"应用于对待生命时，他说："杀大蚤，非礼也。"（《荀子·大略》）"蚤"即早，指不合时宜过早宰杀动物是不符合礼的。

仁、孝、义、礼这些道德规范从人扩展到物，这是现代环境伦理学主要观点。2000多年前，它在中国古代思想家已有所论述，它的实施对环境保护有重大意义。

2."道法自然"，道学环境伦理思想

"道生万物""道法自然"。这是道家哲学的主要观点，也是道学环境伦理的重要观点。

（1）道生万物，万物平等的伦理思想。

道家认为，道创造了万物，世界有了万物，自此"天地与我并生，而万物与我为一"。这是古典道家万物平等的理论根据。老子说："天地不仁，以万物为刍狗；圣人不仁，以百姓为刍狗。天地之间其犹橐籥乎？虚而不屈，动而愈出。多言数穷，不如守中。"（《道德经·第5章》）天地不偏爱，视万物为刍狗（祭祀时用草扎成的狗）；圣人不偏爱，视百姓为刍狗。我们要遵循自然规律，视万物平等，无贵贱之分，对万物一视同仁，这是"守中"。

老子以天道论证人道，人道包括在天道内，天道之内，万物自我发展（"自化"），因而万物是平等的。

庄子以《齐物论》为题，他在文中说："物固有所然，物固有所可。无物不然，无物不可。故为是举莛与楹，厉与西施，恢恑憰怪，道通为一。"

在他看来，小草（莛）与大树（楹），丑女（厉）与西施，虽然万物千姿百态，但从道的角度，它们是不分彼此的，没有贵贱之分。他又说："民湿寝则腰疾偏死，鳅然乎哉？木处则惴栗恂惧，猿猴然乎哉？三者孰知正处？民食刍豢，麋鹿食荐，蝍蛆甘带，鸱鸦耆鼠，四者孰知正味？猨猵狙以为雌，麋与鹿交，鳅与鱼游。毛嫱、丽姬，人之所美也，鱼见之深入，鸟见之高飞，麋鹿见之决骤，四者孰知天下之正色哉？自我观之，仁义之端，是非之涂，樊然淆乱，吾恶能知其辩！"（《庄子·齐物论》）

这里的意思是说，人住在潮湿的地方会生病，住在树上会害怕，但泥鳅、

猿猴则不然；人食禽兽，麋鹿吃草（荐），蝍蛆（蜈蚣）吃蛇（带），鸱鸦吃鼠，四者食性不同；丽人、鱼、鸟、鹿四者以不同的事物为美，有不同有审美准则。这些不是仁义、是非之别；而是利害之别，它们都在趋利避害，追求自己的生存，这是同一的。在生态食物链上，不同物种处于不同的生态位，有不同的生存方式。这不是仁义的问题，而是生存的问题。在生存这一根本问题上，要"齐万物以为道"，尊重所有生命的生存。

按道的法则，万物齐一，万物自化，因而万物是平等的，要兼容万物。庄子说："天地万物与我并生，类也。类无贵贱。""北海若曰：'以道观之，物无贵贱；以物观之，自贵而相贱；以俗观之，贵贱不在己……河伯曰：'然则我何为乎？何不为乎，吾辞受趣舍，吾终奈何？'北海若曰：'以道观之，何贵何贱是谓反衍。无拘而志，与道大蹇。何少何多，是训谢施；无一而行，与道参差。严乎若国之有君，其无私德；繇繇乎若祭之有社，其无私福；泛泛乎其若四方之无穷，其无所畛域。兼怀万物，其孰承翼？是谓无方。万物齐一，孰短孰长？道无始终，物有死生，不恃其成，一虚一满，不位乎其形。年不可举，时不可止；消息盈虚，终则有始。是所以语大义之方，论万物之理也。物之生也，若骤若驰，无动而不变，无时而不移。何为乎？何不为乎？夫固将自化。"（《庄子·秋水》）

应该怎么办？从道来看，天下万物都有自己的位置，虽然各不相同，但并没有贵贱之分，"类无贵贱"；贵贱向相反的方向演化（"反演"），循环往复，相互转化（"谢施"）；贵贱是由人以世俗的观点而定的；因而我们对万物要兼爱，兼容万物，没有偏心，"无私德""无私福"，这样才是符合道德的。

（2）道法自然，尊道贵德的伦理思想。

老子以"道"表述他对世界的看法。他认为"德者，道之功"，德是由道产生的，德即得，"德，不得，不得，德。""上德不得是以有德；下德不失得是以无德。"（《老子·第38章》）万物"道生之，德育之"；"志于道，据于德"，因而要"道法自然""厚德载物"。也就是说，"道法自然""尊道贵德"，这是道家自然哲学，它表述了人类遵循自然界的法则，它既是客观规律，又是人类的"至德"。老子说："道生之，而德畜之；物形之，势成之。是以万物莫不尊道而贵德。道之尊也，德之贵也，夫莫之爵，而恒自然也。故道生之，德育之，长之育之，亭之毒之，养之覆之。生而弗有，为而弗恃，长而弗宰，是谓玄德。"（《老子·第51章》）"生之畜之，生而不有，为而不恃，长而不宰，是谓玄德。"（《老子·第10章》）

这里的意思是说，"道"生长万物，德繁殖万物；物质使万物形成，环境使万物生长和成熟。因而天下万物都尊崇道，而贵重德。它们之所以被尊崇和贵重，这是自然而然的。所以道生长万物，德繁殖万物，使万物生长，发育，结子，成熟，对万物要抚养和保护。但是，生长和养育了万物但不据为己有，帮助万物但不自恃有功，引导万物但不宰制它们。这就是最深远和高尚的道德。

因而，老子要求人要"衣养万物不为主"。衣是保护的意思，护养万物而不是主宰它们。他说："大道泛兮其可左右。万物恃之而生而不辞，功成而不名有，衣养万物而不为主，常无欲。"（《老子·第34章》）万物依自然规律而生存，养育它们，但不能有私欲，要保护生命和自然界，这是人类崇高的道德境界。

3. "众生平等"，佛家环境伦理思想

"平等正义"是环境伦理学的主要原则。"平等"一词来自佛教，平等观是佛教的基本教义。佛学的平等，"是法平等，无有高下，故名无上正等菩提。"清代学者纪昀说："以佛法论，广大慈悲，万物平等。"这是佛学的本质。

佛家众生平等的思想，主要来自如下经典。《坛经》说："一切众生，悉有佛性"；《涅槃经》说："以佛性等故，视众生无有差别。"《大涅槃经》说："一切众生悉有佛性，如来常住无有变易。"

这种平等观以佛性论为依据。佛家认为，一切即众生，众生即佛，万类之中个个是佛。众生均有佛性，佛性是一样的，即众生都有成为佛的可能性，都可以成佛。《泥洹经》说："一切众生，皆有佛性，在于身中；无量烦恼，悉除已灭，佛便明显。"

因而，众生是平等的，无论一般生物，还是佛祖，它们在本质上都是平等的，就如在大海中，无论是鱼虾，还是蛟龙，同样享受海洋的滋养，不分上下。"若约当人分上从来底事，不论初入丛林，及过去诸佛，不曾乏少，如大海水，一切鱼龙初生及全老死，所受用水悉皆平等。"（《景德传灯录》卷二十一）

佛家讲众生平等，是在法的意义上，以法为原则。"人人皆有佛性，众生本无判别"，因而是平等的。依据众生平等的原则，佛教制定了"不杀生"的戒律，要求佛教徒实践"普度众生"和"拯救众生"的原则。它阐发了一种尊重生命的理论，又是一种高尚的道德境界。

平等是佛教的基本教义，宋代僧人清远说"若论平等，无过佛法，唯佛法最平等"。佛学的所谓"平等"，是指"法的平等"，《金刚经》说："是法平等，无有高下，故名无上正等菩提。"

有的禅师说，这是一种"心的平等"，"心若平等，不分高下，即与众生诸佛，世间山河，有相无相，遍十方界，一切平等，无彼我相，此本源清净心常自圆满，光明遍照也。"

佛家讲"先学自正，然后正人"。这在今天也是必要的。

二、中国环境伦理学，从分立走向整合

中国环境伦理学研究，于 20 世纪 80 年代，从介绍西方环境伦理理论起步，引进西方环境伦理学的理论框架、基本概念甚至话语体系，在新人类中心主义、动物解放论、生物中心主义、生态中心主义以及自然内在价值、自然权利等问题上，进行激烈的、各不相让的争论。也许，一个新的研究领域，在研究的起步阶段，这种争论是必要的。但是，如果科学的伦理学没有统一的范式，往往使公众无所适从，甚至困惑不解，不利于环境伦理学研究的发展。中国学术有自己的文化传统，中国哲学和思维方式传统，中国特色和中国意义，环境伦理学应具有自己的模式、自己的话语，而且它能在中国老百姓中传播和被接受，在国家政策和人民大众的日常生活中得到体现，只有这样它才会成为中国文化的一部分，并对中国社会、经济和文化的发展发生作用，因而提出通过超越和整合，创建中国环境伦理学。

这就是超越环境伦理学各种派别的争论，通过整合寻求理论共识，建立开放统一的环境伦理学。环境伦理学不同派别学者，依据不同的理论思想，从不同的视角思考环境伦理问题，提出不同的伦理理论和道德原则，表示他们对环境问题的不同的道德态度。不同派别代表了人类环境道德的不同境界，如人类中心境界，动物福利境界，生物平等境界，生态整体境界。但是，不同的伦理学派有它们各自的优势，它们的基本理论并不是相互矛盾的，而是相互补充的；不是相互排斥的，而是可以并行不悖的。从长远来看，通过不同派别的理论整合，建立一种开放的、统一的、以人与自然和谐发展为道德目标的环境伦理学，这是完全必要和完全可能的（杨通进，1999）。

第一，这种理论整合是具备条件的，由于各种派别的理论既有合理的因素，又有不足的方面。例如，人类中心论，高扬对人类包括子孙后代利益的关心，高扬人类理性和智慧，信仰人类的伟大潜力，发挥人类的主动性和创造积极性。这是完全正确的。但是，它大多只承认人类价值，否认自然价值，在伦理理论上有不完善性之处。生物中心论，推崇尊重生命，信奉生物平等主义，这是一种高尚的道德境界。这种道德理想或信仰，对于人类的道德完善是必要的。但是，这种生物中心主义世界观缺乏可操作性。生态中心论，基于生态系统整体性观点，对人类道德提供了一种科学的整体论思维。但是，它的物种和生态系统优先的道德原则，同样带有太多信仰成分。

第二，这种整合是有基础的。它们一致认为，人类道德扩展是必要的，道

德对象的范围从人和社会的领域扩展到生命和自然界，这是人类道德的完善。它们一致认为，环境伦理的道德目标：维护生物多样性、保护环境，这是符合人类包括子孙后代的利益的。它们的理论具有各自的合理成分。因而在这样的基础上，发挥不同派别的理论优势，综合它们的合理的思想，建立一种同时包含人类中心论、生物中心论和生态中心论的合理成分，补充其不完善的方面的，既开放又统一的环境伦理学，这是必要和可能的。

第三，这种整合的要求，是克服西方环境伦理学的一种片面性，例如，它们大多只关注人与自然关系方面，很少涉及人与人的社会关系方面。但是，人与人的关系同人与自然的关系，两者是相互联系不可分割的，我们既关注生态道德中的人与自然的生态关系，又关注其中人与社会的社会关系。因为人对自然的活动，一方面，它不是个人与自然之间进行的，而是以一定的社会关系为前提，通过一定的社会结合、社会交往和协作的条件下进行的。另一方面，人对自然的活动造成的后果，如环境污染和生态破坏，既是对生命和自然界的损害，又是对他人利益的损害。这两者是不可分割的，人与自然的生态关系，不能脱离人与人的社会关系，需要把两者结合起来。

第四，这种整合的途径是，环境伦理学通过它的基本理论的实践应用，"努力使一种新的道德标准———一种进行持续生活的道德标准得到广泛的传播和深刻地支持，并将其转化为行动"。在这种行动中，实现各种环境伦理理论的整合，建设一种开放和统一的环境伦理学（哈格洛夫，2005）。

环境伦理不同理论观点的整合，对中国环境哲学工作者来说，这既是挑战又是机遇："在阐释环境伦理学的基本理论时，我们一直把握吸收与扬弃、整合与超越、传承与发展的基本原则。我们努力吸收各个流派合理的内核，扬弃其失之偏颇部分；整合环境伦理的理论共识，超越不同流派的局限；传承中西环境伦理传统的智慧，把社会实践作为发展当代环境伦理的出发点和归宿。"进行各种学派的理论整合，建构自己统一的伦理范式，创造自己的理论、概念和话语体系。这是中国环境伦理学的光荣的任务。

三、创造中国环境伦理学学派

环境伦理学的学科建设和发展，如何为国服务和为人民服务以及为建设生态文明服务，需要创建中国的环境伦理学。这是中国现实的要求，也是国际学术界的要求。国际环境伦理学学会现任主席哈格洛夫说："西方环境伦理学对东方只具有相对的借鉴意义，要想在特定文化下创造出一个被广泛接受的新的环境伦理，除了对西方环境伦理的吸收、消化外，需要创造出适应当地人及文化的环境伦理话语，东西方应以不同的方式创造出各自的环境伦理学。"

中国环境伦理学研究，经过广大科研和教学工作者的努力，20 多年来我们已经取得一定的学术成果，有一批有志于环境伦理学研究的学术工作者，特别是一批年轻人的参与，已经出现新的生机。虽然，创建中国环境伦理学学派是一项长期艰巨的任务；但是，经过努力已经提供了初步条件，例如，除了队伍建设的成果，在学术准备方面，出版了集体著作《环境伦理学》。在它的理论基础中：自然价值和自然权利的研究，提出了自己的理论观点；在环境伦理学的道德标准、基本原则、行为规范等的研究进行了初步探索，提出了自己的基本概念和理论框架。（余谋昌和王耀先，2004）

1. 环境伦理学双标尺道德标准的制定

环境伦理的道德目标是人类行为的双标尺：一是有利于人类利益，二是有利生态平衡。它的基本原则是公正原则的双标尺：每一个人都应得到人道的待遇；每一个生物物种都应得到"人道"的待遇。它的要点是：①禁止破坏人与自然关系的完整性；②在保持自然系统稳定的基础上获取人类利益；③人类对自然的利用应保持自然之美丽。

2. 环境伦理学道德原则的提出

公平和正义是伦理学的基本原则。它的要点是：①人与其他生命共享地球资源，要尊重从而保护生命和自然界。它在环境伦理中居于核心地位，是它的最高行为原则，又称命令性原则。②尊重生命，不应当伤害生命和自然界，反对掠夺性开发自然资源；反对毁灭生态的战争。这是环境伦理的禁止性原则。③经济社会活动生态化，开发利用自然资源限制在生态承载力的限度内，科学的经济学原则与生态学原则结合，既实现经济和社会效益，又实现生态效益的原则。这是环境伦理学的选择性原则（余谋昌，1995）。

3. 环境伦理学道德规范的制定

环境伦理学的主要道德规范：①保护环境。保护环境是人类社会的普适道德；从根本上实现从掠夺地球到善待地球的转变；倡导全社会负起保护环境的道德责任。②生态公正。对生物和自然界的公正；所有个人都享有环境上的权利；资源和环境在代际之间公正分配；代内公平分担环境的权利和义务。③尊重生命。敬畏生命，反对无故伤害生命；保护地球的生命力和生物多样性；保护和拯救濒危野生动植物；取利除害要适度；支持生物多样性保护公益事业。④善待自然。照看好人类和其他生命的共同家园；尊重自然的限度，反对掠夺性开发资源；节俭使用自然资源。⑤适度消费。倡导适度消费，反对无节制的高消费；崇尚简朴生活，反对奢侈浪费；参与绿色消费，抵制有害生态环境的产品；倡导对环境友好的精神消费（王国聘，2004）。

4. 环境伦理学为国服务，为建设生态文明服务

中国环境伦理学工作者认为，实践性是环境伦理学的精华（余谋昌，2004）。我们深深地体验到，环境伦理学不是停留在书斋里或口头上的道德学说，而必须从理论走向实践，逐渐渗透到社会生活的各个领域，成为越来越多的人的实际行动。在所有这些领域，环境伦理学在实践应用中表现它的强大的生命力，环境伦理原则的实践应用，以推动社会的生产方式、生活方式和思维方式的变革，成为改造我们的哲学世界观和价值观，推动可持续发展战略实施的一种积极的力量。环境伦理学的吸引力和生命力，不仅在于它的理念先进，而且在于它的实践效力；发展环境伦理学理论，要强化它的实践性的品格，不断加强它在许多地区、许多领域的实践应用，并在实践应用中推动理论的不断创新、发展和完善（余谋昌，1999）。

政治生态伦理，要求公正平等地分配社会和生态资源。

自然生态伦理，要求尊重生命和自然界，维护地球上基本生态过程和生命维持系统。

森林生态伦理、土地生态伦理、河流生态伦理、资源生态伦理，要求以可持续的方式开发、利用和保护森林、土地、水和其他自然资源。

企业生态伦理，以生态伦理的理论和原则作指导，形成新的企业发展理念，推动经济模式转变，发展循环经济。

人口生态伦理，主张适度人口、尊敬老人、爱护儿童等。

消费生态伦理，崇尚适度消费和精神消费、绿色消费和公正消费。

科学生态伦理，保护生命和自然界是科学的价值和学者的责任。

法律生态伦理，法制建设扩大到人与自然关系的领域。

文艺生态伦理，文学艺术从"人学"变为"人与自然"之学。

战争生态伦理，高扬"自然主义—人道主义—共产主义"统一的伟大旗帜，反对战争，保卫世界和平与发展。

为建设生态文明服务，并在这种服务中发展，这是中国环境伦理学的光荣使命。

环境伦理观念是生态文明的重要观念。社会公平和环境公平，是当前我国环境伦理学研究的主要问题。公平问题，主要的表现是利益分配和责任承担的不平等：一是社会贫富差距巨大，富人占有绝大多数的财富，在高消费中有大量挥霍和浪费；穷人甚至基本生活需要都得不到保证，经常受到饥饿和疾病的威胁和困扰。二是以损害环境和资源为代价发展经济，自然价值严重透支，损害大自然的平衡，人很少回馈自然。

现在，这是关乎我国社会稳定、制约国家经济社会发展的一个严峻、复杂和紧迫的问题。中国环境伦理学研究要为说明和解决这一问题作出自己的贡献。

环境伦理学的公正原则，主要包括社会公平和环境公平。它的主要含义是：利益共享，风险分摊，平等地分配利益；公平地承担责任和履行义务；受益者回馈受害者，回馈弱势群体，回馈自然。

实施生态补偿伦理，需要区分受害者与受益者，直接受害者与间接受害者，直接受益者和间接受益者，施害者与受害者，实行受益者补偿受害者的原则。表面上看，这好像是只对一方有好处，实际上是对双方都有好处。因为在贫富差距巨大的情况下，不会有稳定和谐的社会；在环境衰败的情况下，不会有健康的文化。和谐，人与人和解、人与自然和解，这是人与人的关系、人与自然关系的客观规律。实施生态补偿伦理符合这一规律的要求。

生态补偿伦理在环境保护领域的主要原则："污染者付费原则"或"污染者负担原则"；"环境受益者付费原则"或"环境受益者承担原则"。

在资源开发利用领域，生态补偿伦理的主要原则是："开发利用资源付费原则"；"受益于资源消耗付费原则"。

现行政策没有考虑对消耗资源付费的问题，资源受益者不仅无需付费，而且被认为是对经济发展作出贡献，鼓励多消耗资源。但是，自然资源消耗得不到补偿，资源消费很低的人得不到补偿。这是不公正的。

例如，富人的世界：过量消费；穷人的世界：被迫消费不足。富人与穷人的资源消耗量有极大的差距。这种消费差距是畸形的，是不公正的。穷人用自己的辛勤劳动开发自己的资源，供富人享用，满足富人的贪欲，穷人却继续受穷，用公认的道德标准来衡量，这是公正的吗？富人的高消费，甚至是挥霍和浪费，难道不应为世界资源紧缺承担责任吗？资源高消耗的受益者不是应当对受害者的穷人实施利益补偿吗？

社会公平和环境公平问题，它导致社会和自然的不稳定、不和谐，成为制约经济-社会发展的重要问题。我们期望实施公正原则，通过实行生态补偿伦理，以协调人与人的社会关系，以及人与自然的生态关系，实现人与自然的和解，以及人本身的和解。当然，生态伦理补偿原则的实行是非常复杂的过程，它不仅需要人类道德的完善，还需要相应的政治制度和经济政策的制定和实施，需要完善立法和执法。这既是社会全面进步的要求，又维护生态平衡的要求，是建构和谐社会，建设生态文明的必要条件。我们期望环境伦理学能为牢固树立社会主义生态文明观，为建设生态文明社会作出自己的贡献。

第七章

文化转型，教育和
科学技术发展的生态转向

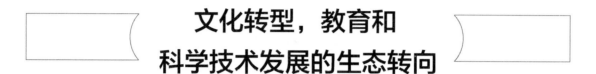

　　教育关系到建设生态文明的人才培养，是国家百年大计。科学技术是生态文明建设的第一生产力，是国家发展的领先工程。提高人才素质、发展科学和技术，这是社会发展非常重要的事业，最根本的事业。时代变了，为了适应国家社会需要，教育和科学技术发展模式也要变，应当怎样变，怎样为国服务，怎样为建设生态文明服务，这是我们面临的重要问题，是我们需要思考的重要问题。

第一节　环境教育，教育发展新模式探讨

　　环境保护是新的事业。工业文明的社会发展，只有经济社会目标，没有环境目标，当然没有提出环境保护的问题；同样，也就没有为环境保护服务的环境教育。环境教育是社会的新事业。工业文明制造了全球性的生态危机，为了应对生态危机的挑战，社会提出环境保护的问题。1972 年，第一次世界人类环境会议发表《人类环境宣言》，宣告"保护和改善人类环境已经成为人类一个紧迫的目标"。为了实现这一目标，需要全民树立环境保护意识，确立环境保护的思想观念，需要转变人们的价值观和思维方式，取得保护环境的手段和途径，即环境保护的科学和技术，环境保护和环境管理的专门人才，需要全民的广泛深入的参与，等等。所有这些需要通过教育来实现，称为环境教育。

一、什么是环境教育？　我国环境教育的成就

　　20 世纪中叶，环境污染造成"公害病"，严重威胁人体健康，并对经济社会发展带来严重影响，环境教育伴随世界轰轰烈烈的环境保护运动兴起。它是

为了保护环境而兴起的新事业。

1. 什么是环境教育

美国《环境教育法》（1970）给出的定义是："所谓环境教育，是着眼于人类同其周围的自然的与人工的环境之间的关系，为使人们正确地理解人口、污染、资源分配与资源枯竭、自然保护、技术、城市与地方的开发规划等各种因素对于整个人类环境究竟具有何等关系的一种教育。环境教育要学习那些对于生态系统、身心健康、生活条件与劳动条件、城市衰落、人口增长等有重要影响的因素。同时，环境教育也是以下列内容为目标的一种教育，即培养公众对环境的关心与理解，密切环境同人类的关系，进而使公众广泛地理解到，为了确保我们的生存并提高生活质量，必须认识环境的重要性并采取行动。"简单地说，环境教育是关于人与其自然环境和人工环境之间关系的教育过程，包括人口、污染、资源分布和消耗、保护、运输、技术、经济效果以及城市和农村计划同整个人类环境的关系（张坤民，2004）。

《中国大百科全书》的定义是：借助教育手段，使人们认识环境，了解环境问题，获得防治环境问题的知识与技能，在人与环境关系问题上树立正确的观点与态度，以通过社会共同的努力来保护环境。

2. 中国环境教育取得重要成果

鉴于环境问题成为社会的中心问题，环境教育在环境保护事业中有举足轻重的意义，我国全社会非常重视环境教育。1979 年 9 月，全国人大通过《环境保护法（试行）》，对环境教育作了明确的规定；1980 年 5 月国务院制定《环境教育发展规划（草案）》，将环境教育纳入国家教育发展规划。

高等基础教育方面，政府颁布和修订指导性专业目录和规范，引导高等学校的专业设置、课程设置和学位设置。北京大学、中山大学、北京工业大学、清华大学等高校相继开设了环境保护的专业或系。2003 年，全国高等院校中本科设置环境工程专业的有 218 所，占全国本科高校的 34%；设置环境科学专业的有 176 所，占全国普通高校的 21.7%；开设环境科学、环境工程专业的院所有 290 所，在全国本科院校中占 45.2%，许多院校设置环境科学学士、硕士和博士学位。国务院批准环境科学 77 个博士授予单位，51 种学科 223 个硕士点以及若干博士后流动站，培养了我国第一批环境科学和环境保护的专门人才。

中等专业教育方面，根据需要开设关于人口、资源、环境和可持续发展课程或专题讲座，在中等职业教育 270 个专业中，专门设置环境保护与监测、环境监理、生态环境保护、环境治理技术等专业，其中环境保护与监测是教育部确定的 82 个重点建设专业之一，为环境保护事业输送大量适用技术人才。

在职教育方面，环境保护干部教育和培训，建立中国环境管理干部学院，对各级环境保护干部进行环境科学知识和环境管理的教育和培训，提高环境保护队伍的素质以及他们的环境科学和技术知识、环境意识水平和环境保护工作综合决策能力。现在它发展为中国环境管理学院，除了干部培训外，培养大学本科的专门人才。

现在，各级院校的基础教育和专业教育，社会的成人教育和青少年教育等各个领域，进行资金和科学技术的大量投入，做了大量基础性和实践性工作，取得重大成果。它为我国环境保护事业的各个领域培养了第一批环境科学和技术人才，为我国环境保护事业奠定了坚实的基础。

环境教育是专门教育，服务于培养环境科学和技术的专门人才。同时，它又是一种素质教育，提高全民环境科学知识和环境意识水平。例如：社会教育方面，中小学和幼儿园结合有关课程传输环境保护思想和环境科学知识，孩子们从小接受环境教育，对于提高全民族的环境意识具有战略性意义。

全社会开展环境保护宣传教育，通过环境科学专业期刊和报纸，以及各种报刊和影视媒体，进行全民环境教育，在全社会倡导、传播、普及和实践环境保护思想，提高全民环境意识，包括环境保护基本国策意识，可持续发展观念，环境科学知识，如环境哲学和伦理学知识，环境政治、经济、法律和文艺学知识，环境科学基础知识，以及环境污染和生态破坏的预防和治理的知识和实践，等等，践行了"环境保护教育为本"的思想，提高全民环境意识和可持续发展观念取得重要成果。

也就是说，我们在环境保护、人类可持续发展、生物多样性、人与自然关系、社会发展与环境、环境伦理学、环境法等观念从无到有，有了天翻地覆的变化。

这是我们从实际出发思考和实践环境教育，适应现实需要，环境科学和技术、环境保护思想和理论从无到有，并为解决具体的环境问题服务取得重大成果。

3. 环境教育三个层次的思考

从环境保护事业和环境教育事业的发展情况来看，我们认为，环境教育有三个层次。

第一层次，环境保护的社会教育全民教育。环境保护是全民的事业，它不是个别地区和个别人，或者少数地区和少数人可以成就的。因而，为环境保护服务的环境教育也是全民的事业。这种性质决定了环境教育是全民教育，需要全民广泛参与，全民受教育。环境教育是终生教育，需要不断地参与。公众通过各种形式各种途径获得环境科学和技术的知识，环境哲学和环境价值观念、环境科学思维、环境经济和环境文化、环境伦理和环境法制观念，不断提高全民环境意识，以用开发保护环境的智慧、能力和实践。

第二层次，环境保护的专业教育专门教育。环境保护作为一种新事业，包括从社会到自然，从社会物质生产到社会生活，从物质到精神和文化，涵盖非常广泛的领域，包括"人—社会—自然"整个系统。这样庞大和复杂的保护环境的事业，需要许多具有各种专业和专门知识的人才。它需要环境科学和技术的专门院校、系或专业，培养专业的技术人员、学士、硕士和博士，环境保护和管理的专门工作者。这是专业的环境教育工作。

第三层次，环境教育推动进行教育和科学技术发展的"生态转向"。环境教育向非环境保护专业扩展，全部教育事业，小学、中学、大学和研究生的培养和教育；全部科学技术发展，自然科学、社会科学和技术科学的发展，它的目标和目标的实现，不仅有经济社会目标，而且有环境保护目标。对社会的整个人才培养都有环境保护的要求，人类社会的全部知识都渗透环境保护的内容，人类思想、意识和精神，从哲学世界观、价值观和思维方式，到文学艺术和传播媒体，从社会物质生产，到社会生活，全部实现生态转向。

人类社会行为，城市建设的生态设计，农村建设的生态设计，工业生产、农业生产和第三产业的生态设计，林业生产、牧业生产和水产业生产的生态设计，社会服务和管理的生态设计，人类物质生活和精神生活的生态设计，环境保护已经渗透到人的全部事业、生活和行为中，这样就在社会发展中排除了损害生命和自然界的行为，自动地实现环境保护。这时，环境保护和环境教育已经自觉地渗透到人的意识、思想和精神中，渗透到人的才能和智慧中，渗透到人的全部知识、技术和实践行动中。如果哪一个环节出现污染环境和破坏生态的现象，那是设计中有缺憾，是不正常的，需要通过修改工艺加以排除。

这样，社会发展和人类生活，社会实践和人类行为，自觉和自动地实现环境保护，环境教育已经完成了它的历史使命，不再需要环境保护和环境教育了。或者，环境保护和环境教育已经成为一种历史，它使人们知道，人类有一段掠夺、滥用和破坏自然的历史，并以史为鉴，教导和激励人们永远尊重生命和自然界，实行人与自然和谐的生活。保护环境已经成为人们的习惯和自觉的行动，学习它的历史，不忘记它的历史，是为了把环境保护这件事做得更好，好上加好。

二、超越工业文明的教育模式

我们把环境教育分为三个层次，第一、二两个层次，是从工业文明向生态文明的过渡时期进行的，是现在时的。教育作为百年树人的事业，我们对它应有更高的期待，需要有前瞻性，因而需要有时代观点的思考，也就是从生态文明的视角思考社会发展和环境教育的前进道路。

我国已经出台多种教育改革的"教育规划纲要"，或"教育发展纲要"。就现在教育的进程来说，这是完全需要的，是完全必要的。现在学术界和教育界进行关于教育改革的讨论，比如从应试教育到素质教育；关于教育公平问题，大学向工农兵开放，对贫困学生实行种种优惠政策，如助学金、奖学金、助学贷款等。这些都是非常必要的。

学界还提出，我们应该如何破解"钱学森之问"这样的问题。教育部官员在 2010 年"两会"接受记者采访时，政策法规司司长孙霄兵说："'为什么我们的学校总是培养不出杰出人才？'这个被称为'钱学森之问'的问题，引发了全社会的深思。"他表示，破解"钱学森之问"，今后我们的改革要把人才培养作为改革的一个重要导向，特别是培养创新型人才。过去我们对人才培养，特别容易用一个标准化的模式来衡量人才，用考试的分数，用学历的证书来衡量人才，今后要改变这种情况。要树立人人成才、多样化人才等观念，还要进一步创新人才培养的模式，要推行学思结合、知行统一、因材施教，还要改革教育质量评价制度和人才评价制度。也就是说，我们在教育改革过程中，要进一步让教育教学的评价更加适合各种人才培养和多样化人才涌现的要求，防止用一个政策进行评价，克服唯学历、唯分数评价人才的方式。关于大学的行政化问题，他认为，首先要明确高校的办学主权。高校法具体规定了高等学校在教学活动、科学研究、内部收入分配制度、招生、自主管理学校的经费和财产，开展国际交流等七个方面的自主权。所以我们想，要解决行政化问题，首先要落实好高等学校的自主权。

关于要培养什么样的人才，落实《国家中长期教育改革和发展规划纲要》是非常重要的。我们从生态文明建设的角度，探讨生态文明建设需要新的环境教育，探讨教育发展的新模式。

三、绿色大学，创造新的大学发展模式的探索

建设生态文明要求新的环境教育。它不仅催生新的环境教育，而且推动整个教育发展模式转变，迎来教育事业的新时代。我们以"绿色大学"为例。

20 世纪 80 年代，西方国家一个接一个地创办"绿色大学"，形成绿色大学的第一个高潮。它以环境保护为目标，开设的主要课程有生态学和环境科学，以及废弃物净化处理，污水、废气和固体垃圾的处理、处置和利用等应用科学。它除开设这些基础学科和后处理专业课程外，还设置各种后处理专业和后处理学位。这是有关环境保护的科学、技术和管理性质的大学。它为环境保护培养各方面的人才。

我国环境教育，包括有关环境保护的科学、技术和管理的高等学校本科、专科和中等职业学校，也是这样的。它从环境保护的现实需要出发，适应环境保护事业各个方面的需要，培养不同领域不同层次的人才。这是我国环境教育发展的一个重要阶段。

随着人类环境思想从浅层向深层发展，特别是环境伦理学自然价值理论的确立，绿色大学的发展形成环境教育的又一个高潮：它不仅在环境科学的专门院校或环境科学系、环境保护专业，而且在一般大学提出进行"绿色教育"，创办"绿色大学"。例如，我国清华大学 1998 年提出创办绿色大学，构建"三绿工程"方案，把绿色教育作为本科生的必修课。2000 年哈尔滨工业大学提出把工科大学办成绿色大学的"三推进"：推进环境理论研究、环境宣传教育和环境直接行动的办学模式，随后有数十所高等院校创建绿色大学开展绿色教育。这里的"绿色大学"区别于西方发达国家的"绿色大学"，不是培养环境保护的专业或专门人才，而是培养各个不同专业的工程师和专家，为生态文明建设需要的工程师和专家。它将推动现代教育模式的转型。

现代教育模式中，我们办大学的目的，是为人、社会和政治进步服务，为经济和社会发展服务。它所关注的主要是提高人的素质，人的全面发展，为社会稳定和全面进步服务，为实现经济快速成长和社会进步等目标培养高素质的人才。这是现实需要，是完全正确的。

从生态文明建设的角度，在上述教育模式中，教育的发展有社会和经济目标，教育为经济社会发展服务，这是必要的；但是只有一个目标，没有提出尊重自然和保护环境的生态目标，这又是不全面的。因为工业文明的社会，只有人有价值，生命和自然界本身没有价值，它只是人类征服和利用的对象。在这里，人才培养是为了掌握科学技术，实现人的价值，以便从加速开发利用自然资源中获取最大的经济利益。这当然不错，但又是不够的。

建设生态文明，需要人的世界观和价值观转变，社会的生产方式和生活方式转变。这必然会影响大学教育模式的转变。人们提出把清华大学建成为绿色大学，把哈尔滨工业大学办成绿色大学，等等。我们理解，这不仅是环境教育的一个新方向，而且它将推动大学发展模式的转变。

我们认为，在这里所谓"绿色教育"，同西方发达国家的绿色大学仅仅培养环境保护工作者不同，像清华大学、哈尔滨工业大学等综合大学和工科大学进行绿色教育，不仅是进行一般的热爱自然、保护环境和节约能源与资源的教育；不仅是校园建设绿化、讲求卫生和改善生活条件；也不仅是开设环境科学和技术、环境保护和环境伦理学等课程，以及设置这些学科的专业和学位。虽然这些都是重要的，但它只是绿色教育的一部分，甚至不是最主要的部分。绿色教育涵盖所有的专业，它的本质是一种大学模式或办学方向的转变，包括办学观念、教学目标、教学内容——课程、专业和学位设置，教学方法和思维方式等一系列转变，以培养一代具有绿色思想和新的思维方式，以及掌握真正的高科技（绿色技术）的新型人才。

大家知道，现代大学的教育目标是，培养学生掌握科学技术知识，为社会开发和利用自然提供科学途径和强有力手段，为改造自然增进人类福利提供专门人才。也就是说，按照只有人有价值的价值观，大学教育只有人和社会目标，没有保护生命和自然界的目标。

绿色大学首先是办学目标的转变。在这里，与环境相关的专门院校、专门专业不同，清华大学等综合性大学和工科大学是培养工程师的高等学府，虽然环境工程系培养环境工程师，但大多数系和专业是培养其他领域的工程师的，为什么要把整个大学办成绿色大学？是不是整个大学都同"绿色"相关？

我认为，是的，所有大学的培养目标，不仅应有经济和社会目标，而且应该有环境和生态目标，都需要学一点生态学，对自己的工作进行生态设计。

我们曾以汽车制造专业为例。汽车制造是专门的科学技术，以往，我们的学校对汽车制造专业的教学和学生的毕业论文和毕业设计的要求，主要是社会和经济的要求。也就是说，要求他们的教学和实习，他们毕业设计和制造的汽车，要跑得快，操作简便，安全、美观和舒适，经济实惠。这里只有经济和社会的目标，没有环境保护和节约能源的目标。

大家知道，美国经济发展曾经以汽车制造业作为中心产业，发展了以汽车为特征的"美国文化"。现在美国平均一人拥有一辆汽车，2亿辆汽车行驶于四通八达的高速公路上，耗费掉美国全部燃油的一半，成为能源消耗和环境污染的主要来源，成为一个大的问题。于是人们批评汽车设计工程师，说他们应当对能源消耗和环境污染承担责任。但汽车设计工程师说，你们并没有对汽车设计提出减轻污染和节约能源的要求，如果提出这样的要求，我们是可以做到的。是的，现在汽车设计工程师已经设计出少污染或不污染环境，又可以节约能源的汽车。

现在它有两个方向：一是引擎改良使汽车"变绿"，把内燃发动机改为"生态发动机"（EcoBoost）。它使用两项先进技术使能效提高16%：一是直接把汽油喷射到内燃机汽缸，从而更精确地提供燃料；二是采用涡轮增压技术。另一个方向是电动汽车。电动汽车（BEV）是指以车载电源为动力，用电机驱动车轮行驶，符合道路交通、安全法规各项要求的车辆。由于对环境影响相对传统汽车较小，其前景被广泛看好。电动汽车分纯电动汽车（BEV）、混合动力汽车（HEV）、燃料电池汽车（FCEV）。电动汽车的特点是无污染、噪声低、能源效率高、多样化，结构简单维修方便，目前存在的问题是动力成本高续驶里程短（主要是电池技术有待突破）。从现在已经上市的电动车使用情况来看，基本满足城市一般生活需要。我国和欧洲都制订了电动汽车发展的时间表，计划到一定的时候电动汽车取代燃油汽车。

创办"绿色大学"，高等院校的汽车制造专业是这样，其他所有专业，如航天科学技术，生物工程科学技术，电脑和信息科学技术，能源科学技术，材料科学技术，采矿和冶炼科学技术，建筑科学技术，机器制造科学技术，农业科学技术，医学科学技术，等等，也应该是这样。自然科学和技术科学是这样，社会人文科学，经济、法律和管理科学也是这样。这是办学模式的转变。

在这里，教书育人不仅有经济社会目标，而且有环境、生态目标；教书育人是培育全面自由发展的人，不仅智育还重视德育体育美育；不仅培育知识还重视思考、思想或科学思维方式的培养；不仅培育专业知识还重视综合知识和整体性思维，这是一种根本转变。为此，大学的院系设置，专业设置，课程设置，师资培养，教学大纲和教材编写，教学方法，实习设计，考试制度和毕业设计，学生评价体系，等等，都以培养目标作出相应的调整。这是从培养目标的转变开始的一场教育革命。

四、绿色大学，推动自然科学、技术科学、社会科学相互渗透和统一

我们的社会科学和人文科学的大专院校，它的培养目标同样只有社会经济利益，没有保护生态、环境的目标。它的研究和发展，不仅是人与自然、自然科学与社会科学、自然规律与社会规律、科学与道德的分离和对立，而且在所谓纯社会规律研究的基础上，高扬人统治自然的思想，鼓励向自然进攻，掠夺和统治自然。因而它已经是不符时代潮流的。"绿色大学"的兴起促进我们关于自然规律与社会规律、自然科学与社会科学、科学精神与人文精神关系的思考。

社会科学和人文科学的大专院校的发展，社会科学与自然科学分化，是依据主客二分的经典哲学，把统一的世界分为人类社会和自然界，把统一的科学分为社会科学和自然科学，并分别沿着不同的方向发展，社会科学强调人与自然的本质区别，从人的社会性的角度研究纯社会规律。它被定义为，以社会现象为研究对象的科学，如政治学、经济学、军事学、法学、教育学、文艺学、史学、社会学、语言学、民族学、宗教学等。它研究并阐发社会现象及其发展规律，属于意识形态和上层建筑范畴。自然科学则从生命和自然的角度研究纯自然规律。它被定义为：研究自然界的物质形态、结构、性质和运动规律的科学，包括数学、物理学、化学、天文学、地质学、气象学、生物学、海洋学等基础科学，以及材料科学、能源科学、空间科学、农业科学、医学科学等应用技术科学。

问题在于，我们的科学研究是采取一种纯粹的形式，社会科学在研究社会现象时，把自然因素抽象掉，研究所谓纯社会规律；自然科学在研究自然现象时，把人与社会的因素抽象掉，研究所谓纯自然规律。它们不仅研究对象完全不同，而且研究方法和思维方式也完全不同，全然不搭界地并行发展，从而形成完全不同

的两种知识体系,两种不同的学术和思维传统。这样就相当远地离开了真实世界的性质。与这种目标相适应,它的科学结构、课程设置和教学内容,是具体单纯的科学技术知识,学科和课程设置越分越细,教学方法以分析性思维为特征,它只重视部分,强调细节,缺乏综合性和整体性的知识传授,缺乏整体性思维的培养教育,出产非常专门化的人才。

但是,现实世界是"人—社会—自然"复合生态系统,人、社会和自然是不可分割的统一整体。马克思和恩格斯指出:"历史可以从两个方面来考察,可以把它们划分为自然史和人类史。但这两方面是密切相连的;只要有人存在,自然史和人类史就彼此互相制约。"在这里,社会与自然没有不可逾越的鸿沟,作为统一整体,脱离自然的社会,或脱离社会的自然,都是不可能的。如马克思所说,现实的自然界是人类学的自然界。特别是随着人类社会发展,人工自然不断扩大,纯自然过程退缩,社会因素扩大,无论社会向自然渗透,还是自然向社会渗透,都在加速进行,产生了"社会的自然"和"生态的社会(历史)"。因而,科学在研究社会规律时,要注意它的自然因素的作用;研究自然规律时,要注意它的人和社会因素的作用,采用社会科学与自然科学相统一的方法。

传统科学研究以科学精神与人文精神分离为特征。长期以来,由于自然观与历史观的分离,社会科学与自然科学的分离,科学与道德的分离,科学精神与人文精神被认为是完全不同的,因而也是分离的。"科学价值中立""为科学而科学"等观点,又为这种分离提供解释和理论支持,以至这种分离成为一种传统。

实际上,这种分离既不符合客观世界的现实,也不符合自然科学和人文科学发展的内在逻辑;既不利于科学的健康发展与繁荣,也不利于人类道德的进步与完善。特别是当代高科技迅速发展,它成为第一生产力,成为经济发展的关键因素。科学技术进步,不仅涉及科学知识的深刻变革,也涉及人的观念的变革;两者相互作用相互渗透,科学技术渗透人文因素,人文因素渗透科学技术,都在加速进行,科学技术发展与人文因素的关系越来越密切。

现代社会科学在脱离自然和脱离自然科学的情况下发展。自然科学又是在脱离人文精神的情况下发展的。但是所有人文现象离不开自然,现在的自然又离不开人和社会,人与自然,人文精神和科学精神是统一不可分割的。科学精神与人文精神,它们的关系不是机械决定论的,而是辩证法的相互作用论的。我们要放弃机械论的二分法,提倡有人文精神的科学精神,同时有科学精神的人文精神;或者有人文关怀的科学技术,有科学精神有人文科学,这两者相结合,发展充满人文关怀的科学技术,同时发展有科学精神的人类道德。

我们进入了一个新时代,科学和技术必须要求有保护环境的目标,这样人类才能继续发展下去。这个转变要求整个人类知识体系的转变,自然科学、社会科学和技术科学知识体系、它们之间的关系和应用方向的转变。"绿色大学"

的教学和科研提出保护地球的目标，人与自然和谐发展的目标，这是关键性的转变。它要求大学培养出来的人才，他们掌握的科学技术是全面性的，不仅有利于人和社会的进步，而且要有利于自然保护；他们的工作不仅要关注人的利益，为增进人和社会的福利服务；同时要关注生命和自然界的利益，为保护大自然平衡服务。

我们可以期待，环境教育、绿色大学的发展将推动教育模式变化，创造生态文明的教育模式，以培养一代一代具有绿色思想和绿色素质的人才，他们掌握了新的有利于生态保护的高科技知识，将创造和开发绿色技术（生态工艺），推动社会绿色生产力的发展，进行绿色生产，发展循环经济和低碳经济，建设生态文明。它推动科学技术发展模式变化，促进自然科学、技术科学、社会科学的相互渗透和统一，推动科学技术健康发展和繁荣进步，以及它的有利于人与人社会和谐发展，人与自然生态和谐发展的应用。这样，我们的国家就会走向可持续发展的道路，创造生态文明的新社会。

第二节 生态文明的科学技术发展新模式探讨

工业文明的发展以科学技术进步，以及它在工业生产中的应用为主要特征。科学技术革命推动科学技术进步以及它在工业生产中的应用，是经济社会发展的伟大力量。它创造了工业文明的伟大成就。

三次科学革命：①16～19世纪，哥白尼《天体运行论》（1543）提出日心说；牛顿《自然哲学的数学原理》（1687）提出万有引力定律；达尔文《物种起源》（1859），创立生物进化论。三大科学成就为现代科学技术发展奠定了科学基础。②19～20世纪，电子发现、量子论和相对论建立，宇宙大爆炸理论，生物DNA结构发现，人类认识从宏观进入微观和宇观领域。③20世纪50年代以来，系统论、信息论和控制论产生；耗散结构理论、混沌学和分形理论等非线性科学的兴起，人类认识从还原论分析思维向综合性整体思维发展。

四次技术革命：①17～18世纪，蒸汽机和纺织机发明和应用；②19世纪，发电机和电动机的发明和应用；③20世纪，电子管和集成电路和电子计算机的发明和应用；④20世纪下半叶，微型计算机、因特网、生物工程技术和航天技术的发明和应用（钱时锡，2007）。

一、科学是最高意义的革命力量

工业文明以科学技术进步为特征。科学技术发展，现代高科技成为第一生产力，推动社会进步和社会生产力发展，创造了现代化社会。人类的全部成就和现代化生活都同现代科学技术的发展相关。但是，20 世纪科学技术有如此伟大的突破，取得如此巨大的成就，为什么大多数人没有得到多大的实惠，没有幸福和安康？为什么世界没有和平与安宁？当今社会的人与人社会关系问题，人与自然生态关系问题，世界性不平等不公正，全球性生态危机，是不是也同现代科学技术的发展相关？它促使了人们关于科学意义的思考。

关于科学意义有两种观点。

科学技术的伟大力量创造了巨大的社会物质生产力，创造了巨大的社会经济财富，为人类带来巨大的福利。所有人都看到了科学技术发展对人类社会的意义，重视这种意义，高度评价科学技术的意义，期望科学技术快速发展带来更多更大的福利。思想家们对此作了总结，提出关于科学技术意义的理论。

第一，马克思主义的科学论，科学是最高意义的革命力量。

恩格斯《在马克思墓前的讲话》中指出，在马克思看来，"科学是一种在历史上起推动作用的、革命的力量。"[①]他把"科学首先看成是历史的有力的杠杆，看成是最高意义上的革命力量"。[②]

恩格斯一百多年前总结 19 世纪科学技术革命得出的结论是十分正确的，现在仍然是指导我们关于科学意义讨论的指导思想。

20 世纪中叶，面对第二次世界大战的浩劫，特别是全球性生态危机对人类生存的严重挑战，学术界关于"科学–技术–社会"（STS）研究，提出"科学技术的负面作用"的问题。

也就是说，现代科学作为第一生产力，是一种伟大的革命力量，它在本质上说是"善"的。科学技术服务于人类的利益，具有重要的价值。这是没有疑问的。但是，科学技术作为人类的工具，它不是价值中立的，它在用它服务于人的利益时是一把双刃剑，可以用于为善，也可以用于作恶，即它有正面作用（正价值），也有负面作用（负价值）。因而关于科学的意义需要有更深层的思考。

现实表明，科学技术的发展及其在社会物质生产中的应用，它的意义是多方面的，是伟大的而且是复杂的。我们可以作这样的讨论。

（1）科学技术的认识论价值。恩格斯指出，随着每一次重大的科学发现唯物主义要改变它的形式。科学技术进步推动人的世界观和思维方式的进步，从而成为人类认识世界和改造世界的强有力的工具。但是，它也可以为一定的世界观作论证，例如用托勒密宇宙模型论证宗教世界观。

（2）科学技术的经济价值。现代科学技术是第一生产力，是经济转变（从

---

①　马克思恩格斯选集(第 3 卷)[M].北京:人民出版社,1972,p575.

②　马克思恩格斯全集(第 19 卷)[M].北京:人民出版社,1963,p372.

粗放型经济到集约型经济）和经济增长的首要因素。它是发展经济的重要力量，但是也有许多人用科学技术谋取不义之财。

（3）科学技术的政治价值。科学技术进步促进社会关系变革，有利于社会进步；它常常用于为一定的政治目标服务。但是，值得注意的是，它也可能用于为统治和主宰他人，用于为称霸世界的政治目的服务。

（4）科学技术的文化价值。科学技术推动文学艺术、宗教和道德的进步与繁荣。但是科学技术也有用于宣传腐朽文化、没落文化和淫秽文化的情况。

（5）科学技术的生态价值。科学技术是管理、保护和以持续的方式开发利用自然的重要工具。但是，落后的技术，或不恰当地运用技术又是环境污染和生态破坏的重要原因。

（6）科学技术的教育价值。科学技术推动教育的进步和完善，它既是教育的内容又是教学的方法。但是，它也可以用于为反动教育和没落教育服务。

（7）科学技术的医学价值。科学技术是认识人体，医治和预防人体疾病，保护人体健康的重要手段。但是，它也用于制造假医假药，被作为谋财害命的手段。

（8）科学技术的军事价值。发展高科技武器是抑制战争、保卫世界和平与安全的重要途径。但是在战争贩子手里，它用于制造杀人武器，造成毁灭和不幸。

（9）科学技术作为知识、文化客体，具有它自身的内在价值，它有相对的独立性、自主性，按照它自身的逻辑发展和完善。

上述（1）至（8）是科学技术对人的价值，即作为人类的工具、手段和方法，它对于主体具有效用性，即对人具有工具性价值。人把它应用于实践，为自己的目的服务。这时，它是人与客体之间的中介，例如在人与自然的关系中，科学技术是人类管理、保护和开发利用自然的手段，在人与自然的主客关系中，它具有实践价值。

在（9）条所述，科学技术在本质上是"善"的。也就是说，科学与道德是统一的。科学技术具有道德价值。发展科学技术，追求真理，这是人性中最高的品德，也是人生的最高幸福，道德的最高价值。科学的价值和责任，这是科学伦理学的核心概念。

第二，"科学主义论"，科学是一种世界观。

科学主义是关于科学意义的又一种观点。它把科学看作是一种世界观，看做是说明世界和改造世界的模式。

现代科学技术在发达国家达到最高成就，它的应用取得最大的成功，以至成为一种核心文化。思想家在评价科学意义时，提出科学主义的观点。它有多种多样的表述，其中有代表性看法是，"科学主义，认为自然科学方法应该被应用于包括哲学、人文和社会科学所有研究领域的一种主张；断定只有这样的方

法才可以富有成果地应用于知识追求。"（叶闯，1996）

我们认为，它对科学意义的评价过头了。这是按还原主义方法，从人类社会结构的整体中把科学分离出来，把它作为一种独立的力量，决定性的力量，并且在分离的情况下用它解释世界。但是，关于科学的意义和作用，我们不能就科学论科学。这是用部分决定整体的观点，即是用下一个层次的理论解释整个世界。这是不全面的。我们不赞同科学主义的观点。

关于科学主义有许多不同的看法，有许多文献进行讨论，这里我们不再叙述。

二、超越工业文明的科学技术发展模式

我们面临的大多数问题都同科学技术进步相关。这是工业文明的科学技术发展模式决定的。在这种模式下，科学技术及其应用有严重的负面作用。这样，我们是不是要放弃科学技术的进步？ 美国哲学家费雷说："如果在为了前现代的思维方式而放弃科学时，既没有正当的认知理由，也没有正当的价值理由。但是同时，如果现代科学的状况和价值观威胁到了当代文明的精神健康，甚至间接地威胁了当代文明的生存，那么我们最大的希望莫过于，盼望出现一种科学的后现代形式，以拯救思维严密之美德，同时又不致绝对地背离完善机器、终极粒子和纯粹客体这些宗教世界模式。这是一种无望的希望吗？"（弗雷，1989）

为了有希望，创造"科学的后现代形式"，我们需要对现代科学技术的深层思考，超越工业文明的科学技术发展模式。

1. 超越机械论的科学技术发展模式

1989 年 9 月在加拿大温哥华召开"21 世纪科学与文化：生存的计划"国际研讨会，寻求新的科学与文化形式，科学家对人类生存面临的一些主要问题，特别是环境问题进行了讨论，分析我们面临的问题的根源，发表了一份由与会科学家签署的《关于 21 世纪生存的温哥华宣言》。宣言认为，当前人类面临的形势是，在人类和地球其他生物之间的平衡已濒临崩溃，正面对地球生态系统衰竭和人类生活质量恶化的时刻。宣言指出："造成我们今天这些困难的根本原因在于某些科学上的进步。这些进步基本上于本世纪初业已获得。它们以一种传统机械论的方式归纳展示宇宙，并赋予人类一种驾驭大自然的能力。直至不久前，大自然已经提供了不断增长、似乎永无竭尽的物质财富。人类醉心于对这种能力的利用，因而出现了改变自己的价值，以便最大程度地利用这种新能力所提供之物质潜力的倾向。"

宣言认为，我们的困难根源于"科学上的进步"。它表述了科学技术进步是地球生态破坏的根源的观点。在一定的意义上，即在工业文明的科学技术的

意义上，这是正确的。因为，世界环境污染和地球生态系统破坏，无论是从自然界索取资源和进行物质生产，还是向环境排放废物，没有哪一项不是同科学技术进步有关的。例如，古代人类只使用石块，现在从地下挖掘矿物，每年冶炼出几十亿吨黑色和有色金属以及非金属；过去只用砍刀和斧头砍伐森林，现在用电锯、汽车和拖拉机；过去用锄头耕地，现在用拖拉机、化肥、农药和除草剂；过去以步行或马车，活动的范围在百里以内，现在汽车、火车飞机，当天就可到达世界各地；如此种种，它导致的环境和资源问题，都同科学技术进步有关。同古代人类活动比较，它们所引起环境的变化或对环境的破坏作用，那是有天壤之别的。就在本世纪内，能源使用量增长了 100 倍，交通速度提高了 100 倍，数据处理速度提高 10^6 倍，通信速度提高 10^7 倍甚至更多。它表现了科学技术的飞速发展。

这里说，环境破坏与科学技术进步有关，这是部分真理，而不是全部真理。因为保护和改善环境，同样要依靠科学技术进步。如果说，我们当前所面临的困难是科学技术发展带来的，那是因为科学技术的发展仍然不完善，科学技术成果的应用仍然有局限性，或者说，这仍然是科学技术进步得不够的结果。

当我们说，当前面临的问题根源于科学技术进步时，主要是指现代科学技术发展的价值观和思维方式的片面性。

（1）它是以狭隘的价值观作为指导思想的。

现代科学技术发展中，人的利益是唯一的标准。它以人统治自然为指导思想，以人类中心主义为价值方向，科学的合理性被定义为努力统治自然。它的出发点和目标，是教导人们认识自然规律，发现自然的奥秘，以便为人类提供统治自然的具体途径和方法，从而利用、改造、控制和主宰自然，以最有利于人类追求物质利益的方式来安排自然。这就是"我们的科学和技术建立在一种信念之上，这就是，对于自然的认识意味着人对自然加以统治"。我们的科学的出发点、使命和目标，是为了认识自然规律，以便为人类利用、征服和统治自然提供服务，以最有利于人类追求物质利益的方式来安排自然，主宰自然。这样，我们的科学技术进步沿着"反自然"的方向发展。也就是说，科学技术进步的价值观片面性，决定了它的不完善性。

（2）它是以机械主义作为思维方式。

美国学者科利考特指出："现代科学的形而上学基础是：①'思'与'在'即外延与思想、心与质、主体与客体基础上的笛卡尔式的分裂；②伽利略对第一性与第二性的区分，前者是扩展的物体的客观性质，后者取决于思想者（主体）的存在；③休谟对事实与价值的区分——它明确地扩展了经验性质和价值性质的主体、客体和第一、二性的解释。"（科利考特，1999）

也就是说，现代科学"以一种传统机械论方式展示宇宙"，它是16—17世纪，根据培根的科学方法、牛顿的物理学和笛卡尔哲学所建构的世界观，一是强调人与自然主客二分，思维与物质分离和对立。二是把世界看成一台机器，由许多可以分割的构件组成，这些构件的性质和作用决定自然整体。三是遵循简化论方法，强调分析性思维，使科学沿着不断分化的方向发展，忽视各种现象和过程之间的普遍联系和相互作用，从而使我们的认识远离真实世界。

如果说在这里，科学技术上的成功是生态学上失败的原因，那么这是由于这样的科学技术是机械论为指导的。科学以机械论的方式展示宇宙，应用还原主义的方法，把世界分成种种各自独立的构件的情况下，科学在完全孤立的发展中不断分化，在分为自然科学和社会科学时，进一步分为许多分支学科。它们不仅研究对象决然不同，而且思维方式也不同，在孤立的发展中形成各自的体系，各种知识体系之间完全没有联系。科学技术和工业分化得越来越细，技术越来越专，专到最后已经失去了意义。这是远离现实的。在现实的世界上，各种事实、现象和过程，社会现象和自然现象、社会结构和自然结构、社会规律和自然规律，并不是相互孤立，而是相互联系、相互作用和相互渗透的。科学发展的机械性和科学的无限分割，使我们的认识脱离现实。我们今天所面临的种种困难，同认识上的这种片面性不是没有关系的。它的科学价值观和思维方式的片面性，又决定它的成果在工业生产应用的局限性。

（3）它的科学技术成果及其应用的局限性。

上面我们的分析指出，遵循还原论分析思维，在自然资源没有价值的观点指导下，社会物质生产采用线性非循环的生产技术与工艺，它以排放大量废物为特征，因而科学技术成果的应用，以原材料高消耗，产品低产出，经济低效益，环境高污染的形式起作用，表现了对资源和环境的破坏作用。这是传统科学技术的不完善性。它要求科学技术革命。

2. 科学技术发展目标的转变是根本转变

美国著名生态学家康芒纳著《封闭的循环——自然、人和技术》一书，提出生态学的四条法则：第一，每一种事物都与别的事物相关。生态系统各种因素相互关联、相互影响和相互依存的规律。生态系统"每个事物都是与别的事物相联系的，这个体系是因其活动的自我补偿的特性而赖以稳定的；这些相同的特性，如果超过了负荷，就可能导致急剧的崩溃"。第二，一切事物都必然要有去向。这是物质不灭定律的通俗表述。在自然界中无所谓"废物"这种东西。生态系统中，一种有机物所排出来的"废物"被另一种有机物当作食物而吸收。现今环境危机的主要原因之一是，大量的物质成为地球上的多余物，它们被转化为新形式，在并不属于它所在的地方积累起来。第三，自然界所懂得的是最好的。一种现存的生物结构，或是已知的自然生态系统的结构是"最好的"，因为它是对有伤害的成分做过筛选，那些不能与整体共存的可能安排，都在长期进化过程中被排除出去。第四，没有免费的午餐。生态学和经济学一样，每一次获得都要付出代价。地球生态系统是相互联系的整体，在这个整体内，没有东西可以取得或失掉，它不受一切改进的措施的支配，任何一种由于人类的力量而从中取走的东西，都一定要放回原处。

依据生态学规律，关于地球上生命之网的看法，康芒纳在讨论现代科学技术的意义时指出："新技术是一个经济上的胜利——但它也是一个生态学上的失败。"他举了杀虫剂、化肥和洗涤剂等例子，然后说："一种天然有机产品被一种非天然的合成品所代替，在每一个例子上，新的技术都加剧了环境与经济利益之间的冲突。"

他又说："当汽车和内燃机发动机被发明出来时，没有人会知道，70年后，这些发明会成为城市环境污染中最大的一个来源。"现代工业技术生产了大量人类并不重要的商品，从而产生了象征技术时代的大量堆积的垃圾。一部生产活动的"生态影响目录"表明，"在每一个例子上，新技术都加剧了环境与经济利益之间的冲突。"这里，技术上的成功等于生态学上的失败，这是极为矛盾的。出现这种现象，不是由技术本身（技术本性）决定的，而是由于人类目标决定的。康芒纳说："我们所涉及的不仅是技术上的与其价值相平行的某些错误，而且涉及一个来自在农业生产上的基本成功（农药杀虫剂和化肥）中的失败。如果现代技术在生态上的失败，是因为在完成它的既定目标上的成功的话，那么它的错误就在于既定的目标上。"他认为，技术上的成功等于生态学上的失败，是由于生态系统不能被分割为可以随意处理的部分，因为它们的特性就在于是一个整体，在于各个部分之间的联系，生态学上的失败显然是现代技术的必然结果（康芒纳，1997）。

20世纪科学技术上的成功，同时又是生态上的失败。两者密切相关。这是20世纪技术和人类实践的悲剧，是20世纪技术的主要遗产。它根源于人类的目标，只有人类利益，为了人类的利益损害生命和自然界。如何走出这种悲剧？解决问题的途径是科学技术价值观的转变。

3. 科学技术发展要承担自然责任

我们曾经以氟利昂为例。氟利昂（freon），是技术成功等于生态失败的一个典型事例。它是美国杜邦公司对一系列氯氟化合物（CFC）所取的通用商品名。自然界没有氟利昂。它作为人工合成的有机化合物，是人类的创造，是化学技术的重要成就。20世纪30年代，它第一次用于商业目的。它由氯、氟、碳原子组合而成，是一种无色、无味、无毒的惰性气体。从人类价值的角度，它不是有害物质，而是很有利的物质。因为它有良好的化学特性，如化学性质稳定，没有腐朽性，易于液化，具有导热性低、易汽化、表面张力小、和油脂有一定的相溶性、具有适度的沸点等特性。而且，它的生产成本低，价格低廉。因而它在工业生产中有广泛的应用，是冰箱和空调器的理想制冷剂，用于除臭和杀虫的喷雾剂，用于制造塑料的溶剂，泡沫发生剂，电子器件和其他元件的冲洗剂、干燥剂，空气清新剂，等等。它的年销售额曾达 22 亿美元，为经济发展和改善人民生活作出过重大贡献。

1974 年科学家首次发现 CFC 有消耗高空臭氧的性质。1985 年，它对臭氧层的损害正式被确认。从生态价值的角度，它被定义为有害物质。但在《保护臭氧层维也纳公约》（1985 年）中也没有规定对它限制使用的措施。1987 年以此公约为基础，签署《蒙特利尔议定书》，作出控制和削减 CFC 的生产和使用的规定。现在发达国家已经禁止生产和使用氟利昂，全世界它的使用正在受到控制。但是，1998 年 12 月 6 日，世界气象组织最新发布的报告说，1998 年 11 月下半月，南极臭氧层空洞的面积达 1300 平方公里，这是在过去 20 年里首次超过了一千平方公里的记录，而且此空洞持续了近 100 天，是臭氧空洞持续时间最长的一年。问题远未到解决的程度，这可能是一个长期的任务。

问题还在于，CFC 已有非常广泛的应用，乃至现代生活已不可能没有这类物质。因而人类的目标是在禁止它的同时，找到它的替代物质。这种替代物质，要具有与 CFC 类似的化学特性，成本低且无毒性，对臭氧层没有损害。

科学家发现，CFC 对臭氧的损害是其中的氯原子，因而替代物要不含氯原子。现在科学家已经合成没有氯原子的碳氟化合物 HFC 和 HCFC，广告说的"无氟冰箱"就是用的这类替代物。但实际上它不是"无氟"而是有氟的，氟元素对臭氧并没有危害，而是"无氯"的，从而避免氯元素对臭氧层的损害。这些人工合成的化学物质是否会造成新的危害？现在我们还了解很少。

从技术伦理的角度，这是一个十分生动的事例。一项新技术，它投入生产，它的产品对人类有利，随着它的广泛应用产生巨大的价值。这是新技术产生和发展的伟大动力。现在，CFC 虽然对人类有极大的价值，但是它同时对大自然平衡有严重损害，因而人类还是作出禁止它的生产和使用的决定。这里有三点重要的启示：第一，新技术的价值标准不仅仅是人类的利益，而且要有益于生命生存，有益于生态平衡，有益于环境保护。第二，新技术应用的后果，特别是它的不良后果，又特别是它对环境的不良后果，并不是马上体现出来的，我们不能凭想象说它将会有不良后果而阻止它的产生，否则将阻碍科学技术进步，损害人类利益。第三，一旦它的不良后果显现出来时，我们就需要及时和果断地作出调整，即使它对人类是有益的，但对生命和自然界有损害，也要放弃对它的使用。

这样的事例是很多的，它具有普遍性。它告诉我们，现代科学技术发展如果仅仅考虑人的利益是不够的，还要考虑生命和自然界的生存，承担保护自然的责任。新时代的科学技术发展承担保护自然的责任，这是它的重要的目标要求。

4. 科学技术发展要承担社会责任

发展科学技术关注人的利益，在有利的意义上改造和利用自然，使之为人的福利服务，这是自然的。但是，它服务于人类利益时，需要注意社会公平和正义。而且人的利益又不是唯一的，科学技术发展要有利于"人—社会—自然"系统的健全发展，为人类可持续发展提供指导思想和具体途径，有利于生态持续性，经济持续性和社会持续性，是这三项目标的统一。

关于科学技术的社会价值观变革，填补科学技术发展的社会责任缺失，实现社会公平和正义，美国著名物理学家戴森著《宇宙波澜》一书，从个人科学生涯的视角，阐述了作者充满睿智的科学价值观。在 1993 年为中文版所写的序言中，他认为，科学要充满人文关怀。他说，在 14 年前出版此书后，他为非专业读者写了四本书，而这本书是他最看重的。"如果说我的著作只有一本能流传千古，而我又有权选择保留哪一本的话，我将毫不犹豫地选这一本。"他还说，如果有机会再版此书，除了要增加纯数学、信息技术和生物工程的内容外，要增添的是关于科学伦理的章节，以探索科学为什么未能给人类带来益处的原因。他说："环顾美国和许多国家的都市现况：贫穷、悲苦的废墟随处可见；被遗弃、忽略的儿童，满街游荡。在赤贫户中，有许多是年轻的母亲和儿童，这些人在科技尚未那么发达的昔日，曾经是受到较妥善照料的一群。这种境况在道义上是不可容忍的。如果身为科学家的我们够诚实，我们要负一大半的责任；因为我们坐视它的发生。

"为什么我会认为美国科学社群，要对都市社会与公众的道德沉沦负责任呢？当然不全是我们的责任，可是我们该负的责任，其实比我们大多数愿意承担的更多。我们有责任，因为我们实验室输出的产品，一面倒成为有钱人的玩具，很少顾及穷人的基本需要。我们坐视政府和大学的实验室，成为中产阶级的福利措施，同时利用我们的发明所制造的科技产物，又夺走了穷人的工作。我们变成了受教育、拥有电脑的富人与没有电脑、贫穷的文盲之间鸿沟日益扩大的帮凶。我们扶植成立了一个后工业化社会，没有给失学青年合法的谋生凭借。我们协助贫富不均由国家规模扩大到国际规模，因为科技扩散到全球后，弱势国家嗷嗷待哺，强势国家则愈来愈富。

"如果经济上的不公仍然尖锐，科学继续为有钱人制作玩具，那么公众对科学的愤怒愈演愈烈，忌恨愈加深沉，我们也不会对此感到意外。不管我们对社会的罪恶是否感到歉疚，为防止这种愤恨于未然，科学社群应当多多投资在那些可使各阶层百姓都能同蒙其利的计划上。全世界都一样，美国尤其应该觉悟，要将更多的科学资源用在刀口上，朝着对各地小老百姓都有益的科技创造方向前进。"

最后，他寄望于中国。他说："中国和其他东亚国家，正行经美国 40 年前走过的历史舞台与类似途径。在中国，科学与技术正为整个社会带来经济成长与繁荣；50 年代的美国，科学与技术也曾经给一般市民带来同样的正面效益。但是今日的美国，科技已将一般老百姓弃之不顾，美国今天发展的技术都倾向使富者愈富、贫者愈贫。就让它成为中国的警讯吧！中国未来必须避免犯美国过去的错误。如果未来 40 年经济持续发展，中国将变得和美国现在一样富强，届时中国将有机会带领世界朝另一个方向走；在那个方向上，技术将可为各国、各阶层的儿童带来希望！"（戴森，1998）

科学技术的发展不能"将一般老百姓弃之不顾"，要承担社会公平和正义的责任。戴森的这种观点对我们理解科学技术的价值是有意义的。这里表述的是一位外国学者对中国学者所寄予的厚望。这也是中国科学技术工作者的责任。

三、创造生态文明的科学技术发展模式

现代科学技术发展，由于它的价值观和思维方式的片面性，在发展的价值目标上，它的社会责任缺失和自然责任缺失，出现了它的技术（经济）上成功，同时是社会公正上的失败，以及生态上的失败，这样一种严重不和谐的局面。

这是科学技术发展模式决定的，应对社会和自然问题的挑战，新时代需要科学技术模式的转变。我们已经意识到，这种转变的必要性或紧迫性，但是，怎样转变，我们还很难预计，暂且把它称为科学技术发展的生态转向，或它的生态化。

当然，我们面临的问题虽然同科学技术的发展有关，但它不是要不要科学技术的问题，而是要怎样的科学技术，以及怎样应用科学技术的问题。它涉及科学技术发展模式的选择。我们认为，相对于上述分析，这里的关键是使科学技术的发展要具有生态保护的方向，即科学技术发展生态化。

首先，科学价值观的转变，从以人统治自然为目标，过渡到以人与自然和谐发展为目标。科学技术的发展为人类可持续发展服务，包括生态持续发展、经济持续发展和社会持续发展，满足这三个相互联系和不可分割的持续性。

其次，科学观的转变，从机械论的科学观发展为整体论的科学观。传统科学观认为，事物的性质是由部分决定整体；新的科学观反过来，事物的整体决定部分的性质。因而新的科学观要求把人、社会和自然界看成是一个有机整体，从而使科学技术从分化向综合的方向发展。要求把人、社会、自然看作是

有机整体，是"人—社会—自然"复合生态系统，从整体论的相互联系相互作用的观点看待科学技术的发展。美国生态学家 P·奥德姆说："有必要强调：任何一个层面上的发现有益于另一个层面上的研究，但决不能完全解释那一层面发生的现象。当某个人目光短浅时，我们可能会说他是'只见树木，不见森林'。或许，阐明这种观点的更好的方法是说，要理解一棵树，就必须研究树所构成的树林和构成树的细胞和组织。"费雷在援引这段话时说："它以一种整体论的方法包含和超越了分析，而这种整体论的方法对于其概念的任务来说至关重要。"（费雷，1998）

第三，完善科学技术成果的应用，当前要应用现有技术解决环境污染的问题。主要技术措施如下。

（1）从丢弃废物到利用废物，净化废物向高科技方向发展。垃圾，它在人类生活中是不可避免的。环境保护，要求对垃圾进行处理。但是，通常填埋和焚烧等做法，产生严重的二次污染。现在有的公司把目光转向高科技。据报道，日本三洋电机公司生产的"垃圾能手"处理器，是一种其体积与电视机相当的，有机废物高温搅拌式处理器。它内部装有用微生物处理过的、可以加速垃圾分解的碎木片。进入处理器的有机垃圾，几天后就被转化成一种可以用作肥料的土状颗粒物质。又如，松下电器公司生产的"厨房垃圾处理器"，利用热空气风干并压缩有机物，能在两个半小时内把废物体积压缩到原来的七分之一，然后加以利用。现在有各种高科技垃圾处理器进入家庭，把有机废物转变为有用物质加以利用，一些高技术公司，正在利用高技术废物处理器赚钱。这里高技术产业化是必要的步骤。

（2）从净化废物到减少废物。现在的环保技术以净化废物为目标。但是如上所述，它有严重的局限性。我们要改变它的后处理技术的局限性，主要途径是开发新的生产工艺，把环境污染的问题解决在生产过程中，而不是在生产过程的末端建设昂贵的净化装置，通过引进清洁工艺，用减少废弃物产生的方式控制污染。

（3）从点源污染的治理，向面源污染的治理发展，并把两者统一起来。它要求生产过程或生产范式转变。在新的生产中，产品生产和环境保护是统一起的，在统一的生产过程中实现污染控制，既解决点源污染的问题，又解决面源污染的问题。

（4）从回收利用废物到再制造发展。回收利用，是产品完成生命周期时，把它毁掉以回收利用它的材料。再制造，是从废弃的产品中取出部件，对它们进行检验、翻新，然后再次利用。回收利用，如熔化废钢铁、溶解废纸张，需要耗费能源并污染环境，而且通常产生低级材料。再制造，取出部件重新使用，这是一种获得最高价值的合算的方法。重新使用零件比回收利用零件更便宜。它的前提是，在产品设计开始时，就要考虑它的某些部件，最终要达到再制造的目的。这要求工程师把再制造作为一项要求。

环保技术的这些发展，主要是通过新技术，特别是生态技术的应用，在生产过程中解决环境污染的问题，改变它的后处理的性质。

科学技术的未来发展，在社会物质生产中采用先进技术和工艺，主要是生态技术和工艺。它是高科技的，它的应用实现原材料低消耗，产品高产出，经济高效率，环境低污染的，是为社会集约型经济、循环经济、"低碳经济"服务，开创人类社会物质生产的新的技术形式，通过经济结构调整、改变经济增长方式和新的科学技术的应用的结合，使我们真正走向可持续发展的道路。

关于科学技术发展生态化的目标，1972年《人类环境宣言》指出："为了人类的共同利益，必须应用科学和技术，以鉴定、避免和控制环境恶化，并解决环境问题，从而促进经济和社会发展。"也就是说，科学技术发展既要有益于增加人类福利，又要有益于保护生态平衡；既要有益于文化，又要有益于自然，即发展可持续发展的科学技术。

1992年联合国环境与发展大会制定的《21世纪议程》，提出科学技术发展生态化的具体目标是：

（1）更好地理解人类活动与环境之间的关系；准确地评估地球负载能力和人类对它的恢复能力；研究人类行为对环境的影响以及人类对环境变化的反应；系统地评估全球变化对全球和地区的影响，对气候变化、资源消耗、人口趋势和环境恶化进行更深入的研究。

（2）不断地进行资源使用的重新评价，改进自然资源长期评估的方法，对国家、地区和全球的承受能力和易受破坏的资源进行定期和标准化审计；提高资源利用效益，发展更好的办法。例如在工业、农业和运输业中减少密集地使用资源，以便减少对环境的影响，更多地应用有关生态系统和人类健康之间联系的生活质量指标和数据，运用经济措施，包括经济刺激手段。

（3）对自然系统作更多的研究，发展和使用新的分析和预测工具，把自然、经济和社会科学更好地结合起来，加强关于地球承载能力和破坏情况，以及其支持生命能力的理解；更深地了解水、营养物质和维护生命所必须的周期之间的联系，扩大水质监测系统，研究土地、海洋和大气的能量流动之间的内在联系；扩大对水、化学和生物周期的监测；对大气化学、温室气体的来源和沉淀的研究；研究生物多样性和遗传物质的丧失对生态系统的影响，预测和预防严重的自然灾害。

（4）增强环境科学的能量和能力。需要有更多的科学家参与环境问题的研究，并把它纳入到整个研究和开发项目中去；扩大环境科学技术的教育和培训，包括科研和教育重新定位，使其适合于持续发展的需要，普及全民环境教育，提高全民环境意识；扩大国家级的科学数据库，区域和全球信息网络，数据的收集工作应予以协调，以便对资源减少、能源使用、健康影响、人口趋势等进行长期预测；充实大学和研究机构，使教学和科研向有利于保护生态的方向发展。

现代科学技术发展给我们带来了许多福利，但同时也带来许多问题。我们相信，人类社会的进一步发展，社会进步，人民生活水平和生活质量的进一步提高，需要科学技术。同样，当今我们面临的问题包括它带来的问题，这些问题的解决还是要靠科学技术进步。我们坚信，科学技术进步和完善能够解决这些问题。我们一如既往地需要科学技术，一如既往地高度重视科学技术的意义，高度重视科学技术的发展及其成果的应用，重视科学技术为国服务，为人民的幸福安康服务，为保护自然服务。我们需要生态文明的科学技术。

2018 年，习近平总书记在中国科学院、中国工程院两院院士大会上，提出我国科学技术"创新驱动发展战略"。他说，纵观人类发展历史，创新始终是推动一个国家、一个民族向前发展的重要力量，也是推动整个人类社会向前发展的重要力量。创新是引领发展的第一动力，必须把创新摆在国家发展全局的核心位置，走向生态文明的科学技术发展道路。

第八章

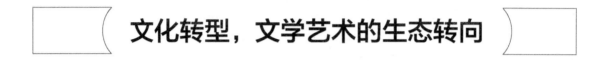

文化转型，文学艺术的生态转向

　　文学艺术是关于美的科学。追求美、鉴赏美是生命的本性。人的生活和生存不能没有美。美是人类生活的基本需求，对美的追求和创造是人类与生俱来的，是人类的存在方式和生活方式。人类创造美、鉴赏美和利用美的活动是从人类产生开始的，从制造第一把石斧开始，不仅创造美的物质产品，而且创造美的艺术品，丰富人的物质生活和精神生活。美是人类的生活方式。美的力量在什么时代都是非常重大的。人类生活是艺术的源泉，生活变了文学艺术形式也会随之变化，不断创造与时代相适应的文学艺术。生态文明时代，文学艺术会发生怎样的变化？

第一节　生态文艺学，从"人学"到"人与自然和谐"之学

　　20 世纪中叶，环境问题成为全球性问题，环境污染、生态破坏、资源短缺严重威胁人类生存，这是人类活动损害自然的结果。学者们在反思这种严峻挑战时，从传统分析性思维转向生态整体性思维，在文学艺术领域提出生态文艺学研究。

一、什么是生态文艺学

　　文学是艺术的重要领域，现代文学称为"人学"。它以人为主题。人类的生存和发展、爱情和死亡是文学永恒的主题。历代文学艺术家，用种种艺术形式塑造了无数不朽的艺术形象，成为人类文化宝库的重要方面。这些艺术形象处于一定的社会关系中，以人为主题。虽然有时处于人与自然关系中，对人的感情和心理的表达与自然美景的描写结合在一起，是真正情境交融的。例如小

说中写景，山水画以及和山水画一样美的诗词绝唱，许多是直接讴歌生命和大自然的纯洁与美丽的。但是它总是以人为主题，是以人为目标，表达了人的情感、意愿和信仰，也是人学主题。

生态文艺学作为一门新的学科，是生态学与文学艺术的结合，或文学艺术的生态转向。它的主题从人向人与自然和谐扩展。

用作者与鲁枢元（2006）教授的一组对话，表述什么是生态文艺学，以及它是怎样产生的。

余谋昌：你说，生态文艺学、生态美学，在文艺理论界遭遇的阻力大着呢！这是可以理解的，因为这是文艺学理论范式转换。生态哲学所面对的形势也是这样。生态文艺学是一门新的学科。生态学是关于生物与其环境相互关系的科学。文艺学是关于文学和艺术现象及其规律的研究。前者是自然科学；后者属人文学科。文学，我国魏晋南北朝时期，将文学分为韵文和散文，已经出现文学繁荣的局面。艺术也有久远的历史，所谓"艺术之兴，由来尚矣"（《晋书》）。生态学则是一门新的学科。它从1886年由德国科学家海克尔提出，至今才100多年的历史，它传入我国的时间更要晚得多。

传统科学和哲学把统一的世界分为人类社会和自然界，自然科学与人文科学、科学与文艺分离和对立，各自沿着自己的道路发展。长期以来，人们没有用任何连词把生态学与文艺学联系起来。当然也没有提出生态文艺学问题。

自然科学与社会科学、科学精神与人文精神、科学与艺术长期的分离和对立，产生了非常严重的不良后果。大家知道，20世纪科学技术取得一系列突破性的重大成就，世界实现工业化和现代化。但是，它并没有带来世界和平与安宁，没有带来人民的安康和幸福，没有带来良好健全的生态环境和生态安全。科学技术作为巨大力量的运用，创造了十分巨大的财富。但是主要财富只为极少数人所拥有，大多数人并没有得到多大的实惠。它推动经济迅速发展，但造成严重的环境问题。因为科学及其应用缺乏人文精神的约束，常常变成一种不道德的力量。它的大多数成就，是以损害多数人的利益为代价、以损害自然环境和资源为代价取得的。它不仅导致贫富差距扩大和矛盾尖锐化，而且导致全球性的环境污染和生态破坏，出现人类生存的重重危机。

鲁枢元：如果从培根说起，现代科学的应用从一开始似乎就缺乏人文精神的约束。培根，这位"现代科学之父"，同时又是伊丽莎白王朝的大法官、掌玺人，他本人就不能算是一个拥有至高道德精神的人。就连为他的论说文集撰写绪论的作者也说："就智力方面说，培根是伟大的；就道德方面说，他是很弱的。"他一生曾做过不少昧丧良心的事，有些手段甚至是很可耻的。培根对待自然的态度是掠取、利用。他也把这种态度投射到人与人的关系之上。将科学看作"纯客观"的领域，把它与人的精神领域、道德领域剥离开来，似乎已经成为科学的传统习惯。这种习惯直到爱因斯坦时代，才开始引起科学家们的反思。但在全球市场化的今天，在金钱、利润与良知、良心之间，科学技术仍然选择的是利润和金钱。因此，科学技术与人文精神之间的冲突总是难以避免的。

余谋昌：培根是英国伟大的科学家，是现代实验科学和实验归纳法的创始人；也是伟大的哲学家。他认为，真正的哲学应具有实践性的品格。这是完全正确的。他的思想对世界的影响与他的道德境界有没有关系，我没有研究过。但他作为把人类中心主义从理论推向实践的伟大思想家，他的关于运用科学的力量统治自然的思想，"知识就是力量"的名言，推动了全世界的工业化和现代化建设，起了非常重大的作用。但是当今的全球性问题，包括全球性的环境污染、生态破坏、资源短缺，也是同他的思想有关的。他认为，在人与自然的对立中，人类为了统治自然需要认识自然、了解自然，科学的真正目标是了解自然的奥秘，从而找到一种征服自然的途径。他说："说到人类要对万物建立自己的帝国，那就全靠方术和科学了。因为若不服从自然，我们就不能支配自然。"在培根哲学影响下，形成人与自然、科学与道德分离和对立的传统，科学成为人类支配和统治自然的重要力量。

人类社会为什么在取得伟大成就的同时，却又陷入生存的重重困境之中？这是同自然科学与社会科学的分离和对立有关的。因为科学技术缺乏人文关怀和道德约束，便会成为掠夺自然的工具，成为"有钱人的玩具"。这是美国著名物理学家戴森《宇宙波澜：科技与人类前途的自省》一书，评价科学技术时作出的结论。人类面临全球性生态危机也与科学技术发展有关。

出路何在？在寻求这种不良后果的哲学解释时，人们求助于生态学。因为生态学强调生物与环境、人与自然相互作用的整体性观点，把生态学作为自然科学与社会科学的桥梁，用生态学的观点思考问题，提出科学技术与伦理道德、科学技术与文学艺术相结合的观点。1969年，美国波士顿出版了一本书名为《颠覆性的科学》的著名论文集，它认为"生态学涉及人类的最终极的义务"，首次把生态学与人类道德联系起来，提出生态伦理学问题（罗尔斯顿，2000）。接着，学者们主张科学精神与人文精神的结合，科学需要人文关怀，需要用人文精神约束科学技术的力量及其应用，从而把生态学与政治、经济、文化的一系列学科联系起来，出现了生态哲学、生态社会学、生态政治学、生态文化学、生态经济学、生态文艺学、生态美学、生态法学等。

美国环境哲学家麦茜特（1999）说："生态学已经成了一门颠覆性的学科。"

这里所谓"颠覆"是一种范式转换。这是自然的。因为从一个时代到另一个新时代，人类生存方式必然发生变化，从而所有科学范式会随之发生变化。现在在世界范围内，人类社会从工业文明时代，向生态文明时代发展，人类的生产方式、生活方式、思维方式和科学模式发生变化，这是必然的。这时，正是生态学和生态学思维，提供了一种新的思考问题方法，从而使生态学成为颠覆性的学科。

鲁枢元：就依我们以往的文艺学理论而言，文学艺术是显示社会生活的反映。那么，人类社会生活在 20 世纪后期发生的这种"颠覆"，也必然会在文学艺术创作中表现出来。实际上，自 20 世纪 60 年代以来，以美国女作家蕾切尔·卡逊的《寂静的春天》为先声的"环境文学"已经取得了持续不断的发展。各个地区的叫法不同，如日本叫"公害文学"、美国叫"荒野文学"、中国台湾叫"自然写作"，国内普遍的叫法是"环境文学"。自 80 年代中期以来，散见于文坛的表现生态题材的小说、诗歌、散文、戏剧、报告文学、电视专题片、音乐、摄影、漫画等文艺作品，已经形成一股势不可挡的潮流。

余谋昌：环境文学的出现是生态文艺学的先声。文学是艺术的重要领域，传统的说法称"文学是人学"，文学以人类的生存和发展、爱情和死亡为永恒的主题。历代文学艺术家，用种种艺术形式塑造了无数不朽的艺术形象，成为人类文化宝库的重要方面。这些艺术形象总是直接或间接地以人为主题，以人为尺度，以人为目标的。

环境文学作为一种新的文学形式，是以人与自然的关系为主题，甚至自然也可以成为文学表现的主题。依据生态学思维，人类活动除了有人的目标外，还有自然保护和环境保护的目标。我国作家张韧指出：环境文学不仅是新的文学形式，而且是人的思维方式变革。因为，第一，它打破了将文学视为一种题材的狭隘观念，其思维结构的核心是全人类意识和"地球村"意识。第二，它的热点不限于人与人之间的关系，而由社会人际关系转向对人与自然关系的关注，这是当代文学的一场历史大转折。第三，由人征服自然转向保护自然，在重新调整人与自然关系的过程中，需要一种环境道德思维（张韧，1987）。

生态文艺学是一门新的学科。它用生态学的观点审视和探讨文学和艺术现象与规律。你在 2000 年出版的《生态文艺学》一书，透过生态学的视野、运用生态学的基本理论对文学艺术现象进行系统的考察，并就文学艺术与自然生态、文学艺术家的个体发育、文艺创作的能量和动力、文艺欣赏中的信息交流、文艺作品中人与自然的主题、文学艺术的地域色彩与艺术物种的赓续、文学艺术之精神生态价值的开发、文艺批评的生态学尺度、文学艺术史的生态演替等问题进行了别开生面的探讨，确实为当代文学艺术研究开拓了一片新天地。

鲁枢元：说起来真是惭愧，我的那本书其实写得很仓促，知识上、学理上的准备全都不足，比较充足的倒是我对于生态危机的紧迫感，尤其是对于日益恶化的精神生态状况的忧虑。说得严重些，我倒真是出于忧愤而写作，书中的情绪色彩很浓重，甚至不无偏激之处。对此我不后悔，因为我以前的许多文章差不多也都是"即兴"之作。我曾自诩为那是"我的生命之树上自然生发出的枝丫"。但作为学问，作为一门学科的建设，总还是应当力求翔实、周到，遵循学术的法则，建立在坚实的理论基础上。我希望，我在以后的日子里，在尘埃落定后，能够仔细地修订我在仓促间写下的那些文字。因此,我就特别渴望得到您的指教。

余谋昌:是的,在当今人类困境重围的时候,我们需要忧患意识;需要爱,对人的爱,对生命和自然界的爱;需要联系实际研究问题。

关于生态文艺学,它的出现和存在是不是必要的? 让我们首先来探讨一下关于生态文艺学合法性的哲学论证。

我是非常看重你开创的"精神生态"研究的。世界不止是自然存在和社会存在,更不是自然存在和社会存在的分离和对立地存在。现实的世界存在,除了自然存在和社会存在,还有精神存在,而且三者是不可分割的。世界是自然存在、社会存在和精神存相互作用的统一整体。自然生态、社会生态和精神生态三者是不可分割的。地球生态是三者相互作用统一的动态过程,世界是"自然-社会-精神"统一的有机整体。因而,我们需要从自然存在、社会存在和精神存在的相互作用,以及自然生态、社会生态和精神生态的相互作用去理解世界和认识世界。应当说这是一种新的世界观,一种生态哲学世界观。

300 多年来,占主导地位的世界观是牛顿—笛卡儿哲学。它是物质与思维、人与自然二元的分离和对立,以及人与自然主客二分的分析性思维。它的主要观点是:

(1)关于世界存在的本体论的看法是二元论的,心-物二元,物质-思维二元,人-自然二元,主体-客体二元,科学精神-人文精神二元,世界进程是"二元"之分离和对立。世界是一台机器,它没有生命,没有目的,没有精神。它强调人与自然的本质区别,认为只有人是主体,人独立于自然界,而不是自然界的一部分。自然界独立于人,它单独存在是不以人的意志为转移的。因而,它否认地球是一个生命整体,否认人与自然关系的相互联系、相互作用、相互依赖、相互制约这样的重要的性质。

(2)认识论是还原主义的消极的反映论。它在把世界预设为一台机器时,认为这台机器可以还原为它的基本构件。在人与自然的二元对立中,强调自然事物独立于人的客观性,认为它是不以人的意志为转移的,人对世界的认识是消极地对事物的反映。它的认识论的预设是:感觉材料是分立的,人对世界的认识,只有把事物还原为它的各种部件,并分别地认识这些部件,人对世界的认识才是可能的。

(3)它的方法论是分析主义的。它主张部分决定整体而不是整体决定部分。因而认识"以最简单最一般的(规定)开始,让我们发现的每一条真理作为帮助我们寻找其他真理的规则"(笛卡儿),"因为对每一件事,最好的理解是从结构上理解。因为就像钟表或一些小机件一样,轮子的质料、形状和运动除了把它拆开,查看它的各部分,便不能得到很好的了解。"(霍布斯)其实,事物是整体决定部分,而不是反过来。而且,事物的结构和过程比较,过程比结构更重要。

这种哲学以人与自然的主-客二元对立为特征。它在探讨世界的本源时，或者强调客观性，把不包含人类因素的纯自然作为哲学本体，从自然出发建立有关纯自然本体的自然观。或者强调主观性，把不包含自然因素的人和精神作为哲学本体，从人出发建立有关纯社会本体的历史观。而且，这种自然观和历史观，又是分立的。它导致人与自然、社会科学与自然科学、科学与道德、科学精神与人文精神的分离和对立。

这种哲学是人类认识的伟大成就。它指导工业化的发展，导致人类社会繁荣。但是，现在它已经达到它的高峰，随着它固有的问题突显出来，已经开始走下坡路了。因为它的人与自然主客二分和对立的范式，已经远离现实世界的真理。现实的世界不是这样的。追求自然、社会和精神的统一需要新的哲学。生态哲学可能是这样的哲学。它的本体论预设是：世界是"人-社会-自然"复合生态系统。它有生命，有目的，有精神，是"自然-社会-精神"的生命统一整体。

也就是说，生态哲学的存在论，是自然-社会-精神统一的存在论。它以人与自然关系为基本问题，以自然、社会和精神统一为研究方向。它在观察世界、解释世界和改造世界时，不是单纯以社会或人类精神为尺度，也不是单纯以自然为尺度，而是以人与自然的关系为尺度，以自然、社会、精神的统一为尺度。虽然在人与自然关系的哲学研究中，在分析人与自然的关系时，也常常把现实世界分为人的世界和自然界，物质世界和精神世界，但是不是把它们割裂开来，而是作为统一世界的一部分进行研究。也就是说，依据生态系统整体性的观点，既从人考察自然界，又从自然界考察人。

鲁枢元：您的这一论述让我很受鼓舞，也促生了我的学术自信。因为在不久前我为《文学评论》撰写的一篇关于汉字"风"的文章，就是希望通过对于"风"的语义场的分析，揭示"风"在其自然层面、社会层面、艺术层面、人格层面的丰富意蕴。也可以说，"风"的语义场就是一个"人-社会-自然"的复合生态系统。中国古代传统文化是一种更富于有机性、整体性的文化，因而也就更切近生态哲学。

余谋昌：你的那篇大作非常精彩，"风"的语义场分析很有意义。我赞同你的观点。正如你所说，汉字体现了中华民族的精神。你从"风"字的分析指出了汉字中的生命原则，指出了汉语言文字的有机整体性以及它的普遍联系相互作用的性质。这是中华民族的最重要、最优秀的遗产之一。我一直在想，由于中国文字的统一，由于这种统一被始终继承下来，这可能就是中国作为大国没有被分裂的重要原因，就是中华文明没有中断的重要原因，真是幸运呀！从钱玄同开始，主张用拼音文字代替方块字，至今仍然有人甚至有高层人物持这种主张。幸好它没有得逞。简化汉字虽然有一定的好处，但也损失了许多宝贵的东西，比如"风"字没有了虫，"爱"字没有了心，等等。不能再简化下去了。你以"风"字为例指出，一旦现代汉语中"风"仅只作为自然现象，只作为人的外在的对象物，而不与国家、社会、伦理、艺术等发生联系，便失去了它内在的生机，失去了它丰蕴的人文意义，便从而失去了它往昔强劲的文化张力。汉字的这一遭遇已经成了现代社会的普遍现象。这大约就是某些人鼓吹的所谓的"哲学进步"吧！

生态学世界观认为，人和自然作为统一的世界，两者是不可分割的。一方面人作用于自然，改变自然，使自然界人化——在这里社会起决定作用；另一方面自然界作用于人，人学习自然界的"智慧"，提高人的素质和人的本质力量，使人自然化。在这里自然环境起决定作用。这两方面是相互关联的，世界是这两种相互作用的统一。

生态哲学从人与自然的关系看世界，它的主要观点是：

（1）人与自然有本质区别。在生命组织层次的演化序列中，人具有精神，是意识的和心理的、社会的和文化的存在，处于生物金字塔的顶端，在生态系统中，人不是一般动物"消费者"，而是生态系统"调控者"。

（2）不能过分强调这种区别，不能把这种区别作绝对化的和抽象的理解。人、社会和自然构成有机统一整体，它是不可分割的，把统一的世界区分为自然界和社会只具有相对意义。它们之间的相互联系、相互作用和相互渗透，比它们之间的相互区别更重要。

（3）通常认为，人与自然是同时并存，这是不正确的。它们不是同时并存，而是相互作用。

（4）通常认为，自然界只是人和社会的外部条件，这也是不正确的。它实际上是"人—社会—自然"复合生态系统的内在机制，要重视自然界对人和社会发展的重要作用。

因此，生态哲学认为，需要调整我们的历史观和文艺观，建立新的历史观和文艺观。这种历史观和文艺观不是关于纯粹社会历史发展的观点，自然因素参与了历史的创造，获得了社会历史的尺度，因而我们的历史观和文艺观应该是包含自然因素的历史观和文艺观。日本学者梅棹忠夫著《文明的生态史观》一书，他认为，应重视自然环境和生态条件对历史进程的重要作用，因而我们的历史观应该是"文明的生态史观"。

鲁枢元：我看后期的汤因比也是这种观点，整个人类历史的书写，不能抛开人类的"大地母亲"，不能抛开地球生物圈。他说："就把自己看作宇宙的中心这一点而言，人类在道德上和理智上都正在铸成大错。"他将自己的一部叙事体的"世界历史"命名为《人类与大地母亲》，书中写道："生物圈的各种成分是相互依赖的，人类也和生物圈中所有的成分一样，依赖于他与生物圈其他部分的关系。在思维法则中，一个人可以把自己与其他人相区别，与生物圈的其他部分相区别，与物质和精神的其他部分相区别。但是人性，包括人的意识和良心，正如人的肉体一样，也是存在于生物圈中的。我们从未见过任何单个的人或人类可以超越他在生物圈中的生命而存在。"(汤因比,2001)最近,我正在关注,那种将人类社会与自然相隔离的历史观甚至还影响到中国文学史的书写,这是非常背离中国文学史的实际存在的。

余谋昌:这种思维模式应该已经到了终结的时候了。中国文学和中国文学史不能脱离自然书写,是人与自然统一的。就人类史而言,现实的人与自然的关系,一方面是在具体的社会历史发展中,以一定的社会形式,并借助这种社会形式进行和实现的。这是一种社会历史的联系。另一方面,这种关系又是在具体的自然环境中,通过人类劳动这种中介,以改变和利用自然的形式进行和实现的。这又是一种自然历史的联系。这就是说,社会的发展包含自然因素。同时,自然界参与社会历史的创造,社会和自然相互依赖、相互作用和相互渗透。文学史也是这样。我们需要一种开放的哲学和文学,它有助于自然科学与社会科学以及人文学科的统一。依据这样的哲学,生态学与文艺学的结合,建立统一的生态文艺学不但是可能的,也是完全必要的。这是生态文艺学合法性的哲学论证。

鲁枢元:生态文艺学合法性是否还需要别的学科的论证? 是不是可以谈谈生态学,你说,生态学是一门颠覆性的学科。

余谋昌:我们来探讨一下生态文艺学合法性的生态学论证。

生态学是关于地球之美的学科。生态学研究地球之美的性质、意义及其起源,探索自然生态美的各种关系,以及自然生态美的价值。从生态学的视野看,生命创造了地球之美。追求美、鉴赏美是生命的本性或生命的本能。它告诉我们,自然生态美是客观存在的,这不仅对于世界的存在是必要的;而且对于人类的存在也是必要的。我们在欣赏和利用生态美的同时,要保护生态美,创造更多的生态美。

(1)大自然创造了美,即自然之美。

世界进程从无机的自然,到生物的自然,到人类社会的自然。世界之美及其创造,从自然之美,到生态之美,到社会的自然之美。

自然之美。它是地质运动过程的创造。地理景观的形态结构,地壳岩石的地质剖面,矿物晶体整齐划一,浩瀚海洋汹涌的波涛,万顷碧波的林海,莽莽苍苍的长江大河,雄伟壮丽的高山峻岭,千变万化的气候气象,千姿百态的动物和植物,大自然的鬼斧神工,创造了无限的自然美景。

生态之美。它是地球生物的创造。大自然创造了生物。生物创造了地球适宜生命和人生存的条件。现在,地球上生物物种已被记录在案的有一百多万种,实际生存的在一亿种以上。所有生物个体、生物种群和生物群落以及生态系统,它们千变万化,多种多样,千奇百怪。这是生态美。它们之间的关系,它们的生存、繁衍,有无限的丰富性和多样性,无穷的奥秘,这也是生态美。各种生态过程,生物与环境的关系,生物对环境的适应等,都是在充满矛盾冲突和对立斗争的动态的环境舞台上展开的，各种因素相互作用、相互依赖、相互渗透、相互转化，在辩证运动中形成自然平衡，这无疑也呈现为不同姿态的生态美。

社会的地球之美。它是人类社会实践的创造。地质学家说，现在地球已经进入一个新的地质时代——"人类世"时代。因为今天人类栖居的地球，已经不再是原来的纯粹自然的地球，而是人类活动特别是工业化改变了的地球，是人类学的地球，是社会的地球。人类在自然生态的基础上，建设了各种各样的人工生态系统，如城市生态系统、乡村生态系统、农田生态系统、森林生态系统、牧业生态系统、各种公园和休闲生态系统等；还有人类创造的社会关系、精神生活和文学艺术等。这是人类创造的社会的地球之美。

(2)追求美鉴赏美是生命的本性。

审美、创造美和利用美，是人类和其他生物的特性，或者可以说是生命的本能。所有生物物种，为了生存和繁衍，发展出完美的结构和行为特征。花儿向蜜蜂展示美丽的花朵，鸟儿用美的歌声，或美丽的羽毛向异性展示美，大多数动物为了吸引异性，总是把自己打扮得光鲜亮丽，甚至窝儿都要造得整整齐齐、漂漂亮亮。所有生物都有创造美、展示美和追求美的生活。

审美、创造美和利用美当然也是人类的特性。人的生活和生存不能没有美。美是人类生活的基本需求，对美的追求和创造是人类与生俱来的，是人类的存在方式和生活方式。人类创造美、鉴赏美和利用美的活动是从人类产生开始的。我国考古发掘发现许多有非常高艺术水平的珍品，如河南新石器时代(仰韶文化时期)的彩陶罐，有复杂的纹饰，有的点缀美丽的鸟纹、鱼纹、蛙纹、犬羊图形、人形纹等，是非常精美的艺术品。它们都是直接反映和表现人与自然关系，是表现自然美的。直到如今，人类在创造某些物质产品时，如各种食品、服装、工具、仪表乃至道路、建筑，不仅要求有用，而且要求美。美，丰富了人类物质生活和精神生活，成为人类不可或缺的追求。

(3)大自然为人类追求美提供服务。

人不仅直接地以某种精美的天然矿石，如天然金刚石、天然金块和天然矿石晶体作为审美对象，而且创办国家地质公园、国家地质博物馆，各种各样的主题公园。人们也利用地层剖面的矿物学特征、地表岩体形成的奇峰异状和雄伟壮观、地下喀斯特溶洞千奇百怪的自然景观等作为赏美的对象。它们使众多参观者流连忘返，从中得到美的体验和审美情趣。大自然是人类获得快乐的重要渠道。人们欣赏自然与欣赏艺术品不同，欣赏艺术品不用所有的感官，但欣赏大自然要用人的所有感官。美国著名哲学家罗尔斯顿认为，在美的欣赏方面，西方人主要欣赏艺术品，东方人既欣赏艺术品又欣赏大自然。人的欣赏体验只有在自然界中才达到最佳状态。因此，在审美领域我们其实更需要自然美。

鲁枢元：您对自然美的热烈赞颂体现了一位生态哲学家的美学观。这使我想到了黑格尔。他在他的《美学》中极力贬抑自然美，甚至否定自然美的存在。

他在其《美学》一书的开张明义并武断地界定：美学的对象就是美的艺术，美学的含义就是艺术哲学，如此，我们便把自然美开除了！黑格尔这样做显然并不是为了研究的方便而为自己界定一个学科的范围，他将自然美开除于美学之外出自他的基本哲学观念，即："只有心灵才是真实的，只有心灵才涵盖一切""艺术美高于自然美。因为艺术美是由心灵产生和再生的美"，这就是说，自然是一个与人对立概念，自然本身并不具备美的内涵，自然只有被人的意识化之后才拥有美的资质，美的核心在于人，在于高踞于自然之上的人的意识。显然，黑格尔的这一判断遵循的依然是欧洲启蒙运动的基本路线。

从哲学史进行反思，法兰克福学派的创始人之一阿多尔诺(T.W.Adorno，1903-1969)把"自然美的消失"归罪于康德、席勒、黑格尔一流的哲学家、美学家，认为正是他们高扬的人本思潮排斥、摒弃了自然美。其中表现得最为蛮横的，就是黑格尔。

阿多尔诺在对启蒙运动的工具理性进行批判时曾经指出：现代人对于自然的轻蔑与对于人工产品的推崇是一致的，现代人对于自然美鉴赏的漠视与对于自然物实用的热衷是一致的。正是工业文明与自然的冲突，导致了自然美从人类视野中的消失。他希望从实践的观点，通过对人与自然的全部关系以及人对自然拥有的整体经验的考察中，恢复自然在审美领域中的地位。他指出，人与自然的关系存在着三个不同的层面：一是自然作为认知的对象，自然成了自然科学；二是自然作为实用的对象，自然成了生产资料；三是自然作为审美的对象，自然成了"文化风景"，成了艺术，甚至成了艺术作品的楷模。由于现代社会遗漏了人与自然之间的审美关系，仅仅把自然当做生产资料与科学把握的对象，现代社会便成了一个残缺不全的社会。实际上，对自然的严重的审美危机，在今天已经成为一种相当普遍的现象。当代人试图借助旅游、探险、露营、野炊走出这一危机，遗憾的是在更多情况下反而加倍地损伤了自然。生态文艺学要恢复生命和自然界在人的审美中的地位。

余谋昌：人的美学观点与他的哲学观点是一致的。

值得注意的是，人类鉴赏美、创造美和利用美，但是有时又破坏美、创造丑。长期以来，依据物质第一主义的价值观，人们滋长了对自然物质的无限贪欲，为了填不完的贪欲，以从自然取得更多为自己的对策，以致常常以掠夺、滥用、浪费和破坏自然资源为代价利用自然，在许多地方破坏了自然美景，出现严重的环境污染、生态破坏和资源短缺的生态危机，处处出现环境衰败的丑恶景象。同样，在精神文化领域，在创造美的同时也创造丑，总是有人宣扬反动文化、没落文化和腐朽文化。

生态文艺学研究，一方面要为保护自然美和生态美服务，为创造更多的美，为健全人们的精神生态服务；另一方面，要反对破坏美和创造丑的种种丑恶行为，以有助于调节这些不良行为，有助于我们在利用地球之美的同时，保护地球之美，创建和谐美好的人类社会。

鲁枢元：那么，我们应当怎样建设中国的生态文艺学呢？

余谋昌：记得你在《生态文艺学》一书中曾经提出文学艺术的"走出"与"回归"的问题。我理解，"走出"是走出文艺学与生态学的分离和对立；"回归"是文学艺术走进生态学领域，走进自然，回归中华民族的文化传统。

中国生态文艺学作为中国文化，它的建设必须扎根于中华文化的土壤之中，为中国文化服务，它才是有生命力的。文化具有继承性和连续性。中国文化有深厚的底蕴，虽然古代没有生态文艺学，但是古代思想家，关注宇宙与人生，有丰富深刻的关于人与生命、人与自然的关系的生态学思想，以及人与自然和谐发展的深刻论述，即古典形态的生态文艺学思想。这方面，中国传统文化的高度包容性、稳定性和继承性及其历史之悠久、丰富、深刻是非常突出的，完全可以作为生态文艺学思想之根。

俄国学者弗拉基米尔·波波夫说："中国是为数不多的没有失去自己历史根源的最古老的文明之一。"俄国汉学家叶尔马科夫说："中国文明的独特性在于继承性。这是一根不断的红线。它将古老与现实连接起来，为子子孙孙保留着数千年历史的特征，建立起智慧的宝库，并通过历史折射未来。"（波波夫，2004年）我国的生态文艺学研究应当深深地植根于中国的民族文化之中，立足于中国，为中国人民服务。这就需要一根从古至今不间断的"红线"——人与自然和谐发展的红线，以便把历史与现实连接起来。张晧教授《中国文艺生态思想研究》一书，对我国儒家、道家和佛家的文艺生态思想已有很好的论述。

英国著名科学史家李约瑟说："无论如何，儒家和道家至今仍构成中国思想的背景，并且在今后很长时间内仍将如此。"尤其是道家思想，"《道德经》中悖论式的'无欲'的话的体现，生而不有，为而不恃，长而不宰。中国人性格中有许多最吸引人的因素都来源于道家思想。中国如果没有道家思想，就会像是一棵某些深根已经烂掉了的大树。"（李约瑟，1990）道家学者崇尚"道法自然"的哲学，行"无为"之道，追求人与自然和谐的生活理想。在阐述人类应当具有的理想生活时，道家贡献了丰富深刻的生态美学思想。应当说，这是建设现代生态文艺学的宝贵的学术资源。

我们相信，深深扎根于中国文化土壤中的中国生态文艺学苗壮成长，这是完全可以期待的。

二、生态文艺学的性质与功能

我们的话题是"生态文明，人类社会的全面转型"。之所以要转型，是因为有全球性生态危机的挑战，为了应对挑战需要转型。文学艺术的情况也是这样的。生态文艺学作为文学艺术的新领域，为了适应环境保护的需要，它从人学向人与自然和谐之学发展。这是文学艺术的生态转向。西方文艺学认为，生命和自然界没有文学，没有艺术，只有人的文学艺术。它是人的"有意味的形式"，是理性的。东方文艺学认为，"天地有大美而不言"，生命和自然界之自然而然地存在，它本身就是美和美的源泉，对人而言，它是直观，是意象的，美是"有形式的意味"。这体现东西方哲学风格的独特性。

生态文艺学复归文学艺术的"自然之维"。但是，它不是自然图解，不是环境保护的图解。它的艺术内容和形式是非常广泛的。而且，它与文学的"人学"命题不是对立而是统一的。它仍然将人置于文学的中心，但在治理环境污染的斗争中，表现人的良知、人性和人道主义精神。同时，环境文学不仅是新的文学形式，而且文学艺术的哲学思想、价值观念、思维方式和伦理道德的变革，它的目标是，文学艺术为更加广泛的民众喜爱、接受和利用，为建设生态文明服务。它的主要性质和特点是文学艺术的生态转型，依据生态价值观、自然价值观，确立文学艺术的哲学之维、自然之维、道德之维、生态审美之维。

1. 生态文艺学的哲学之维，重建自然与人文的统一

美国哲学家罗尔斯顿著《哲学走向荒野》（1986）一书，认为"荒野是有价值的"，承认荒野有价值，它对人的价值，它自身的内在价值，这是荒野转向。实际上，这是人对荒野的价值观转向，是哲学转向。这是 20 世纪的哲学进步，从主客二分的哲学，走向人与自然统一的哲学；从人统治自然的哲学，走向人与自然和谐的哲学。

重建人与自然和谐的观点，实现自然与人文统一，这是生态文艺学的哲学之维。依据这种哲学，文学艺术的主题，从人扩展到生命和自然界，歌颂、尊重和敬畏生命和自然界，以可持续的方式认识、利用和保护生命和自然界。这是文学艺术在新时代的使命。

2. 生态文艺学的自然之维，重振文学艺术的崇高地位

鲁枢元（2006）在《生态学的人文转向与生态批评》一文中指出："在科学技术耀眼炫目的光芒下，曾经容光焕发的'大自然'在文学艺术家的目光中已经暗淡下来。'自然'被'科学'从文艺批评界放逐出去。不要说批评家，就连一些在文坛上负有盛名的小说家，也不愿为'自然'多写几个句子。"但是，自然是文学艺术的本原和内在动力。他援引马尔库塞《审美之维》一书的话："人类与自然的神秘联系，在现在的社会关系中，仍然是他的内在动力。艺术不可能让自己摆脱出它的本原。它是自由和完善的内在极限的见证，是人类植根于自然的见证。隐埋在艺术中的这种洞见，或许会粉碎对进步的笃信。但是，

这也可以具有其他意向和其他实践目标。这就是说，在增长人类幸福潜能的原则下，重建人类社会和自然界。"他说："我们应当重振文学中的自然之维，那也是文学生命的最柔韧的生命力。在日益壮阔的生态运动的感召下，我们有足够的信心宣告：文学与自然曾经一道蒙难，也将一道复苏！"（鲁枢元，2006）

在生态文艺学视野下，自然审美是全方位审美。以自然为核心的美学，在欧美艺术中又称为"大地艺术"。它以"回归自然"为主旨，"让自然成为自然"，让自然"在"那里，并参与"同大地相联系、同污染危机和消费主义过剩相关的生态争论，从而形成一种反工业和反都市的美学潮流。"（伯林特，2007）

在这里，什么是美？话说"物我一体，浑然天成"。这主要在自然中才能实现。生态文艺学将在重建文学艺术的自然之维中，开辟新局面，创造新的文学艺术形象，谋求新的发展，不断提高文学艺术的学术水平，以及公众的鉴赏水平，重整文学艺术在社会上的崇高地位。

3. 生态文艺学的道德之维，创造美享受美抵制丑

人类拥有现代科学技术的伟大力量，创造了巨大的社会生产力，改造自然达到改天换地的程度。但是遭到大自然的报复。为什么自然界还有能力报复人类，迫使人类承认自然的地位？因为人类来自自然界，是"自然之子"。因为自然有无穷的价值，最终极价值。因为自然界有巨大的智慧，有无穷的力量，无穷的奥秘。因为自然有生命，"盖娅地球"是生命体，它有目的有精神。但是，人类对大自然的认识仍然是非常肤浅的，只知道为了自身的利益，为了填不满的贪欲，不停歇地掠夺、滥用、浪费和破坏自然，直至自然价值的严重透支。现在，它对人类行为"打出最后一棒"。全球性生态危机对人类生存的威胁发展到非常严重的时候，人们才最后醒来，终于认识到，我们必须敬畏自然，我们必须尊重自然，需要对生命和自然界讲道德。

文学艺术的发展需要运用新的道德力量，环境伦理学的道德观念、道德原则、道德标准和道德规范的力量，发展自己，创造更多更好的文学美艺术美，文学艺术更好地为人民服务，为建设生态文明服务，人民更多更好地享受文学美艺术美。同时文学艺术需要运用新的道德力量，抑制和反对各种污染环境、破坏自然和浪费资源的行为，抑制和反对各种损害自然美景的行为；抑制和反对各种破坏历史古迹和文化遗产的行为；抑制和反对各种损害生物多样性的行为。

生态文艺学的价值目标是保护自然和发展自然。这是生态文艺学的道德之维。

4. 重建文学艺术的生态审美之维

文学艺术在资本专制主义下，或者被当做谋财获利的工具；或者被资本

"绑架"作为富豪炫富的手段；或者在物欲的诱惑下被排挤到边缘的地方。它有了庸俗的名声，丧失了它的光辉和伟大。重建文学艺术的哲学之维、自然之维、道德之维，抵制资本专制主义和物欲专制主义，创造伟大的作品，受广大公众喜爱和欢迎的作品，重现它的光辉和伟大。生态文艺学审美之维扩大到人民大众，使之为公众服务，为国服务，为牢固树立生态文明观念服务。

5. 重建生态文艺学的生态实践之维

生态文艺学的作品，不仅在平面媒体和网络媒体展示，在书店和图书馆中，在电影和电视中，在剧院和音乐厅中，在画院和展览厅中，供人们审美和鉴赏。而且要应用和表现在我们的城市设计、乡村设计、建筑设计、工业制造产品设计、各种艺术品设计中，通过应用走向实践，在实践中展现它的力量，它的光荣、伟大和崇高。

例如，在城市建设中，我国现在城市建设有"全盘西化"现象，在铺天盖地的高楼大厦和高速路中，正在失去中国文化以及它的记忆和历史，出现"失落着城市的失落"。中国美术学院院长许江（2006）教授指出，我国的城市建设急需补一堂"美术课"，生态美术课。

许教授认为，中国城市建设出现规划无序、设计不协调、破坏古建筑等一系列"城市化病"，把它归结为 "四有四无"。

（1）有绿化，没有山水。在不少城市，绿化变成了简单铺草坪。好的绿化环境应该是"巧于因借，精在体宜"，在山水中找到人与自然的"尺度"。在上海浦东，人湮没在高楼之中，尺度无从找寻。以"三山"闻名的福州，如果盖起高楼，昔日美丽的山景就只有假山的效果了。

（2）有建筑，没有栖居。人通过建筑和世界相安相和，建筑是人的归宿，应该体现出宿命感。杭州西湖边建筑限高始终是一个话题，按 20 世纪 60 年代的标准，划船到湖中回望拍照，如果建筑物超出梧桐树就要被拆掉。

（3）有规划，没有特色。早年间我国不少城市表面上没有什么规划，但是很有特色，现在人的能力很强，结果所有城市在改造中呈现趋同的态势。

（4）有指标，没有记忆。现在的城市建设追求各种绿化指标、空气指标等，但没有给我们留下多少文化的记忆、栖居的记忆和乡愁的记忆。

为了治疗"城市化病"，许教授认为，需要张开"美术的眼睛"看城市，不是简单的好看不好看，而是要看出"造化之链"的内在规律，通过营造和谐，去追踪居民与山水世界相携、相生的脉络。所谓"造化之链"，就是各地独特的山水意境、人文积淀乃至由此形成的建筑形态和生活方式，以及各地的历史、民俗。只有把建筑放到"造化之链"中，才能继承和凸显城市的"根源性"。正是"造化之链"不同，决定了北京所以是北京，上海所以是上海，杭州所以是杭州。例如用色彩来形容，北京是红和灰，代表古都文化和民间文化；上海是蓝和银，代表其商业文化和海派文化；杭州是绿、黑和白，是指树木和黛瓦白墙。

许江教授指出，城市建设要有家园感和历史感，警惕趋高趋大、消费无度的现象，注意人与自然和谐，使人对居住消费的热情转到追求人文和自然的内涵上来。这是现代城市建设的生态文艺学要求。

中国现代化的努力，建设中国美好的未来，这当然是开放的。我们要学习世界上的所有先进文化，但不是"全盘西化"，而是在中国的土壤上继承和发展中国优秀的传统，不要丢失自己文化的精髓，在吸收外来的先进的东西时，要把它变成中国文化的一部分，任何外来的都要变成中国的，是中国的现代化。这是中国生态文艺学的期待。

第二节　中国生态文艺学的发展

1983 年，《中国环境报》文学副刊《绿地》创刊，著名作家高桦任主编。她第一个提出"环境文学"概念，那时国外把有关环境保护的文学称为"公害文学"。高桦说："'环境文学'比'公害文学'的提法更为准确更为全面，因为它不仅揭露生态环境问题和灾难，而且抒写壮丽的大自然河山，描绘人与自然美妙和谐的文学，强化人们的环境意识，讴歌和促进环境保护事业的发展，肯定和表彰我们环境保护所取得的成就和进展。"它凝聚了著名作家黄宗英、陈建功、张抗抗、赵大年、张守仁等组成"环境保护的作家同盟"，在《绿地》发表上百万字的环境文学作品；它被称为"中国最早的环境文学实验基地"。1991 年 2 月，中国环境文学研究会正式成立，同时，环境文学杂志《绿叶》创刊。高桦是中国环境文学学术机构和专门刊物《绿叶》杂志的创办人，开拓了中国环境文学研究，成为中国环境文学的奠基人。在高桦带领下，环境文学成为一种新的文艺思潮，环境保护既是环境文学的明确主题，也是环境文学的最主要特点，它对困扰人类的生态危机表现出沉重的忧患意识，并呼吁人类增强生态环境保护意识，走可持续发展道路，从而推动人类生态文明进程。环境文学作为推进人类环保事业的一支特殊力量，随着生态环境问题的日益凸显的严重性，已成为世纪之交重要的文学现象。接着，20 世纪 90 年代，兴起以生态美学、生态批评等为主要内容的生态文艺学研究，从而形成我国生态文学的两个发展方向。

一、环境文学在中国生态文化中首先成为学术主流

高桦在《绿叶》杂志创刊词中指出："作家毕竟更富有对于自然、对于祖国

河山、对于一切生命的感受和热爱，作家对于生活的感受总是更富有整体性，作家相对地总是更少受某种实业目的的激励或者制约，作家更有可能多一点纯朴，也多一点浪漫。作家往往更早一点自觉或者不自觉地发出保护自然、保护环境的呼声，警报环境破坏的危险。如果我说作家天生应该与环境保护工作者携起手来，如果我说作家天然是环保工作者的同盟军，我想不至于被认为是过于冒昧。"

1. 中国环境文学成为环境保护事业的一支重要力量

作家是一个思维敏捷，眼光锐利，感情丰富，使命感和责任感很强的人群，特别是著名作家。《绿叶》创刊，德高望重的文学老人冰心和夏衍题写刊名，著名作家冯牧、杨沫、郭风、袁鹰、徐迟和雷加任顾问；王蒙和曲格平任名誉主编，杨矛、杨兆三和高桦任主编和副主编，知名作家孙犁、萧军、周而复等老一辈作家，黄宗英、白桦、刘心武、铁凝、池莉、王朔等知名作家为刊物撰稿；孙犁、萧乾、柯灵、艾青、端木蕻良、骆宾基、陈荒煤、秦兆阳、韦君宜、严文井、雷加、李乔、袁鹰、吴祖光、唐达成、汪曾祺、林斤澜、邵燕祥、黄宗江、张志民、黄秋耘、黄宗英、管桦、李准、黎先耀、陆文夫、丛维熙、邓友梅、顾工、刘绍棠、李国文、艾煊、张贤亮、叶楠、谌容、浩然、赵大年、张洁、蒋子龙、陈祖芬、孟伟哉、叶文玲、霍达、牧惠、张扬、张韧、张炜、俞天白、杨匡满、陈建功、梁晓声、张抗抗、铁凝、池莉、莫言、余华等，支持《绿叶》并为它写稿，真是"众星托叶，托着一片《绿叶》"。在以宗白华、张中行为代表的老一辈，以及许多晚一辈作家身上，我们可以在他们深厚的文化底蕴里寻访到承载了生态意蕴的文化史迹。《绿叶》，呼唤绿色，品位高格调高，赢得了广大读者的欢迎。

白桦组织出版中国环境文学丛书：《碧蓝绿文丛》（第一辑，1996）120万字，有小说卷《放生》，报告文学卷《地球·人·警钟》，散文卷《愿地球无恙》；《碧蓝绿文丛》（第二辑，1999）120万字，有小说卷《秀色》，报告文学卷《水啊！水》，散文卷《人类，你别毁灭自我》；《碧蓝绿文丛》（第三辑，2000），120万字，有小说卷《大绝唱》，报告文学卷《北中国的太阳》，散文卷《居住在同一个地球村》。

环境文学著作：哲夫在美国出版了《哲夫文集》10卷本，全部为环境文学；此外，他还创作了《长江生态报告》《黄河生态报告》《淮河生态报告》。郭雪波著有《沙狼》《沙狐》《大漠狼孩》，并获得联合国环境规划署环境文化奖项。方敏有《大绝唱》《熊猫史诗》，并成为大有名气的以写动物见长的女性小说家。中国的作家们也写出了富有影响的环境文学作品。小说有陈建功的《放生》、谌容的《死河》、张抗抗的《沙暴》、贾平凹的《怀念狼》、姜戎的《狼图腾》。报告文学有黄宗英的《小木屋》、刘贵贤的《中国的水污染》、陈桂棣的

《淮河的警告》、陈祖芬的《世界上什么事情最开心》。散文有李江树的《向北方》、李存葆的《鲸殇》，而且作为高级环保官员的潘岳，也创作了著名的《西风胡杨》。诗有李松涛的《拒绝末日》、张洪波的《生命状态诗选》、江天的《楚人忧天》。文学理论有张韧的《绿色家园的失落与重建》，等等。

这样多著名作家的支持和参与，这样多著名作品出版，环境文学迅速发展，对环境保护事业产生巨大的影响，在中国文学界得到肯定和支持，在中国文学主流中占有一席之地，成为一支文学主流。它敢于揭露我国环境污染和生态破坏的严重形势，面对着天空与河流的污浊，绿色与土地的凋零，在中国的忧患岁月，面对"沉沦的国土"，告诫我们"江河并非万古流"，呼吁"伐木者，醒来！"它对中国环境保护事业作出了杰出的贡献。

2. 徐刚，中国环境文学先驱

徐刚，以诗歌成名，作品有《抒情诗 100 首》《徐刚抒情诗》；散文集《秋天的雕像》《夜行笔记》《倾听大地》《林中路》等。1988 年发表《伐木者醒来》以来，专事环境文学创作。在与笔者通信中，他说："价值观的改变，环境价值的确认，同时了解到环境价值损失的意义，产生了'有话要说'的感觉与责任，走上了环境文学的道路。"

《伐木者醒来》1997 年收入"绿色经典文库"，被誉为"中国环境文学的里程碑"。《守望家园》（1998）78 万字，包括《最后疆界》（海洋）、《荒漠呼告》（土地）、《流水水沧桑》（江河）、《根的传记》（森林）、《神圣野种》（动物）、《光的追问》（星云）6 卷。它是环境文学巨著，被评价为，主题深刻，题材广泛，内涵丰富，思想深邃，语言优美，"以诗人的激情，哲人的深思，科学工作者的严谨写出这部大著，是中国环境文学丛林的夺冠之作。它是生态文学的开山之作《寂静的春天》问世以来的力作，具有里程碑式的意义。"

此外，有《绿梦》（1988），《江河并非万古流》（1989），《中国，另一种危机》（1995），《长江传》（2000）等，中国环境文学的扛鼎之作。徐刚说："因为太阳的辉煌，才有人类文明史的辉煌。当土地承载着时光之箭时，四季的色彩便成了生命的韵律。可是我们现在却真的面对着天空与河流的污浊，绿色和土地的凋敝，人类要向何处去呢？""我把我的困惑、不解告诉给我的读者，但归结起来却是一个爱字，爱庇护我们的地球，爱陪伴我们的生灵。"

作家评论说，徐刚的著作，诗化了他面对的山川、荒漠、森林、湖泊，作者也把自己同化进他面对的自然。这在中国传统的艺术精神中，是一种至高境界。他的著作始终贯穿着一条"绿色的情感纽带"。这情感就是对大自然的敬畏，对生灵万物的体贴，对人类社会前途的忧虑，对宇宙间生态平衡、秩序和谐的期盼。爱，诚挚，真实，期盼，这是徐刚环境文学创作的精神动力，也是他的作品感人至深的力量源泉。

二、生态文艺学在中国生态文化中异军突起

为了适应生态危机挑战的需要，文学艺术领域出现一个新的领域，生态文艺学，国外称为"环境美学"。美国哲学教授、国际美学协会前主席阿诺德·伯林特著《环境与艺术：环境美学的多维视角》一书（2002）。他认为，环境美学关注鉴赏自然，但它超越了鉴赏，瞄准创造性艺术，将其重要的价值置于生态思想、伦理学和其他哲学之树的分支之上，置于经常被忽视的各种价值之中。20世纪下半叶以来，中国生态文艺学，主要是生态美学和生态批评两个领域的研究取得了重要的进展。它是新的美学研究。就像法国社会学家所说："美学原理可能有一天会在现代化中发挥头等重要的历史作用；我们周围的环境可能有一天会由于'美学革命'而发生翻天覆地的变化。"（鲁枢元，2006）

1. 生态美学，一场美学革命

山东大学曾繁仁教授是我国生态美学首席作家。他认为，生态美学有狭义和广义两种理解，狭义指人与自然处于生态平衡的审美状态；广义的生态美学，不仅指人与自然，而且包括人与社会以及人自身均处于生态平衡的审美状态。他强调从存在观的高度，人、社会、自然的动态平衡、和谐一致，处于生态审美状态的存在观，创造符合生态原则的审美人生。他试图借助存在论现象学构建生态美学的努力，实际上是承续了中国的传统文化精神，是在中西文化交汇的语境下，为审美文化开辟一条新路。生态和谐是一种审美的和谐，较之概念的和谐、逻辑的和谐，是一种更理想化的和谐，更人性化的和谐。当代生态美学肩负的一个艰巨而又神圣的任务，就是重新整合人与自然的一体化、以滋润极端的理性主义给人性造成的枯萎与贫瘠，从而拯救现代社会的精神危机和生存危机。

天津社会科学院徐恒醇研究员著《生态美学》一书（2000）。他认为，生态美学，"以生态美范畴的确立为核心，以人的生活方式和生态环境的生态审美创造为目标，以期走向人与自然和谐、真善美相统一的自由人生境界。它体现了对人的现实关注和终极关怀。"

著名作家和诗人，王蒙、韩少功、张炜、张承志、苇岸等的自觉投入，用他们的敏感文笔丰润了人们对于生态的知觉体系；另外，近年来，出现了一大批以生态文艺批评、生态哲学、生态美学为主要研究旨趣的学者群，如曾繁仁、曾永成、滕守尧、张皓等，他们是生态文化研究的自觉者，往往都曾深入涉猎西方哲学、美学，再结合以中国传统学说，对西方科学理性做出了深刻而自觉的反省。毫无疑问，正是这样一大批专业从事生态研究的学者，为中国的生态文化传播、建设，带来了全新的局面，促成生态文艺学在中国生态文化中异军突起。

2. 鲁枢元，生态文艺学的带头人

鲁枢元，以文艺理论和艺术创造心理学研究成名，著有《创作心理学》《文艺心理阐释》《超越语言》《隐匿的城堡》《大地和云霓》等著作，主编《文学心理学教程》《文艺心理学著译丛书》等。1999 年创办海南大学精神生态研究所和《精神生态通讯》，1999—2009 年发行 66 期，在文艺理论和文学艺术界广受欢迎，对生态文艺学的发展产生了重要影响。在生态文艺学和生态批评领域发表了重要著作，如《精神守望》（1998）、《生态文艺学》（2000）、《苍茫朝圣路》（2005）、《生态批评空间》等著作，主编《精神生态与生态精神》（2002）、《走进大林莽》（2008）等。

2006 年出版鲁枢元主编《自然与人文——生态批评学术资源库》，荟萃了古今中外 500 多学者专家 2000 多条精辟言论，涵盖了生态批评各个领域的文选，为了重建自然与人文统一的生态批评研究做了非常宝贵的基础性工作。

《自然与人文》一书指出，在古代思想家和人民的实践中，自然与人文是统一的，两者是不可分割的整体。但是，18 世纪科学技术革命和工业发展以来，实行人统治自然的哲学，随着人对自然的一个又一个胜利，人的主体性和优越感不断地过分张扬，自然界失去它的重要地位；按照主客二分的现代哲学，人与自然、自然科学与社会科学、科学精神与人文精神、科学与道德（文学、艺术、信仰）等等之分离和对立不断加剧。这样，不仅使人的认识远离实际，而且在实践上产生了非常严重的不良后果，在社会关系领域，贫富差距越来越大，社会矛盾纷争甚至战乱使人类不得安宁；在人与自然领域，环境污染、生态破坏和资源短缺成为威胁人类生存的全球性问题。为了人与人的和解，人与自然的和解，构建和谐社会，重新审视自然与人文的关系成为时代潮流。《自然与人文》一书，为呼应时代要求，重建自然与人文的统一作出了重要贡献。

《自然和人文》远远超出文艺生态批评领域，广泛涉及生态哲学、生态伦理、生态人类学、生态历史、生态美学、生态宗教、生态传媒等领域，为重建"自然与人文"的统一，提供了一个学习和研究的宝贵学术资源。它的特点和优点是科学性和经典性。该书从古今中外的学术之林中萃集了 500 多位著名学者的思想言论。他们是著名的科学家，不乏学术大师，这些论述多具有学术性、经典性和权威性、系统性和包容性。荟萃 2000 多条计 120 万字精辟言论，分为中国古代、中国近现当代、外国古代、外国近代和外国现当代五个部分，成为自然与人文论述系统，包容了古今中外不同国家不同思想派别的经典性论述，具针对性和实用性。同时，针对现代学术与实践之自然与人文分离带来的问题，呼应构建和谐社会的需要，重建自然与人文的统一。

三、环境文学和生态文艺学，生态文艺的两个方向

环境文学和生态文艺学，我国生态文艺的两个方向。它们相互配合相得益彰的发展，形成我国生态文艺学发展的兴旺形势，在它们的学术带头人的学术工作中有鲜明的体现。

徐刚著书《守望家园》，鲁枢元著书《精神守望》。

两个"守望"：一个守望地球家园，我们的"大地母亲"，我们生命的来源，我们生活和生存的依靠。由于她的子民的贪婪索取，肆意践踏，地球家园已经百孔千疮，绿色和土地正在凋零。在这里，正如徐刚说，人因为大自然的存在而存在，大自然不因人的存在而存在。"人是存在的房客。人是存在的食客。人是存在的歌者。人企图占有一切存在的时候，人便成了存在的盗贼。"因而，他呼吁，要赶紧醒来，守望我们的家园！

另一个守望精神家园，我们的"大地父亲"，我们生命、智慧、信念和信仰的来源，我们生活和生存的指导者。鲁枢元在书的序言中说："科学越来越发达，而人却越来越无力，空间却越来越狭窄；商品越来越丰富，生活却越来越单调；世界越来越喧闹，心灵却越来越孤寂。"这里的"问题的症结恰恰正是人的精神"。他呼吁，要赶紧醒来，守望我们的精神家园，在物欲的世界退回一步，往精神的世界探出一步，我们将发现一个多么辽阔、清朗、温馨、优美的天地！

地球生命和资源，人类智慧和精神，这是人类两项最重要的遗产，是人类生活、生存和发展的基础和依靠。我们守望这两项遗产，保护这两项遗产，发展这两项遗产。这是生态文艺学产生的必要性、合法性和立足的意义之所在。

两个"守望"。我们想，这不会是两位作者商量好了计划这样写的，也不是一种偶然的巧合，而是我国生态文艺学，适应时代需要的两个方向发展的必然写照。生态文艺学的两个方向，文学方向即环境文学，艺术方向即生态文艺，他们俩，徐刚是环境文学的领军者，鲁枢元是生态美学与生态批评的领军者，在他们的带领下，中国生态文艺学沿着两个方向发展，相互配合相得益彰，它的繁荣和发展是没有疑问、完全可以期待的。

四、承传优秀的中华文化，发展中国生态文艺学

我们应当怎样建设中国生态文艺学？鲁枢元认为，生态文艺学是"走进生态学领域的文学艺术"。他提出文学艺术的"走出"与"回归"的问题。我理解，"走出"是走出文艺学与生态学的分离和对立；"回归"是文学艺术回归中华文化传统，走进生态学领域，建设中国的生态文艺学。

中国生态文艺学作为中国文化，要深深扎根于中华文化土壤中，并在为中

国文化服务中发展壮大，它才是有生命力的。文化具有继承性和连续性。中国文化有深厚的底蕴，虽然古代没有生态文艺学，但是古代思想家，关注宇宙与人生，有丰富深刻的关于人与生命，关于人与自然关系的思想，以及人与自然和谐发展的深刻论述。它包含古代形态的生态文艺学思想。这里，中国传统文化的高度包容性、稳定性和继承性，它之历史悠久和丰富深刻是非常宝贵的，可以作为生态文艺学思想之根，为我国现代生态文艺学的建设，发挥它作为重要思想资源的作用。

我国生态文艺学研究根源于中国文化，为了能够深深地扎根于中国土壤，立足于中国，成长于中国人民的伟大实践，为中国人民服务，需要一根从古至今不间断的"红线"——人与自然和谐发展的红线，以便把历史与现实连接起来，展示我们美好的未来。张晧教授《中国文艺生态思想研究》一书，对我国儒家、道家和佛家的文艺生态思想已有很好的论述。这里，我们仅就古典道家"回归自然返璞归真"的生态美学思想，表明它对建设中国生态文艺学的重要意义。

老子《道德经》五千言本身就是一首优秀的赞美诗，具有文学艺术意义。它的"道法自然"哲学又为生态文艺学提供了一种哲学基础。老子认为"道"生万物，他说："道生一，一生二，二生三，三生万物。万物负阴而抱阳，中气以为和。"（《老子·第42章》）为了"和"的目标，天地人都要遵循自然。他说："故道大，天大，地大，王（即人）亦大。域中有四大，而王居其一焉。人法地，地法天，天法道，道法自然。"（《老子·第25章》）

在老子"道法自然"的哲学中，天地就是自然，"希言自然。飘风不终朝，骤雨不终日。孰此为者？天地。"（《老子·第23章》）人类行为要"道法自然"，按照无为的原则，"辅万物之自然"。他说：天地"道生之，德畜之；物形之，势成之。是以万物莫不尊道而贵德。道之尊，德之贵，夫莫之命而恒自然。故道生之，德畜之，长之育之，亭之毒之，养之覆之。生而不有，为而不恃，长而不宰，是谓玄德。"（《老子·第51章》）道使万物得以产生，德使万物得以繁育，环境使万物成熟；尊道贵德，人不能命令自然，主宰自然，反对违反自然、干预自然和破坏自然的行为。人与自然融为一体，这既是自然规律，又是人的高尚的品德。因此，"是以圣人欲不欲，不贵难得之货；学不学，复众人之所过。以辅万物之自然，而不敢为也。"（《老子·第64章》）

这里，老子崇尚无为，但无为不是什么事都不做，而是"无为而无不为"。他说："为学日益，为道日损，损之又损，以至于无为。无为而无不为。取天下常以无事，及其有事不足以取天下。"（《老子·第48章》）人类行为遵循自然之"道"（无为），才能对所有的事有所作为，即"无为而无不为"。他当时就预计到，这是天下很少有人能够理解的，他说："吾是以知无为之有益。

不言之教，无为之益，天下希及之。"（《老子·第43章》）

依据"道法自然"的哲学，老子对美的态度是，崇尚自然之美，主张回归自然，返璞归真的生态文艺学的思想。它以道的原则去体验美，欣赏美，并从审美过渡到伦理，企求人类之美。这是非常宝贵的思想遗产。

老子认为，自然和谐就是美，他的美学思想充满辩证精神。他说："大音无声，大象无形""大巧若拙，大辩若讷"。美是和谐，它与恶比较才表现出来的。"天下皆知美之为美，斯恶已；皆知善之为善，斯不善已。故有无相生，难易相成，长短相形，高下相倾，音声相和，前后相随。"（《老子·第2章》）也就是说，如果知道了美的东西是美，那么丑恶的东西也就暴露出来了。因而，他关于美丑、善恶、真假的美学理论是辩证法的，要求人们不能仅从表面现象看待，而要看到它们对立统一的本质。他说："信言不美，美言不信；善者不辩，辩者不善；知者不博，博者不知。圣人不积，既以为人，已愈有；既以与人，已愈多。天之道利于不害；圣人之道为而不争。"（《老子·第81章》）

也就是说，自然和谐是美，破坏自然和谐的行为是恶，理解和奉行道的人知道，天的运行规律是施利于万物而不伤害它们；人的处世原则是帮助他人而不与他人相争，只有这样才会理解自然之美和人类之美。他用诗文赞颂自然之美说："古之善为道者，微妙玄通，深不可识。夫唯不可识，故强为之容：豫兮其若冬涉川，犹兮其若畏四邻，俨兮其若客，涣兮其若凌释，敦兮其若朴，浑兮其若浊，旷兮其若谷。孰能浊以止，静之徐清？孰能安以久，动之徐生？保此道者不欲盈。夫唯不盈，是以能敝复成。"（《老子·第15章》）

这是一首关于自然和人类行为的优美的赞美诗。一个懂得道、奉行道的人，对待美的态度，需要遵循道，谨慎小心，朴实诚恳，胸襟开阔，随和宽容，扼制急功近利的欲望，避免过度，适可而止，永远处于安定清静的状态，才能达到成功。

古典道家的另一代表庄子，他也奉行道法自然的哲学。他认为，按无为的原则行事，在自然中体验美，清静谨慎，宽容友善，不强求无法达到的成功，因而总是能不断地前进。大自然生生不息，千变万化，无限的神奇奥秘，必须在自然中才能体验到，在山林和旷野中有无穷的快乐，这就叫本根。他说："天地有大美而不言，四时有明法而不议，万物有成理而不说。圣人者，原天地之美而达万物之理，是故至人无为，大圣不做，观于天地之谓也。"今彼神明至精，与彼百化，物已死生方圆，莫知其根也，扁然而万物自古以固存……此之谓本根，可以观于天矣。""山林矣！旷野矣！使我欣欣然而乐矣！"（《庄子·知北游》）

但是，只有在自然中才能达到忘我，以实现天人合一地体验美。在这里，

"忘乎物忘乎天，其名为忘己。忘己之人是之谓人于天。"（《庄子·天地》）在自然中忘掉自我才能达到天人合一境界。自然美无需修饰，在自然混沌中遨游，"夫得是至美至乐也，得至美而游乎至乐，谓之至人……夫水之于汋也，无为而才自然矣。至人之于德也，不修而物不能离焉，若天之自高，地之自厚，日之自明，夫何修焉？"（《庄子·田子方》）

美是天地之道，圣人之德，必须以美的精神去体验和实现。回归自然，恬淡无为，不刻意追求高洁功名仁义，悠闲欣赏江海自然美景，美就会澹然而至。庄子强调，自然美的体验，"以神遇而不以目视，官知止而神欲行"，美要以"无"去体验。他说："若夫不刻意而高，无仁义而修，无功名而治，无江海而闲，不道引而寿，无不忘也，无不有也，澹然无极而众美从之。此天地之道圣人之德也"（《庄子·刻意》）"夫虚静恬淡寂寞无为者，万物之本也……以此退居而闲游，江海山林之士服；以此进而为抚世，则功大名显而天下一也。静而圣，动于王，无为也而尊，朴素而天下莫能与之争美。"（《庄子·天道》）

道家学者崇尚道法自然的哲学，行无为之道，追求人与自然和谐的生活理想，在阐述对人类未来的美好憧憬时，表述了丰富深刻的生态美学思想。这是建设现代生态文艺学的宝贵思想资源。古为今用，发挥它的现实意义是完全必要的。

2018 年，习近平总书记在全国生态环境保护大会上强调："中华民族向来尊重自然、热爱自然，延绵 5000 多年的中华文明孕育着丰富的生态文化。生态兴则文明兴，生态衰则文明衰。党的十八大以来，我们开展一系列根本性、开创性、长远性工作，加快推进生态文明建设，推动环境保护发生历史性、转折性、全局性变化。"

现代人类的生存危机呼唤生态文艺学。实施党的十八大"大力推进生态文明建设"战略，需要生态文艺学。中国生态文艺学在为建设生态文明服务中发展，在中国生态文明建设中大有用武之地，可以期待贡献它的重要力量。

第九章

医学模式转型，弘扬中华医学

所有生命都在抗拒大自然的巨大力量中寻求自己的生存。动物生病了会寻找自然药物治疗。人从动物界走出来，继承动物祖先寻求健康的遗产，利用一定的自然条件和自然药物争取健康地生存。经过非常漫长的岁月，经历无数的艰辛、苦难和探索，无数世代的智慧和经验的增长、积累，人类向大自然寻求健康，从生物本能到主动和自觉。大约五千年前，伴随人类文明的曙光，产生了最早的医学。人类最早和发展得最为系统的医学，有古希腊医学、古印度医学和中华医学。人类历史上，医学和医药是不断发展的。现在，服务于我们健康事业的主要是西医和西药，中医和中药只起辅助性的作用。奠基于《黄帝内经》的中华医学，是中国古代哲学生态智慧的结晶。它完全符合现代生态学的生态系统整体性的理念。现在，人类已经用现代科学技术武装起来，需要像诺贝尔奖获得者屠呦呦教授那样，用现代科学技术进行中医和中药的新的创造，以更好地为我们的健康和福利服务。

第一节　中医和西医，两种不同的医学体系

中医和西医，根源于不同的哲学思想和思维方式，遵循不同的认识路线，走的是不同的寻求人体健康的道路，创造了两个不同的医疗世界，形成两种不同的医学体系，造就了不同的医学文化。西医来源于古希腊哲学，它在探索宇宙奥秘时，着眼于物质元素的质的规定性和量的规定性；它强调还原论分析思维，理性和逻辑思维，并在应用现代科学技术的基础上发展为完整的医学体系。这是以人体解剖学为基础建构的医学理论框架和实践。中医来源于中国古代哲学。它强调有机整体论，重在考察事物的整体动态的内在联系，运用整体

思维和意象性思维，以人体局部与整体的关系。中医的主张是司外揣内，取象比内，从整体上把握人的生命机制，以独特的智慧在长期经验积累的基础上发展为完整的医学体系。关于中医与西医，鞠曦先生认为，这是两种不同的医学体系，由于两种不同的哲学和文化传统，表现了东西方两种不同的文化：中医中药的基础是中国"形神中和"的文化；西医西药的基础是西方科学文化。中国哲学与西方哲学不同有三：一是中国哲学形神中和，用中道理；西方哲学形神相分，离中道理。二是中国哲学推定，所是其是；西方哲学推定，是其所是。三是西方哲学因自以为是而形式化；中国哲学因和中为是而方式化，贯通和中原理内化于思想方式中（鞠曦，2006）。

一、西医和中医，两种不同的医学文化

立足于不同哲学的中医和西医，遵循不同的思维方式，走的是不同的医治疾病寻求健康的道路，造就的是两种不同的医学体系，构建了两个不同的寻求人类健康的世界。西医立足于笛卡儿哲学，依据机械论分析思维。它认为"人体是机器，疾病是机器失灵，医生的任务是修理失灵的机器"。它按照还原论的方法，把人体看做一种机器，可以分割成各种各样的部件。这样形成的还原论的疾病观，把疾病归结为器官的病变，是人的某一个器官或部件出了毛病。它把疾病归因于某一特定原因，医生的职责就是排除这一特定原因，通过物理学或化学方法，纠正出了毛病的部件的机能故障。外科大夫甚至不惜用手术刀割掉生病的脏器。

立足于"天人合一"、人与自然和谐的哲学和生命整体性思维，中医认为，人类正常的生命活动和人体健康，是阴阳保持平衡、协调与和谐的结果。生病是由于阴阳不平衡、不协调或不和谐。分辨阴阳是中医诊治疾病的总纲。人生病时看中医，中医大夫首先是分辨阴阳。因为一切疾病的发生都是阴阳失调，通过辩证医治，即阴阳互补、阴阳转化、阴阳调节，重新实现阴阳平衡。这就是中医的理论基础《黄帝内经》所说："阴阳者，天地之道也，万物之纲纪，变化之父母，生杀之本始，神明之府也，治病必求其本。"这就是"观察阴阳而调之，以平为期"。

西医西药治"人的病"。按分析性思维，人的疾病发生在什么地方？哪一个器官出了故障？通过各种现代化仪器检查，各种体液化验，以作出准确的判断。为了消除眼见和实在的人体确定部位的病变，采用化学和物理方法治疗，以排除这个部位器官的故障。它选择有严格标准的药物，专门对抗和攻克这种病。为了治病，西药往往由单一或有限几种化学元素或化合物组成，药物的有效成分要求一清二楚，药量准确无误，都要求有生化、生理和病理的非常准确实验数据标准。也就是说，西医药学治人的病，是消除某一个器官的病灶，用

单一化学成分的药，解决单一的问题，具有单一性和准确性。它的疗效快。但它善于"治标"，但不善于"治本"。

中医中药治"病的人"。因为人是有机整体，生病同整个人相关。而且，人的病又有生理、心理、社会、环境等多种因素相关。因而，遵循分辨阴阳这一中医诊治疾病的总纲，对于生病的人实行辩证论治。中医师诊断时，重视"欲知其内者，当以观外，诊于外，斯以知其内"。采用望、闻、切、问之"四诊法"，对生病的人的各种信息，进行综合辩证分析，以确认疾病的性质和程度。这是整体性的诊断。医生开的处方，无论是中成药还是汤剂，大部分是复方。一个处方有多种中药，一种中药又有上百种化学成分。它的药理作用和作用机制十分复杂。而且，各种中药来源的产地、生长年限、采收加工、炮制与贮存都具有不同的药理作用。中药讲究几种药物之间的配伍，以及药物的炮制。它有多样性、整体性和模糊性的特点。虽然，它可能疗效慢，但它"治本"而不只是"治标"。

例如，滑膜炎，一种老年人的常见病。滑膜是关节内结构组织，关节内所有结构如关节软骨、半月软骨板、关节肌腱和韧带等为滑膜包裹，滑膜分泌滑液，在关节活动中起重要作用。滑膜炎，是由于关节退变导致骨质增生、半月板损伤、风湿类风湿、关节结节等刺激滑膜，产生一种炎症反应。它导致膝关节肿胀疼痛，关节伸屈受限制、下蹲困难，甚至肌肉萎缩，非常痛苦。西医的疗法是对抗性的。它依据分析性思维，只是对准膝关节滑膜的病灶，或者用封闭疗法，在滑膜处注射消炎、滑润和止痛药物，只能起短期的止痛作用。或者手术疗法，切除发炎的滑膜，做关节置换的手术，即换关节，但也只能起短期作用。中医不同，它对滑膜炎的疗法，依据整体性思维，判断它是肾经不通，肾脏之阴阳失调，肾的问题表现在关节上。因而它通过调理经络，补肾以拔除病根。中医治病不是针对病灶而是针对全身，一种整体性疗法。

根源于东西方两种不同哲学的中医和西医，有重要的区别。中医养生固本，西医治病救命。中国著名哲学家梁漱溟先生，对中西医的区别作了精彩的哲学表述。他说，我思想中的根本观念是生命和自然。以这一观念看宇宙，它是活的，一切以自然为宗。这种根本观念的不同，正是中西医学的区别所在。西医是身体观，中医是生命观。所谓身体观就是把人体看成是一个静态的、可分的物质实体。所谓"生命观"就是把人体看成一个动态的、不可分的整个一体。

1. 中西医的区别，根源于东西方根本观念的不同

梁漱溟先生认为，东西方不同的生命观，导致中西医两者不同分析的方法。西医是静的、科学的、数学化的、可分的方法。中医是动的、玄学的、正在运行中不可分的方法。但西医无论如何解剖，所看到的仍仅是生命活动剩下的痕迹，而非生命活动的本身。中医沿袭道家的方法，是从生命正在活动时就参加体验，故其所得者乃为生命之活体。西医是走科学的路，中医是走玄学的路。"科学之所以为科学，即在其站在静的地方去客观地观察。他没有宇宙实体，只能立于外面来观察现象，故一切皆化为静。最后将一切现象，都化为数学方式表示出来，科学即是一切数学化。"科学但不一定真实，因为真实是动的不可分的，是整个一体的。在科学中恰没有此"动"，没有此"不可分"；所谓"动""整个一体不可分""通宇宙生命为一体"等，全是不能用眼向外看，用手向外摸，用耳向外听，乃至用心向外想所能得到的。玄学恰是内求的，是"反"的，是收视返听，向内用力的。中国玄学是要人智慧不向外用，而返用之于自己生命，使生命成为智慧的，而非智慧为役于生命。

道家与儒家都是用这种方法，其分别在于"儒家是用全副力量求能了解自己的心理，如所谓反省等；道家则是要求能了解自己的生理，其主要的工夫是静坐，静坐就是收视返听，不用眼看耳听外面"。

中西医学的根本观念来源于中西方不同的哲学本体论。西方唯物论、唯心论两大阵营是对立的，中国则是统一的，可称为"唯生论"。生命本来就是一个统一的整体，不仅物心统一、身心统一，而且天人统一、物人统一。在我看来，统一生命的本体就是"气"，中医的"气本论"最接近宇宙的本质本体（梁漱溟，2015）。

2. 西医治"人的病"，中医治"病的人"

中国中医科学研究院研究员岳凤先教授，总结了自己的实践经验，发表了很好的看法。他大学时学习西医，后来读中医研究生，走上中药现代科学研究之路。他在《中医治"病的人"，西医治"人的病"》一文中指出，关于中医西医的区别和优劣，首先需要澄清几种误解：第一，说到中医药，总要说"取其精华，弃其糟粕"。但说到西医则不必，好像它全是精华而无糟粕。其实不然，就药物而言，西药的不良反应，已经成为既治病又致病的突出问题，西药不断有被淘汰的药物，甚至有用药致病致死的。第二，"中医药是一个伟大的宝库"。这样，中医药学就只是"淘宝"，而不必科学研究了。这不能体现中医药学的优势。第三，"西医看病不去根，毒性大。中医看病去根，毒性小。"这只是一种感受，不能反映中、西医药学的优势与劣势。第四，中医药的优势是"简便价廉"。也就是说，它只是民间医药，或草医草药。此外，中医药疗效慢副作用小，西医药疗效快副作用大。如此种种，这些说法，回避西医药的劣势，又难以发挥中医药的优势。这是中国医生对中西医之不同的表述。

3. 中西医的区别根源于不同的思维方式

西医的分析论重微观，中医的整体论重宏观。西医依据分析性思维，立足于人体解剖学成果。人有了病看医生，医生诊病看准和针对症状，哪里有病指向哪里，采取对抗措施消灭病灶，用抗生素杀死细菌，或者哪个脏腑有病把它切掉，胆结石切胆，脂肪肝切肝，肾病切肾，诊治的过程如同暴力，如同镇压和战争。它对每一种病有一个方子，一个标准，对所有人都用这个方子和标准，所谓"千人一方，万人一方"。

中医依据整体论思维，人有了病，看重和针对病因，主要不是指向病而是指向人。它依据人的精、气、神，各人有各人的情况，是"法无定法"。因而中医诊治疾病是"一人一方"。它依据各人不同的情况，通过调理人的经络，即使是吃药也是平衡人的阴阳，去除人的病变，恢复健康。

岳凤先医生认为，这是由于中西医的知识构成不同造成的。中医药学是以宏观知识为主体构成的知识体系，其优势在宏观，劣势在微观。西医药学以微观知识为主体构成的知识体系，其优势在微观，劣势在宏观。体现在医疗实践中，在对待人体、药物及两者的关系中，中医药学的准确性好，精确性差。西医药学的精确性好，准确性差。

岳医生认为，鉴于现代人的知识结构的主体是微观知识，与西医药学知识相吻合。因而现代人更相信西医药学的优势，不易认识它的劣势和中医药学的优势。例如，对持续高热的病人，西医用多种抗生素而常常无效。中医师认为，此类病人虽然体温高，实属假热真寒证，应用甘温去大热的方法治疗，停用抗生素而用温补药。实际上，体温40℃的人，有的属于实热证，有的属于假热真寒证。不同状况的人，不能一律用抗生素来治疗。总之，中医药学，诊治疾病是把诊治"病的人"放在第一位，故不伤人而准确。西医药学，诊治疾病是把诊治"人的病"放在第一位，允许伤人而不准确。中医治"病的人"，西医治"人的病"，这是两者的主要区别。

4. 药与非药，毒与非毒，中、西医药学不同的界定

西医药学对药与非药、毒与非毒有明确的界定，药就是药，毒药就是毒药。它主要是化学合成物，由单一或有限几种化合物组成。一种化合物确定为药，那是非常严格的，它的成分、质、量和作用机制都有明确的实验数据，它的生理、生化和药理的作用机制和指标有明确的规定，用于治病需要经过长期严格的动物试验，有明显准确的实验数据支持。药就是药，不是什么物质都可以是药。

中医药学，药与非药的界线是模糊的。《说文解字》："药，治病草也。"五代韩保升："药有玉、石、草、木、虫、兽，而直本草者，为诸药中，草类最多。"最早的药物学专著，即战国时期（公元前2世纪）《神农本草经》中，共记载药物365种，包括植物药237种，动物药65种，矿物药43种，其他20种。明代医学家李时珍的《本草纲目》中，共收药物1892种，编排次序以矿物打头，共分16部62类，矿物类药物有267种，分为水、火、土、金石四部，金石部又分为金、玉、石、卤四类。其中水类43种，包括天然水和某些溶液，如雨水、井泉水、盐胆水；土类61种，包括各种泥土、黄土、白垩、优龙肝（灶中土）；金类28种，包

括金属、合金和金属化合物；玉类 14 种，主要是硅酸盐类，如青玉、宝石、玉母等；石类 72 种，为不溶于水的化合物，如丹砂、雄黄、空青、砒石、水银粉；卤类 20 种，为溶于水的盐类，如食盐、硝、砂、绿矾。

中医药学把水、火、土、金石等列为"药"。这在西医药学是不可理解的。但在中华医学文化中，它已经为人类健康服务了 2000 多年，并至今仍然作为药物，对人类治病或保健，继续发挥它的重要作用。

砒石，即砒霜，是毒性很强的无机化合物，很小的量就可以置人于死地的。但 1000 多年前，它就进入药典。现在我国从砒霜提炼的亚砷酸注射剂已经上市，对治疗白血病有很好的疗效，继续作为治病救人的药物。这在中医药中是非常普遍的，例如常见中药生川乌、生附子、生半夏、生南星等，本身都有毒性，但经过蒸煮晒等合理炮制，就可以去毒成为良药。

何首乌，一种蓼科多年生藤本植物，含蒽醌衍生物，主要是大黄酚和大黄泻素，大黄酸和大黄泻素甲醚，具毒性，长期服用对肝肾功能有损害。但选其块根，用黑豆汁反复炖蒸炮制，去除其有毒成分，成为"制首乌"，从损害肾功能，变为能固肾又益精，是滋补良药。附子、半夏有毒性，分别用甘草和生姜配伍，就可以消除它们的毒性（李金良，2009）。

药与非药，毒与非毒，西医认为它有绝对分明的界线。中医的思维不同，于智敏认为，中国古代是"毒""药"不分的，甚至把所有的药物都称为毒药，如《周礼·天官》："医师掌医之政令，聚毒药以供医事。"《景岳全书》："药，谓草、木、虫、鱼、禽、兽之类，以能治病，皆谓之毒""凡可避邪安正者，皆可称之为毒药"。这里所谓"毒"有三层意思：第一，"毒"指药物的偏性，《类经》说："药以治病，因毒为能，所谓毒者，因气味之偏也。盖气味之正者，谷食之属是也，所以养人之正气；气味之偏者，药饵之属是也，所以去人之邪气。"《医学问答》说："夫药本毒药，故神农辨百草谓之尝毒，药之治病无非以毒拔毒，以毒解毒。"第二，"毒"指药物作用的强弱，例如著名中药，乌头、附子、巴豆、砒霜、大戟、芫花、藜芦、甘遂、天雄、乌喙、莨菪等，在一定的量的范围内它是药，超过一定的范围它是毒。第三，"毒"指药物的副作用，所谓"是药三分毒"（于智敏，2013）。《周礼·天官》说："凡疗伤，以五毒攻之。""五毒"指：石胆、丹砂、雄黄、礜石和慈石。它们都有毒，但经过一定的炮制或配伍可以制成疗伤的好药。

服用有毒的药有一定的规则，《黄帝内经·五常政大论》指出：凡用大毒之药，病去十分之六，不可再服；一般的毒药，病去十分之七，不可再服；小毒的药物，病去十分之八，不可再服；即使没有毒的药物，病去十分之九，也不必再服。以后就用谷类、肉类、果类蔬菜饮食调养，使邪去正复而病痊愈，不要用药过度，以免伤其正气。

中医药学认为，人体生病是阴阳失调，需要通过调节阴阳，阴阳互补，重新实现阴阳平衡和谐。中医的药性有阴有阳，要分辨阴阳，用药讲"中和"，因而中药非常重视配伍，把握疾病"虚实并见""寒热错杂""数病相兼"，使用药物配合，使各种药物相互作用，或者增强各种药物的药效，或者抑制和消除药物毒性。这是中医文化的优秀特点。

5. 治已病与治未病，中、西医学不同的医学目标

人们生病看西医，医生首先问："你得了什么病？"西医的目标是"治已病"，疾病发生了才看医生，病没有发生是不要找医生的。西医医生，把已患疾病治好了，就是高明的医生，得了重病难病治好了，就是最高明的医生。

中医不同，《黄帝内经》说："合人形以法四时，五行而治""是故圣人不治已病治未病，不治已乱治未乱，此之谓也。夫病已成而后药之，乱已成而后治之，譬犹渴而穿井，不亦晚乎！"中医认为，中医医生分三等，一等"治未病"，人总会患病，最高明的医生在疾病未发时，或者刚刚萌发，就能火眼金睛看出并把它排除了。这是最高明的医生。二等"治已病"，医生把一般的疾病治好了。这是二等的医生。三等"治重病"，重病患者，他的病情全部暴露，你治好了，这是医生的最基本要求，因而这是第三等医生。

中、西医学的这种不同的医学目标，表示中西不同医学文化。

中华医学为了实现人类健康的目标，提出"不治已病治未病"方略。为了实施这个方略，中医认为防病是第一要务。《黄帝内经》是中华医学理论基础，它的第一卷第一篇《上古天真论篇第一》主要论述养生和养生方法；接着第二篇《四季调神大论篇第二》主要论述"不治已病治未病"的医学目标，可见这两个问题对人类健康的最重要的意义。

6. 养生固本是中医的优点

以治未病为本，中医认为，人的健康以预防疾病为首，因而强调养生。《黄帝内经·上古天真论篇第一》认为，养生可以使人无疾而终百岁乃与去："上古之人，其知道者，法于阴阳，和于术数，食饮有节，起居有常，不妄作劳，故能形与神俱，而尽终其天年，度百岁乃去。"

如何实现这样的目标？它指明养生的主要方法是：第一，"夫上古圣人之教下也，皆谓之，虚邪贼风，避之有时，恬淡虚无，真气从之，精神内守病安从来。是以志闲而少欲，心安而不惧，形劳而不倦，气从以顺，各从其欲，皆得所愿。故美其食，任其服，乐其俗，高下不相慕，其民故曰朴。是以嗜欲不能劳其目，淫邪不能惑其心，愚、智、圣、不肖，不惧于物，故合于道。所以能年皆度百岁而动作不衰者，以其德全不危也。"

第二，"中古之时，有至人者，淳德全道，和于阴阳，调于四时，去世离俗，积精全神，游行天地之间，视听八达之外，此盖益其寿命而强者也，亦归

于真人。"

第三，"其次有圣人者，处天地之和，从八风之理，适嗜欲于世俗之间，无恚嗔之情，行不欲离于世，被服章，举不欲观于俗，外不劳形于事，内无思想之患，以恬愉为务，以自得为功，形体不敝，精神不散，亦可以百岁。"

第四，"其次有圣人者，法则天地，象似日月，辨列星辰，顺从阴阳，分别四时，将从上古，合同于道，亦可使益寿而有极时。"

这里说的上古圣人、中古至人、圣人和贤人，四种养生者的养生方法，主要是人的精、气、神的调养，比如，它注意精神修养，注意饮食起居的调节，注意和适应环境天气变化，顺从阴阳，注意锻炼身体，这样就可以去病和延年益寿。

依据《黄帝内经》，中医学界认为，养生的"三大法宝"是精、气、神。人的精充、气足、神全，这是人体健康的象征；精亏、气衰、神怯，这是人体衰老的标志。

"精"，内经讲"精神内守，心安而不惧"。它是人的气质的主要表现，一是内生之精，来源于先天遗传物质，是从父母遗传下来的，起生命之源的作用；二是后生之精，来源于食物化生的营养物质，属于后天之精。先天之精，需要营养物质补充才能维持人体的生命活动，它与呼吸大自然的精气和营养物质，共同组成后天之精。这样就会是精神焕发。

"气"，《黄帝内经》说："百病生于气也。怒则气上，喜则气缓，悲则气结，惊则气乱，劳则气耗……"又说"气从以顺，真气从之"。气是指维持人的生命活力的物质，又是人的脏腑器官活动的能力；它既是物质又是功能；它既是能量又是信息。气，推动经络、血液的运行，气化物质和能量的转化过程，是人体新陈代谢的动力，促进人体生长发育，维持人的脏腑器官的功能活动，调节人的体温；具有抵御邪气、护卫肌体、防止外邪入侵，与病气作斗争的防御作用。养生界把"气"分为四种：元气，来源于肾脏，肾脏藏精，转化在气；宗气，来源于后天呼吸；营气，流行于血液中营养物质，起滋养作用；卫气，运行于体表，起保护人体、抵御外邪的作用。管仲说："善气迎人，亲如兄弟；恶气迎人，害于戈兵。"

"神"，内经"形体不敝，精神不散"。精与神是联系在一起的，所谓"生之来谓之精，两精相搏谓之神"。它的功能是思考或思想，"心之官则思""变化莫测谓之神"。有一种说法："得神者昌，失神者亡"，因为神统领精和气，是生命活动和活力的综合表现。

养生"三大法宝"，"精"是首要的，寡欲以养精，寡言以养气，寡私以养神。有规律的生活，充足的睡眠，合理的饮食，适当的运动，经常读书学习，勤于思考，处事有一颗平常心，等等。这是精、气、神的修炼，三者保全和统一，就能"德全不危""百岁乃去""尽终天年"。

7. 针灸，中医独有、西医没有的医学瑰宝

针灸有针法和灸法两种。前者是用特制的针具刺激人体一定的经络穴位，后者是用艾绒等物薰灼人体一定的经络穴位。不用吃药打针就可以医治人的疾病，或减轻人的痛苦，达到防病治病的效果。它早在《黄帝内经》中就有丰富的论述，在我国医疗实践中有广泛应用。例如针刺麻醉，病人接受手术时不用打麻药，用针刺一定的穴位达到镇痛效果，病人在完全清醒的情况下接受手术，但没有痛苦。明朝万历年间，杨继洲编著 10 卷本《针灸大成》，总结了中华医学针灸的重大成就。

中医讲"气"，《黄帝内经》开篇说："黄帝曰：夫自古通天者，生于本，本于阴阳，天地之间，六合之内，其气九州、九窍、五藏、十二节，皆通乎天气。"经络是气运行的通道，它分经脉和络脉，组成如网络状的气血运行通路，在这样的经络上有 361 穴，称为穴位，刺激穴位以利于气血运行。

一根小小的银针刺进人体，不用吃药不用打针，就可以达到防治疾病的效果，西方人觉得神奇，不可思议。人们或赞叹为之倾倒，或感到困惑疑问重重。但用针刺的方法，治疗了关节炎、哮喘、焦虑、痤疮、不育症等许多疾病，又使人不得不信服。

美国《华尔街日报》报道，科学家正在利用高科技手段证明针灸疗法。例如，①神经成像研究显示，针灸能让激起疼痛的大脑区域镇静下来，并激活与休息和复原有关的大脑区域。②多普勒超声波研究显示，针灸加大了区域的血流量。③热成像显示，针灸能减轻炎症。④科学家还在中国古代针灸概念和现代解剖学之间发现了对待性，一些经脉循着大动脉和神经运行。⑤疼痛和康复治疗专家说："如果一个人有心脏病，疼痛可能经过胸口向下扩散到左臂。这是心经循行的路线。胆囊疼痛会辐射到右臂上，这正是胆经循行的路线。"因而，美国科学家认为，针灸可能通过多种机制发挥作用，包括刺激人体以增加血流量和促进组织修复，并向管理疼痛的神经和能重启自主神经系统的大脑区域，发送神经信号。佛蒙特大学的研究显示，当针刺入人体并转动时，会出现一种奇怪的现象：结缔组织缠绕在针上，就像意大利面条缠绕在餐叉上一样。神经病学家说：这种针法使结缔组织的细胞得以伸展，就像推拿和瑜伽所做的那样（费克，2010）。

除了针灸，还有许多中医独特的、西医没有的医疗方法，如拔罐、刮痧、艾灸、排毒等。中医根源于中医学理论和中国人的医疗实践，服务于中国人的健康，已经有 2000 年的历史，它千古不变长盛不衰至今仍然在这中国人的健康服务。这是中国医学的宝贵财富。

总之，如（美国）美洲中国文化医药大学校长崔巍先生指出："中医和西医不同，西医强调的是科学分析和定量化；中医则把人看作一个整体，强调和谐

与平衡。"①它们是依据不同的哲学，不同的思维方式，从不同的角度或不同的层次，认识人体和人体健康而形成的医学体系，形成两个不同的人体世界。它们是不同的，没有通约性，是不可通约的。

第二节　现代医学，生物医学模式分析

现代西医药学是一种"生物医学模式"。它依据于笛卡尔哲学，认为"人体是机器，疾病是机器失灵，医生的任务是修理失灵的机器"。它立足于人体解剖学，人生病是人体某一个脏腑出了问题，需要采取对抗措施消灭病灶，甚至手术摘除出了问题的器官。

一、生物医学模式的特点

生物医学模式，按照还原论的方法，把人体看作为机器，这一机器又可以分割成各种各样的部件，治"人的病"，是治人体某一处器官的一个部件的毛病。这种还原论的疾病观，把疾病归结为器官的病变，是人的某一个器官或部件出了毛病，其上有了病灶。同时，它把疾病归因于已知的某一特定原因。据此，医生的职责就是排除这一特定原因，通过物理学或化学方法，纠正或清除出了毛病的部件的机能故障，或者应用化学合成药剂攻击病灶，或者用手术刀割除患病的器官，达到恢复健康的目的。

这种生物医学模式，在实质上是把人当做动物，不把人当人。而且，只顾身体机器部件，不顾人的整体。医生看"人的病"，并把疾病只看作是部件有了病灶，而不是整个人，社会中生活的人，自然中生活的人。它完全忽视疾病的器官与其他器官的关系，器官与整体的关系。但是，人是生命有机整体，某个器官离开人的整体只有死亡，只能是一种尸体。忽视人的整体性，忽视患病的器官与其他器官的关系，忽视疾病的心理、社会和环境的影响，这样看待和处理人的健康和疾病问题，是不科学的。科学家指出，这样的话，甚至连普通的感冒也不能作出科学的说明，更不用说像癌症这样的疾病了。

二、生物医学模式的问题，医德缺失

同这种还原论疾病观相联系，资本进入人体健康领域，发展了发达的医药商品市场。西医各科分得很细，内科、外科、妇产科、儿科，等等。为了治病，需要建设专科医院，或综合的大型医院分设各种专科；需要培养各种医科

---

① 《参考消息》2006 年 9 月 19 日。

分支的医生和其他护理人员；需要大量各种各样的药品、各种各样的检测仪器和设备……药品、检测仪器和医疗设备需要不断更新，不断地有新产品新设备问世。适应这些需要，发展了巨大的医疗产业、医药资本市场和医药商品市场。

问题在于，现代医学，在治"人的病"的名义下发展，应用现代科学技术，高科技同资本结合或联姻发展。它应用高科技制造的大医院、拥有高科技的医生、药品、检测仪器和医疗设备。医生和医院成为一种赚钱的机器。它的主要目标已经不是治"人的病"，而是为资本增值为利润最大化服务。例如，药业生产联合企业，为了实现利润最大化，不仅生产治"人的病"的药物，又不断变着花样生产和销售各种新产品；而且生产大量对健康无益，甚至不能解除疾病的药物。它由追求利润驱使，目的不是维护人体健康而是销售商品。为了销售商品，药品制造商编写的"医生案头参考"发送到医生手里，医生成为各种新药的"推销员"。但是，这些化学制品的服用，许多对人的整体健康是无益的，而且它的服用可能使人的整体动态平衡被打破，真正的病理性变化发生了，形成新的损害人体健康的疾病。它没有起维护健康的作用，而是制造了健康危害。

最近的例子是，英国《每日邮报》报道，欧洲委员会议会下属卫生委员会主席沃尔夫冈·沃达格说：制药企业为赚取巨额利润，经常影响世界卫生组织的决策，夸大甲型 H1N1 流感疫情危害程度。他说："制药公司曾安排自己人到世界卫生组织以及其他有影响力的机构，这些人最终促使世界卫生组织降低'甲流疫情大暴发'定义的门槛。"他认为，这场被夸大的甲流疫情其实是"本世纪最大的医学丑闻之一"，"在我们眼前，其实只有轻微的流感和一场造假的疫情。"[1]

医药是公益事业，以"仁德为先"，不能以普通商品经营，否则可能为不法者作为营利的工具坑害百姓。一则资料说：一盒抗生素出厂价不过 5 元，可到了医院便成了 50 元；医院口腔科一颗售价 2500 元的纯钛烤瓷牙，出厂价只需 16 元；一个国产心脏支架出厂价不过 300 元，可到了医院便成了 2.7 万元；一个进口心脏支架，到岸价不过 760 元，到了医院便成了 3.8 万元。这是一种犯罪的行为。

三、生物医学模式需要转变

现代医疗事业，各个国家都作出了巨大的投资，建设了非常庞大的医疗事业体系。但是，现在许多国家包括最发达的美国，都存在严重的医疗问题，老

---

[1] 《北京晚报》2010 年 1 月 13 日。

百姓看病难看病贵的问题。进行一次又一次的医疗改革，但是看不到解决问题的希望。

这是对现代医疗事业的重大挑战。大家都体会到，现在的医院主要是西医院，楼房越盖越多、越高、越大；医疗设备越来越全，越来越高、精、尖；各科医生也越来越全，越来越多，越来越高、精、尖。但同时，病人越来越多，病情越来越重，看病越来越难，越来越贵。

这些"越来越"表明，我们的用力越来越大，但问题越来越多。它困扰着我们，期待现代社会解决公众的疾病和健康的问题。这是一个"生存还是死亡"的问题。一个非常重要非常复杂的问题。我们思考这个问题时认为，医学模式需要转变的时候已经到来，比如需要新思维，转变对问题的思维方式，用生态学整体性观点，对人类健康事业进行生态设计。例如，当前有两点也许是值得注意的。

1. 科学技术的全面理解和在医学领域的应用

在现代科学技术有了飞速发展的基础上，应运用高科技在医学领域。人们对人类的身体，人的种种生理和心理的结构、功能和运行机制，有了更加科学的认识；对人类的疾病和健康的问题，有了更加科学的认识；对如何解决人类疾病和健康的问题，即医药卫生事业有了重大的发展和进步。我们已经具备解决公众医疗问题的科学技术条件。但是，存在一些问题，其中一个问题是改革现代医学模式的问题。

现代医学模式，它被称之为"生物医学模式"。它的主要问题是，把人只当作动物，又把人看做是一台机器，以这种还原论分析思维对待人的疾病和健康的问题时，既排除了人是活的系统，是生命有机整体的考虑；又排除了社会、心理和环境对人的疾病和健康的影响。这样理解人及人的健康和疾病，不仅是机械的，而且是抽象的。因而这种医学模式是片面的。我们说，现实的人是生命有机整体，离开生命整体的任何器官只能是一具尸体；而且，人不仅以生命有机整体存在，脱离社会和自然的人，也只能是尸体。现实的人以社会的形式在自然界存在，不能脱离社会和自然因素而存在。从世界是"人—社会—自然"复合生态系统整体性的观点，"没有任何生命现象与分子无关，但也没有任何生命现象仅仅是分子现象。"

因此，科学的医学模式，解决人类疾病和健康的问题，需要超越笛卡尔的观念，需要一个新的模式。依据生态系统生命观，从人是生命有机整体的观点，人与社会，人与自然不可分割的观点，把人的疾病的生物学研究与人的整体，与社会、环境、心理因素联系起来，疾病才能得到科学的说明和医治。因而，医学需要超越笛卡尔模式，走向医学新模式："生物—社会—心理—环境统一"的模式。

2. 医疗疾病的伦理问题，确立"医者仁心"的道德

医疗事业，是救死扶伤的事业。它以纳税人的钱发展起来，应该为纳税人服务。而且从根本上来说，医学以人的健康为根本宗旨，如果以赚钱为根本宗旨，如果以医学事业为手段赚国家的钱、赚患者的钱，那是道德原则的问题。医学事业，医药公司，医药产品生产厂家，医药产品商家，医院和各种医疗卫生机构，医生和所有医护工作者，从事"救死扶伤"的崇高事业，必须具有高尚的医德。这就是中医医生说的："医者仁心"，行医不能有悖医德，这是医者的社会责任。

一千多年前，孙思邈提出"大医精诚，医者仁德为先"医学理念。在中华医学典籍《备急千金要方》第一卷中，孙思邈《大医精诚》一文，提出医德的两个问题：第一是"精"，要求医者要有精湛的医术，医道是至精至诚之事，习医的人必须"博极医源，精勤不倦"。第二是"诚"，要求医者要有高尚的品德修养，对病人一视同仁"皆至新尊"，"华夷禹智，普同一等""如见彼苦恼，若己有之，感同身受的心，策发大慈恻隐之心，进而发愿立誓，普救含灵之苦，且不得自逞俊快，邀射名誉；不得恃己所长，经略财物。"

中国医生把医德提到医疗的首位，而且，把"精湛的医术"提到医者德行的第一要务。我们祈望西医在完善医学模式、管理模式和完善行医道德等方面有重大进步，西医为国为民服务有更多更大的贡献。同样祈望于中医。

第三节　医学模式转型，弘扬中华医学

中医中药博大精深，源远流长。它的理论体系形成于春秋时期，依据儒家"天人合一"理论，道家道法自然哲学，以及阴阳五行学说，为之奠定深刻的理论基础。中华医学的创始人，总结中华民族长期同疾病作斗争的历史经验，中华民族的始祖同时也是中华医学的创始人，如伏羲制九针，神农尝百草，黄帝创制最早的医经《黄帝内经》，奠定了中华医学的理论基础。它有五千年深刻厚重的历史文化底蕴，丰富坚实的实践经验，是中华民族的宝贵财富。承传五千年中医学文化，弘扬宝贵的中华医药，应用现代科学技术创新，对健康事业进行生态设计，建立新的生态医学的医疗体系，是建设生态文明的医学文化道路。

一、中医中药是中华民族的伟大瑰宝

成书于战国时期的《黄帝内经》，既是当时医学成就的全面总结，又是指导中华医学发展的理论纲领。它奠定了分辨阴阳的医学总纲，系统地阐述了人体生理、病理和疾病的诊断、治疗和预防，是中华医学理论和实践的奠基之作。成书于西汉的《神农本草经》是现存最早的中医药学的经典。东汉名医张仲景《伤寒杂病论》确立了中华医学临床辩证论治的原则。三大医典标志中华医学体系的形成。五千年来，中医中药为中华民族同疾病作斗争服务，为中华民族的健康服务，至今它继续为国为民服务。历史和现实已经证明，中医中药是中华民族伟大智慧的结晶，几千年来，中医中药为人民的健康服务是有效的。中医中药是中华民族的伟大瑰宝。承传五千年中医学文化，弘扬宝贵的中华医药，是我们的医学事业发展的重要途径。

1. 中华医学有精深的哲学理论和优秀文化的基础

相较于依据希腊哲学和现代还原论分析思维奠定的西医，以人体解剖学为基础构建的医学理论，中医中药依据"天人合一"理论，注重天人相应，脏腑经络，穴道灵台，营卫气血，阴阳五行，辨证论治；注重人体整体与部分的关系，"司外揣内，取象比内"的"整体融通"的思维方法，从整体上把握人的生命机制。这是我国医药学体系的理论源泉。《黄帝内经》指出："人与天地相参，与日月相应也"，"人生有形，不离阴阳。""夫阴阳四时者，万物之根本也。所以圣人春夏养阳，秋冬养阴，以从其根，故万物沉浮于生长之门。""阴者，藏精而起亟也；阳者卫外而为固也；阴不胜其阳，则脉流薄疾，并乃狂；阳不胜阴，则五脏气争，九窍不通。是以圣人陈阴阳，筋脉和同，骨髓坚固，气血皆从。如是则内外调和，邪不能害，耳聪目明，气立如故。"

中华医学依据阴阳五行相生相克、相互转化的原理，分析人体生理和病理，重视脏腑病变的相互影响，形成疾病诊断和治疗的辩证论治的理论和实践体系。

分辨阴阳是中医理论总纲。中医认为，人体生命在阴阳相对平衡的情况下进行正常活动，阴阳平衡受到破坏，阴阳失调，是人体生病的根本原因。人体正常的生命活动，因为阴阳保持平衡，以阴阳统率人的表里、寒热、虚实。表、实是阳；里、寒、虚是阴。阴阳变化的规律是（崔树德，1989）：

（1）阴阳互根。阴阳对立统一，都以对方为自己存在的依据，没有阴就没有阳；没有阳也就没有阴。因为"阴生于阳，阳生于阴""孤阴不生，独阳不长。"如果人体阴阳失调就是生病了；"阴阳离决"就是生命终止。

（2）阴阳消长。阴阳不是静止的而是动态的，或者"阳消阴长"，或者"阴消阳长"；阴阳平衡是动态平衡，不是绝对的永久的平衡。人体阴阳有盛有衰，在一定的限度内有消有长。这是正常的生命活动过程。但是，阴阳消长过程中，某一方太过，出现异常就会生病。

（3）阴阳转化。阴阳在一定的条件下相互转化，主要方面或者由阴转阳，或者由阳转阴。中医理论认为，"重阴必阳，重阳必阴""寒极生热，热极生寒"，就是这样的。

中医大夫诊断疾病，首先要分辨阴阳，辨别是"阴证"还是"阳证"，"阳盛则热，阴盛则寒"。 其次，根据阴阳偏盛偏衰的情况，确立治疗原则。 如阴不足要滋阴，阳不足要温阳，以此调整阴阳平衡，达到治愈疾病的目的。

2. 望闻问切，中医独有的疾病诊断法

中医和西医有不同的疾病诊疗方法。 西医大夫诊断疾病，依据还原论分析思维，运用各种仪器设备对人的生理变化作出精确的判断，例如，用血压表、血糖仪、血液化验等检查人的血压、血糖、血脂等因素；专用血液化验，尿、便和其他体液化验检测；心电图仪、脑扫描仪、B 超、CT 和核磁共振等先进设备，检测各种器官的状态，依据对人的生理变化的精确的、量的数据，对病人的病作出诊断。

中医医生诊断疾病，应用"司外揣内，取象比内"的思维，采用"望闻问切，由表及里"的方法对人的疾病作出诊断。 它的基本原理是："欲知其内者，当以观外；诊于外，斯以知其内。"这是"整体融通"的望闻问切"四诊法"。

"望诊"，医生用眼睛对病人之神色、形态的观察，如观面色、舌苔等。

"闻诊"，医生闻病人身体器官发出的气味，以及听声音如呼吸、呻吟中的病态信息。

"问诊"，医生通过与病人或陪诊者交谈，了解发病经过、自身感觉及其他起居习惯和环境情况。

"切诊"，通过局部脉诊或按诊，了解人的机体、脏腑、经络、气血等的情况。 最初在头、手、足各选择几处动脉诊候，称"三部九候法"。 后来演变为只取"寸口脉"，即用食指、中指、无名指，三指按病人手腕的寸、关、尺三部分，观察脉腑经络的情况，并用"四诊法"获得人的病理信息，综合辩证以确认疾病的性质和邪症之间的关系，决定辩证论治的方案。

"四诊"辩证论治的医疗方法，依据整体性思维和直觉，"望而知之谓之神"，从人的体表的变化，直观而知病之所在、病因、病理、治疗（方剂和配伍）等。 这是整体性理论与意象性思维的科学应用。 几千年来，它为中华民族的健康服务，取得巨大成就，积累了丰富的经验。

3. 辩证论治：扶正法邪，阴平阳秘

辩证论治是中医治病的特点。"辩证"，是对人的疾病发展的某一阶段的病理概括，包括病因，如风寒、风热、瘀血，痰饮等；人体部位，如表、里、脏腑、经络等的症候；辩证论治，是对"四诊"所获得的病理信息进行综合分析，以确定为某种"证"，把握疾病的实质。"论治"，依据上述诊断，确定治疗方法。 由于疾病的根本原因是人体机能的阴阳失调，治疗的目的是通过扶正祛邪，重建阴阳平衡。 这是 1700 多年前，东汉名医张仲景在《伤寒杂病论》中确定的"辩证论治"的原则，至今仍然是中医认识疾病和治疗疾病行之有效的基本法则。

中医有言"三分治，七分养"。因为人体有神奇的自愈能力，许多疾病可以通过自愈系统康复。在康复过程中，医生和药物所起的作用较少，身体的恢复更多依赖于自我调节。无论是药物的副作用，还是人体由于服药而产生的耐药性，最终都影响了机体的自我修复能力。因而尽管现在的医疗条件很好，但是各种各样的病症却比以前更多、更年轻化、复杂化，滥用化学药物损害自愈系统是原因之一。过分迷信化学药物，忽视或损害人体自愈能力，往往导致对健康的损害。保护和修复人体自愈系统，修复人体自愈力，尽量依靠自身的内力来治愈疾病。保健重于药物，这是中医的根本宗旨，也是医疗的更高的层次。

二、"中医学西医"，不利于中华医学的发展

第一次鸦片战争后，一百多年来，国人认为必须"以夷为师"，向西方学习，甚至提出"全盘西化"，包括学习西方的兵器，学习西方的宗教（太平天国），学习西方的工业（洋务派），学习西方的政治（维新派），学习西方的科学与民主（五四运动）等等所谓"新文化运动"，主张全面地向西方学习。这里把西方的长处认识透了，把向西方学习说到家了，并且在许多方面付诸行动了。但是它大多没有成功。

1916 年，杜亚泉提醒国人说："近年以来，吾国人之羡慕西洋文明，无所不至，自军国大事以至日用细微，无不效法西洋，而于自国固有之文明，几不复置意……盖吾人意见，以为西洋文明与吾国固有之文明，乃性质之异，而非程度之差；而吾国固有之文明，正足以救西洋文明之弊，济西洋文明之穷者。西洋文明，浓郁如酒，吾国文明，淡泊如水；西洋文明，腴美如肉，吾国文明，粗粝如蔬，而中酒与肉之毒者，则当以水及蔬疗之也。"医学领域也大致是这样。

1. "中医西化"桎梏中医复兴

中华医药学会教授、主任医师李致重教授指出："半个世纪以来，人们一直执着地用西医的研究方法，对中医进行验证、解释、改造。因而使中医的理论体系不断遭到异化和肢解，使中医的诊疗方式不断朝着经验化的方向倒退。"

李教授认为，制约中医学术文化复兴的三大因素：一是近代科学主义。它认为，只有西医是唯一的医学科学，不承认中医的科学理论体系，认为中医只不过是一种经验疗法或经验医药。这样，中医科学化是"站在西医的道理上来说中医的事"，以"中医西医化"作为中医的发展方向和道路，现在，中医科研"基本西化"；中医研究生教育几乎"全盘西化"；中医本科基础医学课程中西并行，西医多于中医。它已经造成中医医疗、教育、科研、管理的严重"西化"，成为中医复兴的一大桎梏。二是近代哲学贫困，摒弃和远离中国传统哲学；中国传统哲学被污名化；用马克思主义哲学对号入座；经验层次的规范导

致临床水平倒退。 三是非典型性文化专制：过时的个人批示至今凌驾于《宪法》之上；中医行政管理职能划归不合理；"中医证诊断标准"严重失当；"传染病防治法"不完善。

这样的结果是："中医的发展失去了自主性、科学性；中医理论在西化中异化、解体；中医的临床朝着经验化的方向倒退；原创型的中医人才严重匮乏，而且仅存的这类人才多数处于边沿化的状况……半个世纪以来，中医的医疗、教学、科研、管理，基本上是在错误的方向或道路上挣扎！"（李致重，2009）

2."中西医结合""中医学西医",实际上是取消中医

1958 年毛泽东主席关于中医工作的"10·11 批示"，指示"中西医结合"，批示："这是一项严重的政治任务，不可等闲视之！"1958 年 11 月 18 日《人民日报》发表社论《大力开展中医学习西医运动》。 它规定了我国中医"西化"的发展方向和道路，政府通过计划、管理、人事、组织等各个环节，把中医"西化"的方向和道路，从计划经济时期的管理体制上，落实并牢牢地固定下来，一直在走、现在还在走中医"西化"的道路。 这样，在"中西医结合"名义下，"用西医还原论的观念和方法来整理中医，最终统一为一种医学。 因为统一的观念和方法完全是西医的一套，那就在西化中医的同时，也自我否定了'结合'。"（李致重，2009）

现实的进程表明，中西医是两个不同的医学世界，它们具有不可通约性。所谓"中西医结合""中医学西医"，实际上是取消中医。 因为西医和中医有不同的理论体系、不同的药学理论、不同的诊疗方法，这是医学的两个世界。"中医和西医不同，西医强调的是科学分析和定量化；中医则把人看作一个整体，强调和谐与平衡。"它们走的是不同的两条医学道路。 在"中医学习西医"名义下，以西医的标准评价中医药的临床疗效；以实验方法、实验证据定量检验和评价中医中药。 这种做法在实际上收效甚微，并在一定的程度上偏离了自己的道路，影响中医自身的发展。 这是我们要认真思考的。

三、走中国的道路，弘扬宝贵的中华医学

2015 年，中国医药科研人员屠呦呦获诺贝尔奖，推动中华医学现代化的道路。 中国中医科学院终身研究员兼首席研究员屠呦呦获诺贝尔奖。 这对中医药学的发展是巨大的推动。 屠呦呦在瑞典卡罗林斯卡医学院发表演讲，介绍了自己获奖的科研成果。 她说："青蒿素是中医药给世界的一份礼物。 中医药从神农尝百草开始，在几千年的发展中积累了大量临床经验，对于自然资源的药用价值已经有所整理归纳。 通过继承发扬，发掘提高，一定会有所发现，有所创新，从而造福人类。"

1. 屠呦呦研究员获诺贝尔奖是中医药学的伟大成功

诺贝尔生理学或医学奖评选委员会主席齐拉特说："中国女科学家屠呦呦从中药中分离出青蒿素应用于疟疾治疗，这表明中国传统的中草药也能给科学家们带来新的启发。经过现代技术的提纯和与现代医学相结合，中草药在疾病治疗方面所取得的成就'很了不起'。"

屠呦呦的最大贡献是，她发现青蒿素，开创疟疾治疗的新方法。第一，她首先把青蒿带到"523"项目（1969）；第二，她发明青蒿素的有效提取方法，第一个提取出有 100% 抑制率的青蒿素；第三，第一个做了青蒿素抗疟临床实验。三个第一，使得随后青蒿素化学结构提出、鉴定与临床研究得以顺利进行。这是对抗疟疾的核心性的原创性学术成就。因而，2011 年，她获拉斯克奖。这是医学界的诺贝尔奖。

屠呦呦抗疟新药青蒿素研究成就的另一种表述是 3 个"最先"：①最先发现青蒿乙醚提取物的高效抗疟作用（1971 年 10 月 4 日）。②最先经过动物实验及人体试验，首先在自己身上试药，是第一个做临床试验的人，经临床试验，试验证实青蒿素结晶对疟疾患者有效（1973 年 9-10 月）。③最先从青蒿中提取出青蒿素结晶（1972 年 11 月 8 日），用沸点 78℃ 的乙醇提取改为用沸点 35℃ 的乙醚提取，她第一个解决提取温度的问题。随后，她参与研究青蒿素的化学结构，她是青蒿素衍生物的发明人。青蒿素是脂溶性药物，水溶性不好。水溶性不好，药性就不好，提高水溶性，服用后就比较容易吸收。双氢青蒿素吸收性能比较好，它的发明使青蒿素效率达到 100%。

2. 屠呦呦获诺贝尔奖将推动中医药学重大发展

中医药现代化的路在何方？青蒿素研究成果的取得及屡次获奖清晰地回答了这些问题，尤其是关于中药现代化的问题。1969 年 2 月，屠呦呦接受了中草药抗疟研究的任务，开始搜集相关的历代医学资料并进行实验研究，可是屡经失败。天然植物中青蒿素含量很低，东晋葛洪所著《肘后备急方》中写道："青蒿一握，以水二升渍，绞取汁，尽服之。"正是其中的"水渍"和"绞汁"让屠呦呦琢磨出青蒿素可能不耐热，只能用低温萃取的想法。屠呦呦发明的青蒿素低温萃取法不仅是一种方法创新，更是一种思路创新。屠呦呦的创意有两个：一是改"水渍"为"醇提"，因为青蒿素为脂溶性而非水溶性，适合用有机溶剂提取；二是改"高温乙醇提取"为"低温乙醚提取"，因为高温能使青蒿素失效。改用冷萃取法，屠呦呦之前很多人都用各种传统的中草药提取，屠呦呦最后锁定在青蒿，这是第一个贡献。第二步是在同行普遍用煮的办法来提取的时候，屠呦呦采用了乙醚进行萃取。这两个发现和步骤奠定了她的得奖基础。乙醇冷浸得到的提取物则可达到 95% 的抑制率；乙醚提取物的抑制率则是 100%！帮助屠呦呦成功发现了效果为 100% 的青蒿提取物。青蒿素的结构被写进有机化学合成的教科书中，奠定了今后所有青蒿素及其衍生药物合成的基础。现代中药药物化学及分子药理学研究为核心的中药现代化，常规的化学合成方法，首次实现了抗疟药物青蒿素的高效人工合成，使青蒿素有望实现大规模工业化生产。

3. 传统医药与现代科学技术相结合

屠呦呦说："青蒿素是传统中医药送给世界人民的礼物。"中国古代医学有青蒿治疟疾的记载。公元340年，中国医生葛洪指出青蒿的退热功能，李时珍在《本草纲目》中指出它能治疟疾寒热。我们的祖先有青蒿治疟疾的经验。但是，葛洪的绞汁使用的煎煮的方法，在高温的情况下它的有效成分低。屠呦呦发现用乙醇冷浸得到的提取物，有效成分达100%；1972年，屠呦呦报告，它对疟疾的抑制率达到100%；1973年，北京中医研究所获得青蒿素的结晶；随后，有机化学家完成青蒿素化学结构测定；1984年，中国科学家实现青蒿素的人工合成。这是古老中医与现代科学技术结合的光辉范例。

在科技界祝贺大会上，中国中医科学院的院长张伯礼院士说："古老的中医是宝贵的，但是由于历史条件所致，现在真正把它拿出来必须和现代科技相结合。青蒿素就是一堆草，但是变成青蒿素就不是草，是一个宝。所以这个奖得到以后，激励我们更深入的去汲取中医的精华，更大程度的采用现代的技术，两者巧妙地结合，产生更多的原创性成果。"他说："中医原创的思维、原创的经验和现代科技结合，就是原创性成果。青蒿素的研究就是这条路径。我们更加大胆、深入地提取中医药的精华，更加大胆地结合现代科学技术，作出更多贡献，解决更多问题，不但服务于中国人民，也服务于世界人民。"

4. 屠呦呦获诺贝尔奖推动中华医学走向世界

国家卫生计生委、国家中医药管理局贺词："屠呦呦的获奖，表明了国际医学界对中国医学研究的深切关注，表明了中医药对维护人类健康的深刻意义，展现了中国科学家的学术精神和创新能力，是中国医药卫生界的骄傲，中医药走向世界，中医药为人类做出更大的贡献。"中国科学院院士、上海中医药大学校长陈凯先教授说："经过中国科技工作者几代人的努力，我们终于在诺贝尔自然科学奖上获得突破。获奖本身意义很大，但更重要的是，这是中国科学走向世界的新开端，相信今后会有更多成就被世界认可。"

"中医药走向世界"，首先要恢复中医在中国人的健康事业中的地位。现在，我们的医疗体系中，西医西药是占主导地位的，它为国人的健康服务，成绩是显著的。我们需要它继续为国人服务，这是没有疑问的。但是，它的问题也是存在的，我们医疗改革多年成效不大，虽然有许多复杂的原因，但同现代医学生物医学模式的片面性不是没有关系的。这是我们应有清醒的认知的。而且，我们应当时时牢记，中医中药是我们自己的，五千年来，它比西医有更悠久的历史，更辉煌的成果，更有智慧和价值，有更强大的生命力。从上述分析，我们对中国医学有这样几点看法。

（1）突破西医占统治地位的局面。

现在我国医学，西医是占主导地位，无论是国家对医学事业的投资、医学教育、科学研究和人才培养，还是医学院校设置、医院和各种医疗卫生事业建设，以及人民寻求疾病的防治和身体健康的途径，等等，都是以西医为主。我们承认这种现实，尊重这种现实。但是，我们期望，第一，当前的西医生物医学模式有片面性方面，期望医学改革，从生物医学模式，向"生物—社会—心理—环境统一"的模式转变，以使医学医药更好地为国为民服务。

第二，我们的医学医药有被资本专制主义控制的危险。期望医学改革，摆脱或抑制医学作为赚钱的工具，而真正成为为国为民健康服务的手段。

第三，我们的医学医药有不平等不公正的现象，有不符合高尚医德的现象，期望通过医疗改革，实现医疗的公正平等，"医者仁心"，医生真正以"救死扶伤"为第一宗旨。

现在我国医学，有西医和中医两个医学世界，两个医疗系统。上面我们的叙述，这是由于两种哲学、两种文化传统的产物。这也是我国医学的现实。我们要承认这种现实，尊重这种现实。同时，我们需要注意到，西方认为只有一个世界，医疗就是西医，他们的医疗世界是最好的世界，全球所有地方都要成为像他们那样的世界。他们不认为中医也是医学，上面提到西方有人在研究针灸或研究中医，这是个别人的个别行为，在总体上，他们不承认中医。

我们的医学界也有这种现象，总是以还原论分析思维，以实验和分析方法，以实验证据和定量检验数据来评价中医中药，如果不这样做就不算科学，要拒之门外。我们期望要承认医学的两个世界，尊重医学的两个世界。

中医中药作为中华民族的创造，是中国最具原创性的领域。它是中华民族同疾病作斗争的伟大智慧的结晶，是中华民族五千年同疾病作斗争的经验总结，是中华文化的伟大瑰宝。在医学医药领域走中国自己的道路，复兴中华医学，弘扬宝贵的中华医学，保护、应用和发展中医中药，让中医中药更好地为国为民服务。李致重教授指出，我们要从中医复兴看到人类医学革命的未来发展大目标。他说："中国人要明白：其一，中医是世界传统医学中，唯一具有成熟概念（范畴）体系的理论医学。其二，在世界上高度重视传统医学的今天，中医的复兴很可能成为推动人类医学革命性发展的强大动力。其三，中国在中医工作上一定要多做成绩，少犯错误，不辱使命。"（李致重，2009）

（2）体外培育牛黄，中医药创新的典型事例。

2002年，凤凰卫视著名主持人刘海若遭遇车祸受重伤。著名的英国皇家医院，经40多天救治，两度昏迷，三次休克，最后判定是脑干死亡，并宣布她已经脑死亡。西医束手无策的时候转向中医。中国医生主要用中医和中药，如安宫牛黄丸，连续几天共吃了 7 丸，奇迹般地挽救了她的生命恢复健康。这是中医优于西医的事例。

安宫牛黄丸是什么？ 它是牛黄做的中药。《神农本草经》说："牛黄乃百草之精华，为世之神物，诸药莫及。"它的应用解除千百万人的病痛，挽救了千百万人的生命。

牛黄是患了胆结石的病牛中提取物。它的自然结石率很低，现在拖拉机代替牛耕地，牛的数量减少，牛黄的产生急剧减少，真是"千金易得，牛黄难求"。国家药典记载数百种中成药以牛黄为主要原料，如安宫牛黄丸、片仔癀、牛黄酸，等等，牛黄减少使许多名方名药停产。

蔡红娇教授，武汉同济医院著名肝胆科专家，1983 年成功研制人体外第一颗胆固醇结石。1985—1987 年，她去澳大利亚墨尔本大学皇家医学院胆道外科深造，1985 年进行胆红素钙结石的研究，研制出体外胆红素钙结石。鉴于牛黄在中医药的重要性，它就是胆红素钙结石，她产生体外培养天然牛黄的想法，并立即回国。1987 年提出"体外胆囊胆汁内培养牛胆红素钙结石"的课题，采用新鲜牛胆汁，模拟牛体胆结石形成的方法，经过千辛万苦的奋斗，终于培养出体外牛黄，于 1993 年获国家发明专利证书，1997 年被卫生部批准为国家一类新药，并获得生产批文和生产证书，1998 年 4 月体外牛黄正式投产，2003 年获中国药学发展科学奖。这是中药现代化领域的重大发明创新。

专家鉴定认为，它与天然牛黄成分相近，它的药理、药效和临床疗效与天然牛黄基本一致。现在，体外培育牛黄从实验室走向产业化，实现规模化和标准化生产，生产工艺成熟，产品质量稳定安全有效。产品与天然牛黄可以同等使用。蔡红娇教授的发明引发中医古方新变革，被誉为中药现代化的里程碑式的事件，"第三届中华中药文化大典"（2016）授予她 "中药创新终生成就奖"。

（3）发展中医与现代科学技术结合，中华医药学走向世界。

我们的医学，一方面，中医和西医两个医学世界、两种医学文化，它们相互竞争，同时存在，和平共处，共存共荣。这是我们的医学现实。

中医走向世界，首先是继承、弘扬优秀的中华医学，发展中医与现代科学技术结合，像屠教授那样，运用现代科学技术成果创造的中医中药新成就。首先是为中国人民的健康服务；同时，为全人类的健康事业服务。

屠呦呦获诺贝尔奖后，记者报道说："从神奇的小草中提取的青蒿素及其衍生物，是对恶性疟疾、脑疟的有强大的治疗效果、挽救了全球尤其是发展中国家数百万人生命的神奇物质，被饱受疟疾之苦非洲称为'东方神药'。"在中医历代文献中，历代本草中，老中医历代祖传的药方中，这样的"神奇小草"治病的药方很多，被称为"神药"的民间祖传偏方也很多，现在有的已经开发出来，成为医治西医难以对付的，许多疑难疾病和慢性病的良药，有的已经成为治疗诸如癌症、心脑血管、糖尿病等许多现代病的良方。 中医中药的优越性得到越来越多的人的信服。

屠呦呦说："中医中药是一个伟大的宝库，经过继承、创新、发扬，它的精华能更好地被世人认识，能为世界医学做出更大的贡献，为世界人民造福。" 2004 年 5 月，世界卫生组织正式将青蒿素复方药物列为治疗疟疾的首选药物，现在全球每年感染疟疾患者超过 3 亿人，青蒿素的发现和应用， 10 多年来疟疾的死亡率下降了 50%，受感染的人数减少了 40%。 青蒿素对恶性疟疾治愈率达 97%，它拯救了成千上万人的生命。 这是中医药造福人类获得的殊荣。

古老的中华医学与现代科学技术结合，在继承传统中医药的精华基础上，应用现代科学技术，研究中医化学，在它的药理、制剂和临床应用等方面，研究、创造和开发更多更好的新药，走出一条新的服务于人类健康事业的新的道路。 这是我们共同的企盼。

中国宋代哲学家张载说："为天地立心，为生民立命，为往圣继绝学，为万世开太平。"中国哲学家冯友兰援引张载的话时说："高山仰止，景行行止，虽不能至，心向往之。" 这是我们的医学理想。

我们心向往的是，"万世开太平"的时候，随着人类的哲学和思维方式的发展，形成统一的哲学和统一的思维模式，运用这种统一的思维模式思考人体和人类健康问题，中西医两个医学世界，在相互竞争中，相互启发、相互促进、相互补充，取长补短，两个医学世界，通过开放性的整合（融合）和统一，创造一个统一的医学模式。 我们要为此而努力，也许它的实现是未来的前景而不是现在。

第十章

建设生态文明，为人类作出新贡献

20 世纪全球性生态危机暴发，人与自然生态关系矛盾尖锐化。21 世纪初，全球性社会动乱和金融危机暴发，人与人社会关系矛盾尖锐化。人与人社会关系矛盾，人与自然生态矛盾，两类社会基本矛盾的全面总危机，表示世界历史的一次根本性变革的到来。

一、人类处于工业文明和生态文明的转折时期

1982 年，美国物理学家弗·卡普拉著《转折点：科学、社会、兴起中的新文化》一书。作者声称，中国《周易》的思想是《转折点：科学、社会、兴起中的新文化》一书的指导思想之一，书名"转折点"取自《周易》的"复"卦。"复"西方译者译为"Turning Point"（转折点）。在此书的扉页上，"复"卦的卦名赫然在目，封面的图案设计也取自"复"卦。作者预言，20 世纪末，旧文化将不可避免地衰落，新文化将成为主导的社会力量（冯禹，1989）。

"复"，复归的意思。物极必反，否极泰来。《周易》："象曰：复亨，刚反，动而以顺行，是以出入无疾，朋来无咎。反复其道，七日来复，天行也。利有攸往，刚长也。复其见天地之心乎？"意思是说，世界阴阳反复，这是宇宙的自然法则，经过七个阶段，阳又会返回。这是阴阳消长的循环，有利于前往，因为阳在伸长。天地生生不息。

卡普拉说："本世纪初期，我们发现，我们自己已处于一场深刻的、世界范围的危机之中……当前的危机不是个人危机，不只是政府的危机，也不只是社会组织的危机，而是全球性变迁。无论是作为个人，作为社会，作为一种文化，还是作为全球的生态系统，我们都正在达到一个转折点。这场大规模的极为深刻的文化转变是不可抗拒的。"我们今天所面临的危机不是一场普通的危机，而是一次伟大的变迁。关于这次文化变迁，他在此书的最后说：现在，我们正

处于新旧文化的转折点上，工业文化，"它们处于崩溃的过程之中。而（20 世纪）60 和 70 年代的社会运动代表着上升的文化。它现在已经准备好向太阳能时代过渡。当这种转变发生时，衰退中的文化拒绝变化，比任何时候都更加僵硬地抓住过时的观念不放；居统治地位的社会机构也不愿把他们的领导角色移交给新的文化力量。但是，他们将不可避免地继续衰退和瓦解，而上升的文化将继续上升，最终将担负起它的领导任务。随着这一转折点的逼进，认识到这种量的发展变化，不可能被短期的政治活动所阻止，就会给我们提供了对未来的最强有力的希望。"（卡普拉，1989）

我们也是在这个时候开始进行有关生态文化的研究，意识到当今世界是新旧文化——工业文化与生态文化的交替时期，发展生态文化，建设生态文明的社会。这是人类社会发展所必然的。它不可能被任何政治力量所阻止。

二、工业文明为什么没有率先在发达国家兴起

我们曾经以为，新的文明即生态文明，会在发达国家首先兴起，因为工业文明率先在那里发展并达到最完善和最高成就；而且，又在那里首先暴发生态危机，而"危机是转变的起点"。它是新文明出现的强大动力。而且，在那里首先暴发轰轰烈烈的环境保护运动。这是一场社会政治运动，是卡普拉所说的，"60 和 70 年代的社会运动代表着上升的文化。"

但是，现实表明这种形势并没有出现。也许，正如卡普拉预言的："衰退中的文化拒绝变化，比任何时候都更加僵硬地抓住过时的观念不放；居统治地位的社会机构也不愿把他们的领导角色移交给新的文化力量。"

或者，这是由工业文明模式历史惯性决定的。生态文明没有在发达国家兴起，大概有这样一些原因。

第一，工业化国家运用强大的科学技术和经济力量，建设庞大的环保产业，进行废弃物的净化处理，环境质量有所改善；同时在产业升级过程中，把污染环境的肮脏工业和有毒有害的垃圾，转移到第三世界发展中国家，他们的环境问题（生态危机）有所缓解，环境质量有所改善，从而失去生态文明建设的迫切性和强大动力。

第二，他们的发育和完善的工业文化有巨大的惯性，包括价值观和思维模式惯性、生产方式和生活方式惯性，形成强大的历史定势。惯性是一种巨大的力量，它是很难突破和改变的。

问题的实质在于：工业文明已经"过时"了。西方发达国家沿用线性思维，运用传统工业模式发展经济和对待环境问题。这样，他们就失去向新经济新社会转变的机会。现代世界，生态文明作为人类新文明没有率先在那里出现。

现在，发展中国家的崛起，使发达国家惊讶和不安。美国学者扎卡里亚认为，现在是美国之外的世界在崛起。他说："在世人的记忆中，做开路先锋的似乎第一次不是美国。美国发现一个新世界即将产生，但担心塑造这个新世界的是外国人。"

三、关于"中国模式"和"美国模式"

关于社会发展模式问题，国外学术界在讨论世界发展问题时，提出"美国模式"（《华盛顿共识》）还是"中国模式"（《北京共识》）这样的问题。我国政府低调应对，一般不提"中国模式"的问题，只是学术界有一些讨论。我们注意到，国外媒体主要是从价值观和政治角度思考和讨论的。他们认为，"美国模式"是最好的发展模式，全世界都要按"美国模式"发展。中国经济多年高速发展，他们认为，这有别于"美国模式"而引起关注，并制造"中国威胁论"，拼凑种种说法，说"中国威胁世界"。因为中国在经济、政治、军事和其他方面的高速发展。这是不争的事实。中国在一个比较短的时间里成为世界强国。这是不是有不同于"美国模式"的东西？也引起一些西方学者的关注，并从正面思考所谓"中国模式"的问题。

如果说有"中国模式"，什么是"中国模式"？

北京大学中国与世界研究中心主任、国际关系学院教授潘维十年前说："什么是中国模式？中国模式是对中华人民共和国 60 年来走过的成功之路的抽象总结。目前学界政界都存在把西方的今天当中国明天的迷信。我希望通过概括中国模式，说明中华民族走的路是独特的，而且是成功的。"他说："由'社稷'社会模式，'民本'政治模式和'国民'经济模式整合而成的中国模式，是对中华人民共和国 60 年道路的抽象总结，说明中华民族走的路是独特的、成功的：社稷体系塑造了民本政府，民本政府塑造了国民经济，也保障着社稷体系的生存。中国内部的软肋是缺乏法治，若能借鉴厉行法治的新加坡，中国模式可完善并持久。"

潘维教授对社稷社会模式、民本政治模式和国民经济模式作了深刻的分析后，对中国模式作了 3 点总结："一，中国模式由社会、政治、经济生活里的十二个支柱组成。就三个子模式的关系而言，社稷体系塑造了民本政府，民本政府塑造了国民经济，也保障着社稷体系的生存。换个说法：政治模式是精致的首脑，社会模式是伟岸的躯干，经济模式的国与民两大部分分别提供了两只粗壮腿脚和两只巨大的翅膀。中华因这中国模式而腾飞……二，中国模式'后来居上'：代价巨大，但远小于美欧模式的代价。中国成功的基础不包括侵略性的军事和政治经济机器，不包括通过武力向全球殖民建国，实行种族压迫甚至种族灭绝，不包括发动两次世界大战和不断的区域战争。三，中国模式的弱点极为明显：执政集团趋于退化，法制尚未健全。与新加坡模式相比，中国缺乏法治。如果中国共产党能如新加坡这样历行法治、制止腐败，并避免落入台湾式的选举陷阱，中国会像新加坡这样先进，中国模式也将完善、持久。因此，中国将继续学习新加坡的先进经验。"（潘维，2009）

关于"中国模式"还有许多其他分析讨论。

我们认为，社会"发展模式"的问题，应依据当今时代特征，从生态学角度思考。从这个角度，我们认为，当今世界两个发展模式：现代工业文明模式——"美国模式"；新的生态文明模式——"中国模式"。

在这里，东西方文化和思维方式差异。西方还原论分析思维，并依据欧美中心论，欧美核心价值观的优越感，很难理解中华民族的复兴和中国的崛起。这是对中国的误解和冲突的根源之一。

当然也有先见之明者，出版了《当中国统治世界》一书的作者马丁·雅克，在美国《新闻周刊》（2010 年 1 月 16 日）发表文章指出，中国的现代社会不会类似于西方的现代社会。因为"中国人的思维方式——从儒家价值观和有关国家的观点到关于家庭和父母的观念——将变得越来越有影响力。"他说："西方人通常用西方的模式和经验来对中国的情况作出解释，因此他们的预言是不切实际的。"

从生态学的角度思考，我们认为，"美国模式"是现代工业文明模式。"中国模式"是新的生态文明模式。因为上面我们说到，20 世纪中叶，人类社会处于一个历史大变革的时期。这时，人类的工业文明达到它的最高成就的鼎盛时期，它的经济增长率、人口增长率和高消费增长率达到历史最高水平。与这些成就相伴随的是，它的问题全面凸现出来，环境污染和生态破坏第一次成为全球性问题，第一次出现资源全面短缺的现象，人口第一次变老。以全面的生态危机为标志，它成为世界历史大变革的分界线。因而，对世界未来的发展，应当从这样的大时代背景出发。

四、中国人民率先建设生态文明，为人类作出新贡献

发达国家没有率先兴起生态文明建设。为什么中国有机会率先实现从工业文明的社会向生态文明的社会转变？

首先，我们是基于对形势的分析。改革开放 40 年，我国社会主义建设事业取得伟大成就，综合国力大大加强，为这种转变打下雄厚的科学、技术和经济的物质基础；其次，这是建设中国特色社会主义的需要，问题的严重挑战为这种转变提供了强大的动力。

我国经济高速发展迅速实现工业化。当发达国家依靠环保产业、产业升级和污染转移，一个又一个地解决环境污染问题，丧失了从工业文明向生态文明

转变的强大动力时，我国环境污染和生态破坏的种种问题，能源和其他资源短缺的种种问题，同时并全面综合地凸现出来，成为经济进一步发展的严重制约因素。　同时，社会和民生的种种问题，又与之错综复杂地交织在一起。　这些问题交织在一块，成为一个非常复杂的问题，形成一种巨大的压力，向社会发展提出一种非常严重的挑战。

人们注意到了这点。　例如，国外媒体评论说：现在中国现状和复杂程度，是世界上任何一个国家都无法比拟的。　从东部沿海到西部内陆，从繁华的都市到贫困的乡村，从政治到经济，从社会到文化，从民生到环境，凡是 19 世纪以来西方发达社会所出现的几乎所有现象，在今日中国都能同时看到。　由于中国发展现状和复杂性极其特殊，世界上没有一个国家的成功经验可以帮助中国解决当前的所有问题。　因为中国目前所要应付的挑战，是西方发达国家在过去 300 年里所遇困难的总和。　中国在一代人时间里所要肩负的历史重担，相当于美国几十届政府共同铸就的伟业。

这种复杂性和历史使命的特殊性是一个巨大压力，一种严峻的挑战。　如何应对这种压力和挑战，怎样化解我们面临的问题？　压力和挑战又成为一个伟大的动力。　理性地回应挑战，负责任地履行我们的使命，我们逐步认识到，走老路按西方工业文明模式发展，已经没有出路，需要依靠自己的经验，不要跟着西方工业文明模式走。

在人类历史上，中华文明曾经达到农业文化的最高成就，中国在 2000 多年的时间里成为世界的中心，对人类文明作出了伟大的贡献。　只是 100 多年来中华民族沉睡和落伍了。　因为成熟和完善的农业文明模式的强大惯性，完善和高稳态的封建社会制度结构，遵循农业经济社会强大的历史定势，中国失去率先向工业文明发展的机会。　进入 21 世纪，中华民族在建设生态文明中，重新获得复兴和崛起的强大动力和生机，这是一个宝贵的战略机遇。

我们认为，中华民族的伟大智慧和强大生机，有能力率先点燃生态文明之光。

第一，我们已经具备建设生态文明的强大动力。

面临世界一次根本性大变革的时代，世界从工业文明的社会向生态文明的社会转变。　这是我们的宝贵的战略机遇。　我们要把握住这个千载难逢的机遇。　也就是说，建设生态文明是我民族复兴和崛起的需要，又是破除制约中国经济-社会发展障碍（环境和资源危机，以及社会问题）的需要，因而具备和成就了建设生态文明的强大动力。

第二，我们已经具备建设生态文明的条件。

在物质上，改革开放 40 年来中国综合国力大大加强，为建设生态文明社会奠定的强大的经济和科学技术基础，具备了一定的物质条件。

在思想上，我国工业文明发展时间短，是不够成熟和不够完善的。因而它的惯性力是较弱的。另一方面，中国哲学和文化传统提供了深厚的基础。中国哲学思想的核心和精髓是"和而不同""天人合一""和为贵"。2000多年前孔子说："大道之行也，天下为公，选贤与能，讲信修睦。故人不独亲其亲，不独子其子；使老有所终，壮有所用，幼有所长，孤独废疾者皆有所养。男有分，女有归。货，恶其弃于地也，不必藏于己；力，恶其不出于身也，不必为己。是故谋闭而不兴，盗窃乱贼而不作，故外户而不闭。是谓'大同'。今大道既隐，天下为家，各亲其亲，各子其子，货力为己。大人世及以为礼，城郭沟池以为固，礼义以为纪，以正君臣，以笃父子，以睦兄弟，以和夫妇，以设制度，以立田里，以贤勇智，以功为己。故谋用是作，以兵由此起；禹、汤、文、武、成王、周公，由此其选也。故六君子者，未有不谨於礼者也，以著其义，以考其信，著有过，刑仁讲让，示民有常；如有不如此者，在执者去，众以为殃。是谓'小康'。"以此"天下国家可得而正"。（《礼记·礼运》）求大同奔小康，是生态文明建设的目标。

"和而不同""天人合一"哲学以及潘维教授所说的社稷社会模式、民本政治模式和国民经济模式结合的发展，为中国率先走上建设生态文明的道路创造了条件。

第三，我们已经具备建设生态文明社会的政治领导条件。

在中国共产党领导下，中国特色社会主义的建设事业已经取得伟大成就。现在在它的伟大旗帜上又闪耀着生态文明之光，开启了建设生态文明的伟大实践。中国人民在中国共产党的领导下，遵照党中央的指示，贯彻落实实现全面建成小康社会奋斗目标的新要求，全面推进经济建设、政治建设、文化建设、社会建设以及生态文明建设，促进现代化建设各个环节、各个方面相协调，促进生产关系与生产力、上层建筑与经济基础相协调。在建设生态文明的实践中，发展低碳经济和循环经济，加强节能减排，建设资源节约型、环境友好型社会；努力推进经济、政治、文化、社会等领域各项改革成果的制度化，形成一整套同建设社会主义市场经济、社会主义民主政治、社会主义先进文化、社会主义和谐社会相适应的生态文明建设，有更加成熟、更加定型的制度安排，为建设富强民主文明和谐的社会主义现代化国家不断提供有效的制度保障。高举中国特色社会主义伟大旗帜，走中国人自己的道路，创造新的社会发展模式，生态文明的美好未来是可以期待的。

第四，全民建设生态文明的自信心和使命感已经发动，建设生态文明已经成为全国人民的伟大实践。

中华民族复兴和重新崛起的民族使命感和责任感，从中华民族悠久优秀的历史文化、伟大的智慧和创造力、伟大成就对人类的贡献，以及现在改革开放取得的成就，已经激发和鼓舞了我们的自信心。现在，转变生产力结构，生产方式和生活方式变革，建设资源节约型社会，建设环境友好型社会，发展低碳经济和循环经济，已经成为时代潮流，已经是广大民众的社会实践。中国人民正在把握新时代世界历史性变革的伟大战略机遇，生态文明建设作为新的历史起点，加快生态社会主义建设进程，创造新的社会发展模式，用生态文明点燃人类新文明之光，中国人民已经起航，正在乘风破浪加速前进，美好的前景正在显示。

2018 年 5 月，习近平总书记在全国生态环境保护大会上强调："要自觉把经济社会发展同生态文明建设统筹起来，充分发挥党的领导和我国社会主义制度能够集中力量办大事的政治优势，充分利用改革开放 40 年来积累的坚实物质基础，加大推进生态文明建设，解决生态环境问题，坚决打好污染防治攻坚战，推动生态文明建设上新台阶。"

中国人民用生态文明点燃人类新文明之光，以生态文明引领世界的未来。这是中华民族伟大的历史使命，将是中华民族对人类的新的伟大贡献！

参 考 文 献

阿尔伯特·施韦兹,1995.敬畏生命[M].上海:上海社会科学院出版社.

爱德华多·加莱亚诺,2009.消费帝国:一个诱杀傻瓜的陷阱[J].绿叶(3).

奥德姆,1981.生态学基础[M].北京:人民教育出版社.

奥尔多·利奥波德,1997.沙乡年鉴[M].长春:吉林人民出版社.

阿诺德·伯特林,2007.环境与艺术:环境美学的多维视角[M].重庆:重庆出版社.

贝塔朗菲,1987.一般系统论基础,发展和应用[M].北京:清华大学出版社.

波波夫,2004.在通往巅峰的途中[J].政治杂志(10).

布拉克斯顿,1980.生态学与伦理学[J].自然科学哲学问题丛刊(1).

布朗,2002.生态经济学:有利于地球的经济构想[M].上海:东方出版社.

布朗,2003.B 模式:拯救地球 延续文明[M].上海:东方出版社.

陈之荣,1991.地球深化的新突变期限——地球结构畸变与全球问题[J].科技导报(5).

成思危,2009.论创新型国家的建设[J].中国软科学(12).

崔树德,1989. 中药大全[M].哈尔滨:黑龙江科学技术出版社.

戴森,1998.宇宙波澜:科技与人类前途的自省[M].北京:生活·读书·新知三联书店.

杜亚泉,2003.杜亚泉文存[M].上海:上海教育出版社.

恩格斯,1971.自然辩证法[M].北京:人民出版社.

费正清,2000.美国与中国[M].北京:世界知识出版社.

冯友兰,1999.中国现代哲学史[M].广州:广东人民出版社.

冯禹,等,1989.编译者的话//卡普拉.转折点:科学、社会、兴起中的新文化[M].北京:中国人民大学出版社.

冯之浚,等,2009.低碳经济的若干思考[J].中国软科学(12).

弗雷德里克·费雷,1998.宗教世界形成与后现代科学//格里芬.后现代科学[M].北京:中央编译出版社.

弗罗洛夫,1989.人的前景[M].北京:中国社会科学出版社.

哈格洛夫,2005.西方环境伦理学在非西方国家中的地位:西方面对东方[J].南京林业大学学报(1).

胡克,1991.进化论的自然主义实在论//国外自然科学哲学问题[M].北京:中国社会科学出版社.

黄麟雏,2000.高科技时代与思维方式[M].天津:天津科学技术出版社.

黄顺基,2007.新科技革命与中国现代化[M].广州:广东教育出版社.

解振华,2003.大力发展循环经济[J].求是(13).

鞠曦,2006.恒道(第四辑)[M].长春:吉林文史出版社.

卡普拉,1989.转折点:科学、社会、兴起中的新文化[M].北京:中国人民大学出版社.

卡逊,1997.寂静的春天[M].长春:吉林人民出版社.

康芒纳,1997.封闭的循环——自然、人和技术[M].长春:吉林人民出版社.

李金良,2009.中药产品国际化的文化传播战略[J].中国软科学(1).

李约瑟,1990. 中国科学技术史(第2卷)[M].北京:科学出版社.

李致重,2009.中医要发展,必须过三关[J].中国软科学(1).

梁濑溟,2015.中西医的根本观念[N].中医书友会,08-24.

列维-布留尔,1981.原始思维[M].北京:商务印书馆.

刘长林,1990.中国系统思维[M].北京:中国社会科学出版社.

刘悦笛,2007.译者前言//阿诺德·伯特林.环境与艺术:环境美学的多维视角[M].重庆:重庆出版社.

鲁枢元,2006a.生态批评的空间[M].上海:华东师范大学出版社.

鲁枢元,2006b.自然与人文[M].北京:学林出版社.

罗尔斯顿,1995.全球环境伦理学:一个有价值的地球//生态环境保护和自然资源管理的理论研究[M].哈尔滨:黑龙江科学技术出版社.

罗尔斯顿,2000a.哲学走向荒野[M].长春:吉林人民出版社.

罗尔斯顿,2000b.环境伦理学[M].北京:中国社会科学出版社.

马克思,1979.1844年哲学经济学手稿//马克思恩格斯全集(第42卷)[M].北京:人民出版社.

马克思,恩格斯,1961.德意志意识形态[M].北京:人民出版社.

马克思,恩格斯,1972.马克思恩格斯选集(第1卷)[M].北京:人民出版社.

马世骏,1983.生态工程——生态系统原理的应用[J].生态学杂志(4).

麦西特,1999.自然之死——妇女、生态和科学革命[M].长春:吉林人民出版社.

摩尔根,1977.古代社会[M].北京:商务印书馆.

潘维,2009.中国模式,人民共和国60年的成就[J].绿叶(4).

培根,1984.新工具[M].北京:商务印书馆.

钱时惕,2007.科技革命的历史、现状与未来[M].广州:广东教育出版社.

司马云杰,1990.文化社会学[M].济南:山东人民出版社.

宋祖良,1993.海德格尔与当代西方的环境保护主义[J].哲学研究(2).

汤因比,1990.突破[M].北京:求实出版社.

汤因比,1990.一个历史学家的宗教观[M].成都:四川人民出版社.

汤因比,2001.人类与大地母亲[M].上海:上海人民出版社.

唐纳德·沃斯特,1999.自然的经济体系:生态思想史[M].北京:商务印书馆.

王国聘,2004.环境伦理学[M].北京:高等教育出版社.

文佳筠,2009.低消费高福利:通往生态文明之路[J].绿叶(3).

吴国盛,1993.自然本体化之误[M].长沙:湖南科学技术出版社.

吴国盛,1997.科学的历程[M].长沙:湖南科学技术出版社.

许涤新,1985.生态经济学探索[M].上海:上海人民出版社.

许涤新,1987.生态经济学[M].杭州:浙江人民出版社.

许江,2006.城市建设急需补一堂"美术课"[N].深圳商报,08-15.

杨通进,2007.环境伦理:全球话语中国视野[M].重庆:重庆出版社.

杨通进,1998.环境保护运动的伦理基础——西方环境伦理思想研究[D].

杨通进,1999.整合与超越:走向非人类中心主义的环境伦理学//徐崇龄.环境伦理学进展:评论与阐释[M].北京:社会科学文献出版社.

叶闯,1996.论对科学主义的批判//吴国盛.自然哲学[M].北京:中国社会科学出版社.

叶谦吉,2006."人类纪"新概念的诞生与发展[J].生态经济通讯(7).

于光远,2007.靠理性的智慧[M].深圳:海天出版社.

于智敏,2013.中国古代"毒""药"不分[N].北京晚报,04-10.

余谋昌,1982a.仿圈学的意义与任务[J].中国环境科学(2).

余谋昌,1982b.生态观与生态方法[J].生态学杂志(1).

余谋昌,1986.生态文化问题(摘要)[J].学坛(12).

余谋昌,1988.生态学与社会//科学与社会[M].北京:科学出版社.

余谋昌,1989.生态文化问题[J].自然辩证法研究(4).

余谋昌,1994. 当前西方生态伦理学研究的主要问题//国外自然科学哲学问题[M]. 北京:中国社会科学出版社.

余谋昌,1995. 惩罚中的醒悟——走向生态伦理学[M]. 广州:广东教育出版社.

余谋昌,1996.文化新世纪:生态文化的理论阐释[M].哈尔滨:东北林业大学出版社.

余谋昌,1999. 生态伦理学——从理论走向实践[M]. 北京:首都师范大学出版社.

余谋昌,2001a.生态文化论[M].石家庄:河北教育出版社.

余谋昌,2001b.科学技术革命与新的思维方式的产生//陈筠泉,殷登祥.科技革命与当代社会[M].北京:人民出版社.

余谋昌,2003a.自然价值论[M].西安:陕西人民教育出版社.

余谋昌,2003b.生态哲学[M].西安:陕西人民教育出版社.

余谋昌,2004. 实践性是环境伦理学的精华[N]. 光明日报,06-22.

余谋昌,王耀先,2004.环境伦理学[M].北京:高等教育出版社.

岳凤先,2003.中医治"病的人",西医治"人的病"[N].生命时报,03-03.

张坤民,2004.关于中国可持续发展的政策与行动[M].北京:中国环境科学出版社.

张韧,1987.环境意识和环境文学[N].中国环境报,01-17.